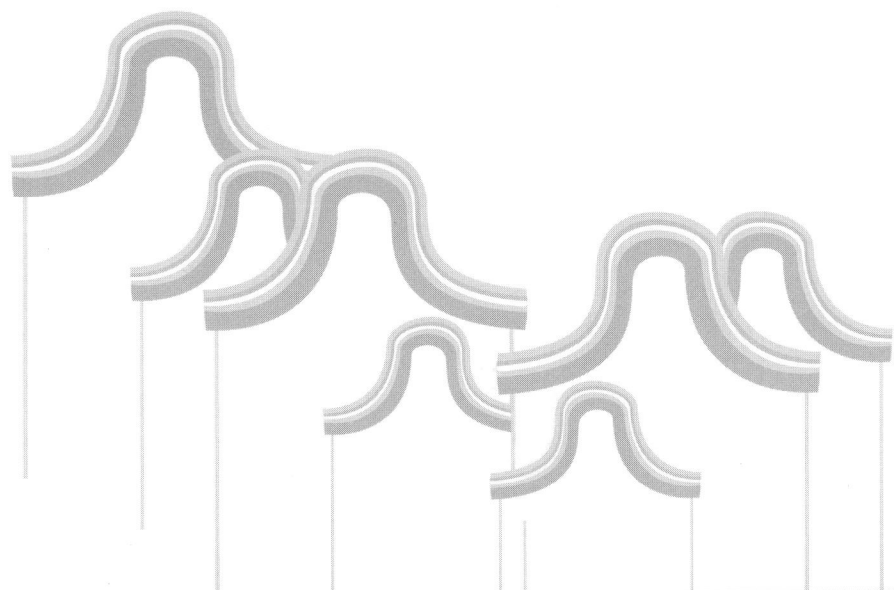

明清岭南家训与乡村社会

程时用 著

暨南大学出版社
JINAN UNIVERSITY PRESS

中国·广州

图书在版编目（CIP）数据

明清岭南家训与乡村社会/程时用著 . —广州：暨南大学出版社，2022.5
ISBN 978 - 7 - 5668 - 3480 - 5

Ⅰ.①明…　Ⅱ.①程…　Ⅲ.①家庭道德—研究—广东—明清时代②乡
村—社会管理—研究—广东—明清时代　Ⅳ.①B823.1②C912.82

中国版本图书馆 CIP 数据核字（2022）第 151975 号

明清岭南家训与乡村社会
MINGQING LINGNAN JIAXUN YU XIANGCUN SHEHUI

著　者：程时用

出 版 人：张晋升
策划编辑：杜小陆
责任编辑：姚晓莉
责任校对：刘舜怡　黄晓佳
责任印制：周一丹　郑玉婷

出版发行：暨南大学出版社（511443）
电　　话：总编室（8620）37332601
　　　　　营销部（8620）37332680　37332681　37332682　37332683
传　　真：（8620）37332660（办公室）　37332684（营销部）
网　　址：http://www.jnupress.com
排　　版：广州良弓广告有限公司
印　　刷：佛山市浩文彩色印刷有限公司
开　　本：787mm×960mm　1/16
印　　张：15.25
字　　数：280 千
版　　次：2022 年 5 月第 1 版
印　　次：2022 年 5 月第 1 次
定　　价：59.80 元

目 录
Contents

第一章 绪 论

2012 年，党的十八大再一次将"文化强国"建设摆在了中国人面前，党中央领导集体多次强调家庭、家教、家风在中华文明建设和文化复兴中的重要意义。这为岭南家训文化传承和发展营造了良好氛围，指明了道路和方向。

一、研究背景及意义

古语云："国运莫贵于升平，升平莫先于教养。"[①] 一般来说，家训好则家风正，家风正则民风淳，民风淳则社会兴，可见，蒙童教育关系到国家兴衰成败。鲁迅曾在作品中大力呼吁我们要重视传统家庭教育（家训）："倘有人作一部历史，将中国历来教育儿童的方法、用书，作一个明确的记录，给人明白我们的古人以至我们，是怎样的被熏陶下来的，则其功德，当不在禹下。"[②] 岭南家训虽然是岭南文化的重要组成部分，但一直分散于文献之中，受学术界关注较少。本书对岭南家训全面收集、整理，并且进行一定的理论构建，虽无法达至如鲁迅先生所言的"功德"，亦算是抛砖引玉吧。

首先，拓宽了家训文化研究领域。经过新文化运动的全盘推翻、"文化大革命"的再次颠覆、改革开放的外来文化冲击，中国传统文化（包括家训文化）未能得到持续的传承和发展。自二十世纪八十年代开始，随着改革开放给社会带来的冲击，学者们开始将目光投入到家训文化的研究，主要研究范围：一是从思想、形式、价值、影响等方面对《颜氏家训》《唐太宗帝范》《曾国藩家训》《朱子家训》等优秀作品进行分析，二是探究家训对保家旺族及文化传承的影响，三是探索家训与地域的生发关系，以北方及江南为主，很少涉及岭南家训。因此，本书对岭南家训进行系统

---

① （清）李中白：《重修文昌书院碑记》，乾隆《潞安府志》卷三十四《艺文续编六》，乾隆三十五年（1770）刻本。

② 鲁迅：《我们怎样教育儿童的》，《我们要批评家：鲁迅杂文精选集》，北京：中国言实出版社，2015 年，第 280 页。

的梳理和总结，从区域史的范围及交叉学科的视角，探析研究岭南家训与政治、经济、文化、科举、文学诸要素的互动关系，研究家训对个人修身、家庭治理、家族发展和社区建设、社会文明发展等方面的积极作用。这既拓宽了学界研究中华家训的地理范围，也拓展了文化研究的学科视野。

其次，丰富了岭南文化艺术宝库。学者们对岭南历史、政治、经济、外交、人物传统、社会文化等进行了全方位的文献整理及研究，出版了大型历史文献丛书《广州大典》（520册）、"岭南文库"（350种）等系列成果，但涉及岭南家训的内容极少，对于岭南家训与社会关系的探索更是凤毛麟角。纵向分析我国古代教育史和家庭发展史，家训绝不仅是一个家庭"修身齐家"的准则，而是民族共同拥有的思想文化。古老的岭南家训包含着岭南人民自强不息精神、为人处世方略、生存养生技巧等立体化教育内容与体系，它不仅传承着优秀的岭南历史文化，也是中华子孙共同的精神追求和前进动力，并且与社会主义核心价值观有诸多吻合。本书系统地探索了岭南家训的形成和发展，研究了家训与社会政治、经济的互动关系，深入论证了家训在个体培养、家庭管理、家族发展、乡村建设及社会控制等方面的作用。这一系列成果，将进一步丰富岭南文化艺术宝库。

再次，传承了中国传统优秀家训文化。中国传统优秀文化的继承和发扬，主要通过三种方式进行：侧重道德行为继承的家庭教育，侧重道德理论教授的学校教育，侧重价值取向引导的社会教育。岭南优秀传统文化的发扬是三者合力的结果，而且各有所侧重，其中最重要的是家庭教育。父母是孩子的第一任教师，也是伴随时间最长的教师。因此，父母除了要具备一定的知识和教育方法外，更需要以身作则、言传身教，让子女在日常的生活中体会到中国传统文化的奥妙及人生智慧。只有通过耳濡目染，从内心深处感受中国优秀传统文化，才会认同和运用中国优秀传统文化，这正是一代又一代人传承与发扬中国传统文化的根本所在。本书选择明清时期岭南典型家训，挖掘家训中蕴藏的积极因子，服务于当今社会文明建设，就是对中国传统家训文化最好的一种传承方式。

最后，推动了和谐家庭、和谐社会的建设。家庭是社会的细胞，家庭的幸福和前途与国家息息相关。以习近平同志为核心的党中央非常重视家庭、家训和家风建设，并且通过脱贫攻坚工程从经济基础上提供保障，使所有家庭"成为国家发展、民族进步、社会和谐的重要基点，成为人们梦想启航的地方"，因为"家庭和睦则社会安定，家庭幸福则社会祥和，家庭文明则社会文明"①，这正是家训研究的现实意义。作为岭南思想文化和中国传统家训的重要组成部分，岭南家训的现实价值主要体现在以下三个层面。

第一，个体层面：塑造现代公民美德。从全球范围来看，考察一个国家，应当首先考察构成这个国家的每个家庭的情况。而考察一个家庭，又应首先着眼于分析家庭中每个成员的素质。家庭，作为个体成员接受教育的第一个场所，在个体成员的成长过程中发挥着极为重要的作用，因为品德养成不能像知识和技能那样短期获得。在"道德品质方面，家族遗传表现得更为突出"②，"家族遗传"实质上是家庭家风对个体成长潜移默化的熏陶和长期的监督而形成的。岭南家训是岭南人几千年历史和文化的积淀，包含爱国爱乡、崇文尚武、诚实坚毅、团结包容、勤劳俭朴、开拓创新等人文精神内涵。这些人文精神秉承中华民族的勤劳、勇敢、自强，探讨其对儒家文化的阐释与传承作用，加强穿越时空的家族精神归属与传承，将吃苦耐劳、勤俭朴素、坚韧不拔的精神传递给下一代，对培养子女道德品质、社会责任感等具有积极启示意义。

第二，家庭层面：建立和谐文明的良好家风。家庭成员美德的培养离不开家庭环境的孕育，并且对社会风气有着重要影响，2016年12月，习近平在会见第一届全国文明家庭代表时提出"家风好，就能家道兴盛、和顺美满；家风差，难免殃及子孙、贻害社会"③。然而，随着全球经济和科技的发展，传统等级严明的家庭结构和相互依赖的家庭成员关系正在发生改变，家庭教育暴露出各式各样的问题：只满足孩子的物质享受，不重视孩子的思想教育；只要求孩子做好，而家长无法言传身教；只重视孩子的学习分数，不重视孩子的身心教育；只进行简单粗暴的教育，而无法与孩子进行心与心的交流。对于这些现象，可以从传统家训中吸取精华，进行美好的现代家庭家风建设。

第三，社会层面：促进社会稳定团结。家庭是社会的基本构成单位，是社会的缩影，家庭和谐是社会稳定的基础。正所谓，身修而家齐，家齐而国治，国治而天下平。十八大以来，党中央通过系列举措"要夯实乡村治理这个根基"，将家风家训建设作为重要措施。纵观岭南社会的发展史，家训确实有助于家庭关系的调节，保证了家庭的正常运行，辅助了家业的振兴，维系了社会的稳定，倡导并形成了良好的社会习俗与道德风尚。

003

---

① 习近平：《在会见第一届全国文明家庭代表时的讲话》，《人民日报》，2016年12月12日。

② ［意］莫斯卡著，任军锋等译：《政治科学要义》，上海人民出版社，2005年，第400页。

③ 习近平：《在会见第一届全国文明家庭代表时的讲话》，《人民日报》，2016年12月12日。

2015 年以来，广东各地先后举办了"家谱家训家风展""家训故事比赛""家训实践基地建设"等系列活动，让岭南传统家训深入每个家庭，推动岭南社会形成注重家庭、重视家教、重视家风的共识，以良好的家风带动新时代家庭和美丽乡村的建设，真正促进了中国传统文化的优秀精神在每个家庭中落地生根。岭南传统家训是岭南人民生活和生产经验的精华总结，是岭南乡土文化的集结号，是美丽乡村建设的重要资源，倡导传统家训既有助于公民自觉进行个人道德素质的培养，也可以增强公民对"家国"的认同感和归属感，从而提升每个乡村或社区的内聚力和伦理共同体的构建。正如梁漱溟所云："伦理关系本始于家庭，乃更推广于社会生活、国家生活。"① 这种以血缘关系为基础、以家庭为基本点、以家族为基本单位的社会结构形式，不仅是社会经济结构、政治秩序的基础，也是社会精神文化的堡垒，在历朝历代社会建设中都具有举足轻重的地位。

二、基本概念的界定

本书名为"明清岭南家训与乡村社会"，这里先对本书研究的时间范围、地理范围、家训概念等进行界定。

（一）时间范围

本书研究的家训主要集中在明清与现当代两个历史时期（1368—1940年），但为传承所需，有时还需要论述到明清之前的家训内容。因为在研究中国历史事件时，要特别注意"历史的延续性"（continuity）②。所以，研究岭南家训与社会发展的关系，也必须注意"历史的延续性"，研究范围也会不限于明清时期。本书将研究范围限定为"明清"还有一个原因，即岭南家训文献资料的留存史实。明末清初广东学者屈大均说，广东"自秦汉以前为蛮裔。自唐宋以后为神州"③。唐代以前，岭南处于文化沙漠状态，没有太多的家训文献资料。唐代以来，国家经济重心逐渐南移，岭南地区得到迅速发展，特别是梅岭关的开通，使中原文化得到快速传入与融合。到了宋代，朝廷大力发展文教教化，通过地方政府和乡绅整合地方文化传统，在全国范围内推进"一道德，同风俗"④ 文明同一化进程。此期岭南学校教育得到一定发展，在中原实施的、以"德孝"为主要标准的科举选官活动等，逐步推动儒家文化向岭南渗透。南宋时期岭南士人群体壮

① 梁漱溟：《梁漱溟全集》第二卷，山东人民出版社，1989 年，第 160 页。
② 章开沅：《发刊词》，《近代史学刊》第一辑，华中师范大学出版社，2001 年。
③ （清）屈大均：《广东新语》卷二，中华书局香港分局，1974 年，第 29 页。
④ 葛兆光：《中国思想史》第二卷，复旦大学出版社，2010 年，第 254 - 255 页。

大，具有岭南文化特色的士人阶层初步形成，清初学者潘耒的岭南"人文自宋而开"① 之说，是非常中肯的。明代岭南单独设省，经过几百年的酝酿和发展，岭南经济快速提升，文化随之繁荣昌盛，主要表现为书院林立、名儒辈出，文学、美术、工艺非常发达，"至季世成为广东文化之黄金时代"②，涌现出大量家训作品。现在岭南乡村所见到的祠堂、族产、族谱等制度的宗族形态，多半是在明代后期才出现的。

（二）地理范围

有关岭南的记载，在周秦以前的史书中没有提及。最早探索南方的标志性事件是战国时期名家思想的代表人物惠施"历物十事"之一："南方无穷而有穷"③。时人以为东方以海为限，北方、西方以荒漠为限，独"南方无穷"，可见当时南方几乎无人了解，也无法到达。岭南地处我国南方，北方以五岭为界，南方濒临大海，是个既封闭又开放的地理单元。唐代以前，由于五岭之阻隔，岭南人无法进入中原地带，中原人也难以跨越五岭，又加上科技不发达，文献资料也无太多的交流，所以中原人对岭南基本上一无所知，对岭南的经济文化了解更少，朝廷"以羁縻视之"，而岭南"亦若自外于中国"，朝廷与岭南没有进行良好互动，因而"故就国史上观察广东，则鸡肋而已"。④

"岭南"作为行政领域的概念最早出现在唐代。为了强化对岭南的控制，唐太宗贞观元年（627），朝廷将五岭以南区域设置为"岭南道"（全国共分十道，后分为十五道），后来又设置岭南节度使，负责管理岭南。"广东"一词源于宋代的"广南东路"。宋太宗至道三年（997），为征收赋税转动漕粮之便，朝廷将全国分为十五路，将"岭南道"一分为二，即广南东路、广南西路，当时简称岭南为"广南"。到了元朝，虽有人称"岭南"为"岭广"，但由于"岭广"并非行政区域名称，而且元朝统治的时间只有九十七年，非常短暂，故"岭广"之称没有得到推广。洪武二年（1369），朱元璋改广东道为广东等处行中书省，广东成为明朝的十三行省之一，同时将过去长期与广西同属一个大区的雷州半岛、海南岛划拨广东统辖，结束了广东以往隶属不同政区的状况，今广东省的版图是在明代正式确立的。终明之世，广东设"十府一州"（如表1-1），即广州府、惠州府、潮州府、南雄府、韶州府、肇庆府、高州府、雷州府、廉州府、琼州府和罗定州，除了广州府、韶州府和罗定州外，其余八府均濒临海岸，这

---

① （清）潘耒：《广东新语序》，屈大均：《广东新语》，中华书局，1985年，第1页。
② 简又文：《广东文化之研究》，《广东文物》，广东人民出版社，1941年，第657页。
③ 王世舜主编：《庄子·天下》，山东教育出版社，1984年，第652页。
④ 梁启超：《世界史上广东之位置》，《梁启超全集》，北京出版社，1999年，第1683页。

一地理格局既为岭南发展对外贸易奠定了基础，也为海盗来犯提供了条件。这一地理特征在岭南家训中多处得到体现，一是独特的海洋文化，二是以海为生的生存技巧，三是防御海盗的基本方法等。清承明制，清代广东辖境与明代相同，政治、经济、文化等制度沿袭明代并不断得到发展。

表1-1　明清岭南行政区划

府州	明代		清代		备注
	数量	县	数量	县	
广州府	15县1州	直属县：番禺、南海、增城、东莞、新会、清远、香山、新安、顺德、新宁、从化、三水、龙门；连州，领阳山、连山二县	14县	番禺、南海、增城、东莞、新会、清远、香山、新安、顺德、新宁、从化、三水、龙门、花县	明代广州府大部，只少连州等。花县新置，由番禺、南海分出，佛岗新由清远、英德分置
韶州府	6县	曲江、乐昌、仁化、乳源、英德、翁源	6县	曲江、乐昌、仁化、乳源、英德、翁源	与明同
南雄府	2县	保昌、始兴	1县	始兴	清初为南雄府，嘉庆十一年（1806）改为州
肇庆府	11县1州	直属县：高要、四会、广宁、开平、恩平、阳春、阳江、新兴、高明；德庆州，领封川、开建二县	11县1州	高要、四会、广宁、开平、恩平、阳春、新兴、高明、封川、开建、鹤山；德庆州	明代肇庆府大部
罗定州	2县	领东安、西宁二县	2县	领东安、西宁二县	与明同
惠州府	10县1州	直属县：归善、博罗、海丰、龙川、兴宁、长乐、长宁、永安；连平州，领和平、河源二县	9县1州	归善、博罗、海丰、龙川、河源、和平、长宁、永安、陆丰；连平州	明代惠州府大部

（续上表）

府州	明代		清代		备注
	数量	县	数量	县	
潮州府	11县	海阳、潮阳、揭阳、大埔、普宁、饶平、惠来、澄海、程乡、平远、镇平	9县1厅	海阳、潮阳、揭阳、饶平、惠来、大埔、普宁、澄海、丰顺；南澳厅	明代潮州府大部
廉州府	2县1州	合浦县、灵山县；钦州	2县1州	合浦县、灵山县；钦州	与明同
雷州府	3县	海康、遂溪、徐闻	3县	海康、遂溪、徐闻	与明同
高州府	5县1州	直属县：茂名、电白、信宜；化州，领吴川、石城二县	5县1州	茂名、电白、信宜、吴川、石城；化州	与明代高州府相同，唯化州不领县
琼州府	10县3州	直属县：琼山、澄迈、临高、定安、文昌、乐会、会同；儋州，领昌化一县；崖州，领感恩一县；万州，领陵水一县	7县1州	琼山、澄迈、临高、定安、文昌、乐会、会同；儋州	明代琼州府大部分
崖州直隶州			4县	昌化、感恩、万县、陵水	光绪三十一年（1905）由琼州分出万州，并于同年改为县
嘉应直隶州			4县	兴乐、长安（今五华县）、平远、镇平	清初为程乡县，雍正十一年（1733）改县为州
连州直隶州			1县	阳山	清初属广州，雍正五年（1727）改为州

（续上表）

府州	明代		清代		备注
	数量	县	数量	县	
连山直隶厅					清初属连州，嘉庆二十一年（1816）改厅
佛岗直隶厅					嘉庆十八年（1813）新置，雍正十年（1732）新置

　　注：明代数据主要根据《明史·地理志》，参考姚虞《领海舆图》。清代数据根据赵尔澄《清代地理沿革志》，并参考清末张人骏《广东舆地全图》。明清两代，梧州府（领怀集县）未计入府州总数。

　　清末以来，澳门、香港相继被殖民统治，1998 年海南又独立成省，从行政区划上都退出"岭南"的范畴，"岭南"所管辖的范围慢慢缩小。综合考虑行政区划和文化的因素，清代以来，岭南时常被当作"广东"的代名词①。叶汉明教授亦认为，"岭南，也称岭外、岭表、岭海等……后人也以岭南为广东的代称"②。学者李勤德与刘汉东③、陈永正④在著作中亦将岭南的地域范围等同于广东。为了叙述方便及文献的称谓统一，本书名为"岭南"，实际的研究地域范围是明清时期的"广东"。

　　（三）家训

　　"家训"一词，最早见于东晋《后贤志》，此书记载蜀郡太守黄容事迹："亦好述作，著《家训》、《梁州巴纪》、《姓族》、《左传钞》，凡数十篇。"⑤ 黄容作为东晋太守，应该有能力撰写家训，遗憾的是，黄容所著的《家训》没有流传下来。《后汉书·文苑传下·边让》亦载："鬟龇夙孤，不尽家训。"至于家训涉及哪些内容，不得而知。西周时期的《尚书·召诰》被很多学者视为以著述形式出现的家庭教育的源头。而北齐文学家颜

----

① 赵春晨：《岭南近代史事与文化》，中国社会科学出版社，2003 年，第 2 页。

② 叶汉明：《明代中后期岭南的地方社会与家族文化》，《历史研究》，2000 年第 3 期。

③ 李勤德、刘汉东：《岭南文化论》，天津古籍出版社，1996 年，第 4 页。

④ 陈永正：《岭南历代诗选》，广东人民出版社，1985 年，第 1 页。

⑤ （东晋）常璩：《后贤志》，《华阳国志》卷十一。

之推所著的《颜氏家训》自产生以来，就受到当时及历代教育者、文人和士大夫的备至推崇，对后世家庭教育影响极大，被学者王三聘誉为"古今家训，以此为祖"①。《颜氏家训》的出现，标志着我国古代士大夫家训的成熟。

二十世纪八九十年代，学者们开始关注中国古代家训的研究，多半对形式或内容进行诠释。但关于家训的定义，学界理解不尽相同，兹略举几种代表观点。如李茂旭认为"家训，也作家令、家诫、家戒，是古人对父母教诲的敬称。广义的家训，还包括家规、家范、家礼、家约、世范、教子诗、示儿书、家书等等"②。这是从形式层面作的定义。谢宝耿认为："家训，顾名思义就是'言居家之道，以垂训子孙者'。主要指父祖对子孙、家长对家人、族长对族人的训示、教诲，也包括兄姐对弟妹的告诫，夫妻之间的嘱托……"③ 这是从内容层面作的定义。王毅认为"广义上的家训，就是家教，即家庭教育"④。这是从功能层面作的定义。霍松林在《中国家训经典》序言中说道："中国古代进行家教的各种文字记录，包括散文、诗歌、格言等等，通常称为家训，它是古人向后代传播修身治家、为人处世道理的最基本的方法，也是我国古代长期延续下来的家长教育儿女的最基本的形式。"⑤ 这种观点从形式、内容和功能三方面作出了准确的定义，但只是将"家训"的作用范围限定在传统的"小家庭"，家训的功能是"范家"。

在中国传统文化中，"家"的含义包括"家庭"和"家族"两个意义。以血缘关系为纽带，由父母和孩子共同组成的社会基本组织为"家庭"，而通常"四世同堂，五世共爨"或"十代十二代数百口聚族而居"的组织也称为"家"，实际为家族。从生发关系来看，家族由家庭衍生而成，它与家庭表现为群体和个体的关系，即"家族在结构上包括家庭，最小的家族也可以等于家庭"⑥。就范围来讲，小家族可以等同于家庭，大家族可以等同于大家庭（义门），一个乡村可以等同于一个大家族，一个村落可以等同于一个大宗族。这样一来，单单从功能来讲，随着家庭范围的扩大，家训的作用也不断扩大，甚至社会化，家训的功能从"范家"转变为"世范"，家训文献范围也扩充到了族规、乡约、乡礼等。基于以上分

009

---

① 王利器：《颜氏家训集解·序录》，中华书局，2014 年，第 1 页。
② 李茂旭：《中华传世家训》，人民日报出版社，1998 年，前言第 3 页。
③ 谢宝耿：《中国家训精华》，上海社会科学院出版社，1997 年，第 1 页。
④ 王毅：《宋代家训与宋代文学家庭》，《聊城大学学报（社会科学版）》，2005 年第 3 期。
⑤ 翟博：《中华家训经典》，海南出版社，2002 年，第 1 页。
⑥ 费孝通：《乡土中国》，江苏文艺出版社，2007 年，第 43 页。

析，笔者将"家训"定义为：家训是在家庭、家族、乡村中，以文章、专著、家书、诗歌、族规、乡约、楹联等多种形式，以"修身、齐家、治国、平天下"理想为指导，长辈对晚辈（含兄弟之间、夫妻之间）进行读书修身、待人接物、和家睦族、为商为政等品德教育和技能教育的文本文献。

三、岭南家训研究简况

学界对中国家训的研究，始于二十世纪八十年代。

史书记载岭南家训不多。明以前，历代正史"艺文志"从未收录岭南家训。《明史·艺文志》共收录全国各地家训著作 41 部，黄佐《姆训》一卷有幸著录，只可惜作品不存。《中国丛书综录》分别收录宋、元、明、清四代家训著作 10 部、3 部、14 部、52 部，《霍渭厓家训》一卷、庞尚鹏《庞氏家训》一卷收录其中。这既说明岭南家训未引起学者的太多关注，也证明霍、庞两部家训影响之大。

学界对岭南家训研究不多。目前代表性家训理论专著《家范志》①《中国家训史》②《中国家训史论稿》③《传统家训思想通论》④ 对岭南家训思想及史料提及很少。古代家庭教育专著《中国古代家庭教育》⑤《中国古代家训》⑥《中国古代家庭教育简论》⑦ 等，根据历史发展年代，按先秦、两汉、魏晋南北朝、唐、宋、元、明、清的顺序，简述了各时期家庭教育背景、特点及家训代表作，对岭南家训也涉及不多。

岭南文化丛书也未注重对岭南家训文献的收集。近年来，岭南文化研究成果丰富，先后出版了"广东地方文献丛书"《广州大典》"岭南丛书""岭南文化知识书系""岭南文库""岭南学丛书"等系列水平高、影响大的基础性研究资料和文化专著，对岭南文化进行了全面的挖掘。但遗憾的是，都没有重视岭南家训的资料收集或研究。其中，李权时主编的《岭南文化》⑧ 一书对岭南文化产生的环境进行了梳理，对岭南的小说、诗歌、语言、教育等作了全方位的论述，但也没有提及岭南家训。

---

① 徐梓：《家范志》，上海人民出版社，1988 年。
② 徐少锦、陈延斌：《中国家训史》，陕西人民出版社，2011 年。
③ 朱明勋：《中国家训史论稿》，巴蜀书社，2008 年。
④ 王长金：《传统家训思想通论》，吉林人民出版社，2006 年。
⑤ 金开诚：《中国古代家庭教育》，吉林文史出版社，2011 年。
⑥ 李楠：《中国古代家训》，中国商业出版社，2015 年。
⑦ 杨茂义：《中国古代家庭教育简论》，北京理工大学出版社，2009 年。
⑧ 李权时主编：《岭南文化》，广东人民出版社，1993 年。

随着岭南经济的持续发展，岭南文化在中国文化史上的地位日益提升，学者开始注意到岭南家训。赵振在《中国历代家训文献叙录》（齐鲁书社，2014）中对丘浚《家礼仪节》、黄佐《泰泉乡礼》、袁衷《庭帏杂录》、庞尚鹏《庞氏家训》、桂士杞《有山诚子录》进行了叙录。

中国知网上以"家训"为主题的研究文章达 3 000 余篇（其中硕博学位论文 900 篇）。笔者以"家训与社会"为篇名在中国知网上进行检索发现，1997 年前，相关论文为 0 篇，这说明学界还未注意到"家训与社会"的关系。1997 年至 2022 年（2022 年的数据截止到 5 月，为不完全统计）关于家训与社会的论文共有 171 篇（见表 1 - 2）。

表 1 - 2　1980—2022 年"家训与社会"研究论文统计表

类型	时间				合计
	1980—1989	1990—1999	2000—2009	2010—2022	
硕博论文	0 篇	0 篇	2 篇	12 篇	14 篇
期刊论文	0 篇	1 篇	19 篇	131 篇	151 篇
报纸	0 篇	0 篇	0 篇	6 篇	6 篇
合计	0 篇	1 篇	21 篇	149 篇	171 篇

由上表可知，2010 年后报纸上发表的有关家训的研究文章有 6 篇，表明党和国家开始重视家训家风建设，而 2010 年后的文章中有 80% 研究的是"家训与社会主义核心价值观"，这证明了政治与家训的共生共长关系。

关于岭南家训研究，公开发表的论文有 150 余篇，研究主要集中在以下四个方面。

一是岭南家训思想内容研究。此类文章主要分析了个案家训对儒家文化的传承以及家庭教育方法等，如龚火生的《从客家宗祠堂联、家训及姓名字辈看儒家文化教化传承》以河源市紫金县各姓族谱中记载的客家宗祠堂联、家规家训以及姓名字辈为基础，论述了家训对儒家文化的教化与传承。李晓静、李小燕的《从客家谱牒的家规家训看客家人的价值观念》以梅州、河源等地客家族谱所记载的家规家训为着眼点，总结归类，详细地分析了家规家训中蕴含的客家人尊祖敬宗、忠信孝悌、和亲睦邻、勤俭治家、艰苦奋斗、各立其业、重视品行的价值观念。钟卫红的《孝道，中国人的血脉——在客家族谱家训中看"孝悌"》从行孝及时、行孝方式、行孝因由、行孝得福等方面论述了客家人的孝悌传统。赵虹辉的《试论〈庞

氏家训〉的优良育人传统》分析了《庞氏家训》的结构特点，论述了庞氏教子育孙、为人处世、重读崇儒等良好的育人方法及原则。李克玉的《从〈养正遗规〉看中国古代儿童教育思想的得失》分析了教子读书的目的和意义，引导子孙树立高尚的人生理想和正确的世界观，并要求父母以身作则，在平时注意个人行为规范，潜移默化地教育子孙。张俊杰的《从〈家书〉看陈宏谋的家教思想》以陈宏谋家书为素材，分析了陈宏谋教导子孙忠孝友悌、立志高远、自强不息、力戒骄奢等家教思想，并以具体事例为事实，分析了陈宏谋以身作则、躬身践履的教育方法。陈延斌的《〈庭帏杂录〉与李氏的以身立教》系统地记录了《庭帏杂录》的思想来源，通过对李氏言传身教的描述，突出了女性在家庭教育中的重要地位，并分析了李氏孝亲敬长、仁慈待人、乐善好施、友邻互助的美好品德对子弟的影响。

二是岭南世家对岭南发展的诸多贡献。此类文章分析了不同的个案对岭南文化、岭南教育、岭南开发、岭南经济、岭南政治、岭南学术、岭南社会管理等方面的影响。如曾燕闻的《十八世书香的岭南黄氏"文化世家"》从家族史与社会史的角度，分析了岭南历史上延续最久、影响深远的香山黄氏世家的起源，纵向梳理了黄钱、黄佐、黄培芳、黄佛颐等影响极大的家庭成员对家族发展的贡献，横向分析了家庭成员在历朝历代对当地文学、史学、文献学的积极影响，总结出了黄氏诗书传家的奥妙。笔者的《〈泰泉乡礼〉思想体系研究》分析了《泰泉乡礼》的产生背景，并从哲学、儒学、教化、文学、文献学等方面论述了《泰泉乡礼》的思想体系，同时也论述了明中叶以来乡绅"以家达乡"思想的实现。郑海宁的《隋唐时期环北部湾地区宁氏与冯氏家族的关系》梳理了宁冯家族因战乱而避难岭南的历史过程，分析了宁冯家族对岭南先进生产技术革新、岭南民族融合、社会稳定发展等方面作出的突出贡献。赖井洋的《略论余靖对岭南经济发展的贡献》论述了北宋名臣余靖在岭南经济发展中采取的主要措施。左岩的《山阴汪氏家族入粤与其家风家学》论述了汪氏"廉洁孝友"的家风特色，并且汪氏家族文化独立不迁，与时俱进，具有很强的适应性和生存力，汪氏成员不断调适家族的文化态度和行为方式，适时、主动地汲取岭南文化因子，不断壮大自己，为岭南乃至全国的学术文化作出了多方面贡献。胡守成的《士燮家族及其在交州的统治》从交州的地理和社会状况、东汉末年交州统治权的争夺、士燮何以能雄踞交州、孙吴对士燮家族的打击等角度论述了士氏家族在岭南地区的统治及贡献。

三是岭南家训与社会管理。此类文章主要分析了《庞氏家训》《泰泉乡礼》《霍渭厓家训》与岭南地方自治的关系。如邓智华的《士绅教化与地域社会变革——基于庞尚鹏〈庞氏家训〉的分析》考察了庞尚鹏撰写家训的缘由,分析了庞氏家训在地方的影响及贡献,也探讨了明中后期士绅"以家达乡"的教化实践与地域社会变革的关系。刘术永的《由〈泰泉乡礼〉之〈乡约〉和〈保甲〉卷看明代乡治》分析了明代乡治中"乡约"和"保甲"的形成和发展,分析了"由乡绅倡行、乡民互约"的乡约自我教化制度和"皇权控制"的乡村社会治安保甲制度的功能及联系。贺宾、陈伟的《传统社会的民间组织与乡村社区的道德教化——以〈泰泉乡礼〉为中心的考察》记述了明朝政府通过编织民间社会组织,在广大乡村构建起"心悦诚服"的统治秩序,从而达到"以德治国"的根本目的。常建华的《儒家文明与社会现实:明代霍韬〈家训〉的历史定位》以霍韬家族为例,分析了明代社会变革中如何通过家训保证家族立于不败之地和延绵不息。

四是岭南家训的现代应用。古为今用,是研究传统文化的价值指向,学者们基于岭南族谱或家规家训,从不同层面展示了岭南家训所反映的岭南人的价值观念、人生智慧以及对当今家庭教育、社会道德建设的启示。如陈友义的《潮汕家训的文化审视》从文化特色、文化内容、文化功能及文化出路四方面论述了潮汕家训。邱远的《客家古邑家训的人生智慧》着眼于客家古邑家训,分析了客家人敬祖爱国、勤劳节俭、和善包容、忠信守义、崇文重教、自强不息的人文精神。管思燕、邱远、姚志强的《客家古邑家训文化对"四德"建设的启示》分析了客家古邑家训"四德"的内涵及奖惩结合、情法并用、寓家于族、祀学合一、榜样示范等多途径和多形式的传承方式。甘晓莉的《客家家训文化及其当代价值——以广西贵港市为例》以儒家文化为中心,分析了贵港市家训的族群特点和勇于开拓、敬业乐群等特色文化。

四、岭南家训的传承与创新

十八大以来,以习近平同志为核心的党中央领导集体高度重视家训家风建设。"要在家庭中培育和践行社会主义核心价值观……培育文明风尚。"[①] 在此背景下,岭南家训的整理、研究与应用得到快速而全面的发展。

2015 年 12 月,"广东省家谱家训家风展"在广东省方志馆举行,展出

---

① 习近平:《在会见第一届全国文明家庭代表时的讲话》,《人民日报》,2016 年 12 月 12 日。

万册家谱、百家家训、十家家风，其中家谱 11 123 册，涉及 200 多个姓氏。

2016 年初，《广州日报》开始在全省范围内征集家训家风作品。2016 年 4 月，东莞成立"东莞市家风家训工作室"。工作室"立足校园，延伸全社会"，成为拓展家风家训的活动载体，充分调动家长的聪明才智，集思广益，整合社会方方面面包括高等院校的资源，传递正能量，在"德""善"两字上多做文章。同年 12 月，中山市成功举办了"齐贤修身传承好家风"图片展活动。

2017 年，家训家风传承活动丰富多彩，广州市天河区开展了"好家教、好家训、好家风"进社区活动。肇庆广宁县扶楼村整合永福黄公祠等资源，新建文化长廊，增设孝廉学堂，打造了家风家训教育基地。肇庆市妇联以全市 1 547 个"妇女之家"为依托，开展寻找文明家庭、最美家庭活动，组织群众议家风、讲家庭、传美德。德庆县命名表彰了"书香家庭""廉洁家庭""平安家庭"等特色家庭近 150 户，官圩镇五福村被评为广东省家庭文明建设示范点。怀集县出版了《清心善德传家风》一书，拍摄了电视专题片《家训·乡情·廉韵》，打造了邓拔奇故居等家风廉政教育基地。

2018 年，家训传承的形态进一步丰富，广府家训馆在佛山南庄举行了揭幕仪式。广府家训馆以家训、家风、家教为要点，以广府文化为底色传承经典，促进家庭和睦与社会和谐。白云区家风家训主题公园正式揭幕，其坐落于金沙洲彩滨中路，公园将历史人文内容结合园林自然景观，设置了"优良家风、文化传承""红色家风、旗帜高扬""时代家风、南粤有情"三个主题，追溯了家风的源起及传承。特别值得庆贺的是，以《四库全书》为编纂坐标的《广府文库》编纂委员会成立了，在史志类、文献类等十大内容中，将"家训"单列为一大类。

2019 年，广州社区学院（番禺分院）专门成立课题"传统优秀文化进社区成果培育"，以"岭南家训"为主题，先后组织了 10 余次家训进社区宣传活动。

2020 年 6 月，广东省妇联、广东省文明办联合授予首批 10 个"家教家风实践基地"，分布于广东省内的主要城市，这些基地成为公民道德建设、传承好家风、凝聚正能量的重要场所，对岭南家训的传承和发扬具有重要作用。具体名单如下（表 1-3）：

表1-3 广东省首批家教家风实践基地名单

序号	地区	基地名称
1	广州	广州市番禺区沙湾古镇
2	深圳	深圳市甘坑客家小镇
3	佛山	佛山禅城区南庄镇紫南村广府家训馆
4	韶关	韶关市广州人家训馆
5	梅州	梅州市大埔县百候镇侯南村
6	东莞	东莞市茶山镇南社明清古村落
7	中山	中山市南朗乐镇家风家训传承基地
8	江门	江门市新会梁启超故居纪念馆
9	肇庆	肇庆市高要家训廉政教育基地
10	潮州	潮州市潮人家训馆

为了将活动成果固化，广东各地政府挂帅，组织课题研究和作品出版，家训家风著作成果显著。

《客家古邑家训》① 汇集了河源市101个姓氏家训。河源是有2 000多年文明史的客家古邑，现有840个姓氏。此书以"仁、义、礼、智、信、忠、孝、俭、和、廉"十德为体系，收集了特色鲜明的祖宗家规，但家训的来源主要依靠各姓氏自行报送，对于家训的真实性未进行考证。

《岭南家训》② 作为一部具有地方特色的普及读物，按照"百家姓"的顺序，介绍了115个姓氏的家训。每篇家训均按姓氏源流、家训、名人、故事的体例进行叙述。在115篇家训中，只有周、吴、杨、许、吕、卜、熊、颜、霍、莫、洪、崔、叶、简、海15篇（句）家训真正源于岭南地区，而其他的则源于全国范围。作为一本普及性读物，此书对中国传统家训及岭南家训的宣传与传承有一定的意义。

《岭南家书》③ 共收录60封家书，家书的选择突出"岭南"特色，选择的标准有二：首先，家书撰写者祖籍为岭南，如陈献章、梁启超、孙中山等；其次，家书撰写者曾在岭南生活或为官，如林则徐、陈寅恪等。书信以"修身、齐家、治国"为主线，从个人身心道德实践（修身、养生）

---

① 吴善平主编：《客家古邑家训》，华南理工大学出版社，2014年。
② 顾作义主编：《岭南家训》，南方日报出版社，2016年。
③ 顾作义主编：《岭南家书》，南方日报出版社，2017年。

到学习、事业（为学、立业），再扩充到和睦家庭及与外界关系的处理（睦家、处世），进而推及到为国家富强独立而甘愿奉献的远大志向（立志、为国）。此书对研究岭南家训有重要的参考价值。

《岭南家风》① 分为仕宦、英烈、革命家、外交家、商贾、学人、名医、艺术家、科学家、武术家、侨领 11 个主题，每个主题选择了 4 个人物（古代 2 人、近现代 2 人），每个人物按家族简史、名人故事、家风传承、家教名言的思路来撰写。此书为读者提供了生动的家风家训个案，也对本书世家家训的论述提供了有价值的材料。

《岭南乡规》② 收录了 89 篇岭南乡规民约，涵盖广东 21 个地级市。此书分为上下两卷，上卷为古代规约 40 篇，下卷为现代规约 49 篇。上卷记载了广州（12 篇）、珠海（2 篇）、汕头（2 篇）、韶关（1 篇）、梅州（3 篇）、惠州（4 篇）、汕尾（1 篇）、东莞（2 篇）、湛江（5 篇）、肇庆（3 篇）、清远（1 篇）、揭阳（3 篇）、云浮（1 篇）等地家训，其中名人家训 28 则、传统家训 10 则、各姓氏家训 100 则，名人家训包含在粤外籍人士（寓贤）的作品。入选家训均注明资料来源，具有重要的参考价值。

《花都名人家风家训》③ 选取塱头村黄氏、华岭村骆氏、石湖山村汤氏、三华村徐氏、黄沙塘村朱氏、锦山村宋氏、藏书院村谭氏七个家族，介绍了每个家族的代表人物，包括：黄暐、骆秉章、汤廷光、徐维扬、朱兆莘、宋士台、谭生林七位花都本土历史名人，以时代为经，以人物为纬，叙述他们的家风，解读他们的家训，总结他们的家风家训传承效果。本书提供了家训与家族发展的重要史料。

《韶关族谱家训家规集萃》④ 主要立足于韶关（地方）族谱文化研究，通过所载的家训、家规，为读者研究、了解韶关地方人文传统、家训、家规提供读本。本书辑录了韶关地区（含南雄、始兴、翁源、仁化、乐昌、乳源、曲江、新丰）的大部分家谱、族谱，谱载家训、家规文记，以及各姓氏迁徙始祖及分迁源流。此作史料翔实，具有重要参考价值。

《佛山家风家教研究》⑤ 对佛山人民爱国、敬业、诚信、友善、尚学、创业等特点进行了详细展示，列举了独具代表性的楷模和名人故事，如典型传家庞雄飞、立志报国梁栋才、倾心建筑关肇邺、书香门第杜维明等，

---

① 顾作义主编：《岭南家风》，南方日报出版社，2017 年。
② 顾作义主编：《岭南乡规》，南方日报出版社，2017 年。
③ 李远主编：《花都名人家风家训》，湖南师范大学出版社，2018 年。
④ 苗仪、黄玉美编著：《韶关族谱家训家规集萃》，暨南大学出版社，2018 年。
⑤ 陈万里：《佛山家风家教研究》，南方日报出版社，2017 年。

并从中西方文化比较的视角进行分析。此书为研究家训提供了新视野。

《齐贤修身传承好家风：中山市家风家训文化读本》① 深入挖掘中山近现代名人及革命英雄人物的清正廉洁风范，展示当今和美的家风传承风尚，促使党员干部以及广大群众将修身和家风建设摆在重要位置，进一步形成干部清正、家风清纯、政风清廉的良好局面。

从以上可以看出，岭南家训文本的整理与家训活动的开展主要分布在广州府、惠州府、韶州府，这三个区域是明清时期经济和文化十分活跃的地区；潮州府、琼州府、南雄府、肇庆府家训文献十分丰富，但理论研究与家训活动都不多；廉州府、雷州府、高州府、罗定州家训文本不多，当今家训研究和家训活动也不活跃。整体来看，目前对岭南家训的研究，都是从整理家训的文本文献着手，还处于家训研究的初级阶段。就思想内容而言，学者们只对《庞氏家训》《养正遗规》等 5 篇家训进行了研究，因此本书将对岭南家训的发展历程、主要思想内容、形式特征和思想特性等进行系统的概括，并介绍不同区域的典型家训，使读者对岭南家训有一个整体的理解和把握。就"家族与社会发展"的关系而言，学者们分析了东汉时期士燮家族、隋唐时期冯氏家族对岭南社会的贡献，也分析了南迁世家大族对岭南文化或经济的影响，但都没有从家训角度，分析家训在家族发展过程中的内部功能和外部作用，本书将从诗书家族、仕宦家族和商贾家族三个方面分析家训的功能。就"家训与社会自治"来看，学者们研究了《庞氏家训》《霍渭厓家训》《泰泉乡礼》对地方社会的影响，但没有注意到其他区域的乡规、村约等短小家训对明清时期岭南社会稳定和发展的意义，笔者在全面收集岭南各区域家训（乡规、村约）的基础上，将全面分析家训（乡规、村约）对社会发展的意义。

五、研究目标及思路

本书结合岭南明清时期的社会背景，通过对明清时期岭南典型家训文本的剖析及发展规律的提炼，实现两个基本目标：一是揭示岭南家训与岭南社会发展的互动关系，即岭南家训在同社会的政治、经济、文化的共生共长中，如何通过个体培养、家庭治理、宗族发展、乡村自治等方面来促进社会的发展，以及社会政治、经济、文化又如何影响家训的发展。二是分析岭南家训的理论渊源、基本模式、价值内涵及岭南地域特征等基础，提炼出利于当今岭南社会个体塑造、家风传承、社区建设、社会文明发展、传

---

① 中山市档案局：《齐贤修身传承好家风：中山市家风家训文化读本》，广东人民出版社，2017 年。

统优秀文化传承等方面的因素及模式，用于社会主义精神文化建设。

为了实现以上研究目标，本书以明清时期岭南的"十府一州"为地域范围，在方志、史书、碑记、族谱、传记等岭南文献中查找出岭南家训材料，从政治、经济、文化三个纬度，按照"个体—家庭—家族—乡村"的纵向思路，以典型家训为代表，论述岭南家训与社会发展的互动融合关系，并探索其互动机制，将优秀的岭南家训用于社会主义精神文明建设（见图1-1）。研究问题主要包括：家训如何培育个体，个体对社会有何贡献；家训如何进行家庭管理，家庭对社会稳定和发展有何意义；家训对家族发展的影响，以及这些家族对地方社会有何影响。同时，为了避免过于宏观及空泛，"以个案方式进行研究，可以避免选题太大，过于宏观、见林不见树、流于空泛的弊病"[①]。并对典型性强、影响力大的著名家训（如《陈白沙家训》、《霍渭厓家训》、庞尚鹏《庞氏家训》、黄佐《泰泉乡礼》）进行具体分析，做到点面结合。

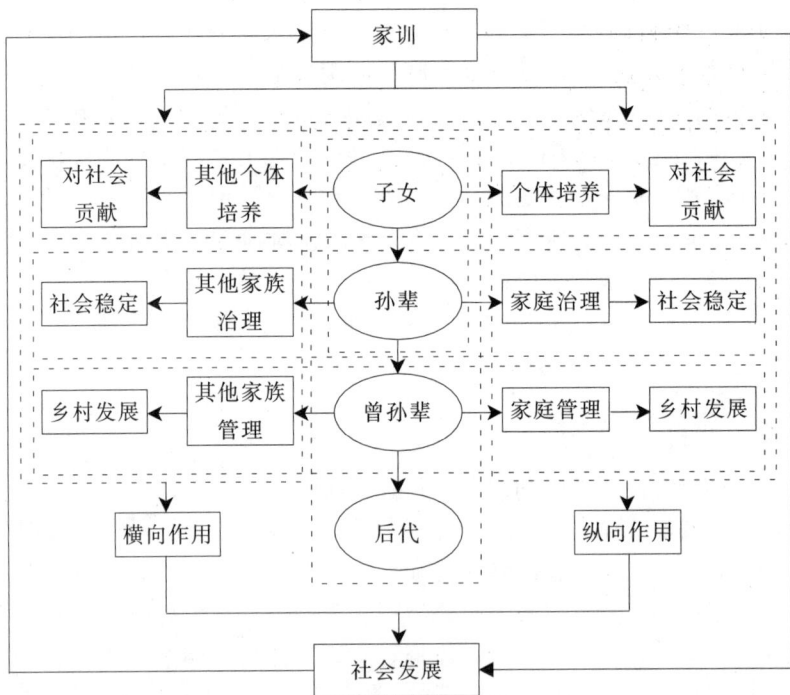

图1-1　家训与社会互动关系

———————

① 黄宽重：《宋代的家族与社会》，国家图书馆出版社，2009年，第2页。

　　本书的完成，采取了以下四种研究方法。一是文献资料法。对岭南家训的研究首先要依赖于大量家训文献，在大量家训文献的基础上总结"十府一州"典型家训资料和典型个案，从中分析出岭南家训的精神内核及与社会发展的互动关系。通过美国 Family Search 网站、国内各姓氏网站收集岭南部分家训，通过广州图书馆、广东史志馆及各地家训馆查阅岭南家训。二是调查研究法。为了探索岭南家训的历史流变以及当今社会家训在各地区、各家族、各家庭的存在方式和运用情况，特别是部分家训保存在新修的族谱、石碑或祠堂中，无法从图书馆或网上找到资源，必须通过实地调查，近五年来，笔者走遍了广东 21 个地级市和 20 个县级市，访问了110 多个古村落，获取了大量的家训资料。三是个案研究法。以邱浚家训等为研究对象，探索家训对个体培养的影响；以《庞氏家训》为代表，分析家训在家庭管理、家庭经济建设等方面发挥的作用；以《霍渭厓家训》为代表，研究家训在家族发展和维持中的意义；以《泰泉乡礼》为代表，研究乡规、乡约在地方自治中发挥的作用。四是行动研究法。对收集的家规、家训等资料进行归类，按照区域视角，去粗取精，从个别中抽取一般，总结家训在岭南乡村社会的产生和运行规律，力求从中抽取出有意义、有价值的思想内核，运用于当今个体培养、家庭教育和社会文明建设的范例和模式中，更大范围地推广至家庭文化、校园文化和社会文化建设。

019

第二章　岭南家训的孕育环境及特征

秦统一中国以来，先进的中原文化（包括家训文化）开始融入百越文化，素有"南蛮"之称的岭南地区逐渐得到教化，家族和家庭开始重视家庭教育，家训作品也慢慢出现。关于岭南家训的产生，中山大学仇江教授对文化的论述具有启示意义："其特点的形成，是由不同的地理条件（尤其是水的条件）和气候条件，使得人们有不同的生存方式、生产方式与生活方式，而长期造成的不同的精神意识、思维方式、人情风俗和道德观念等等。"[①] 同样，岭南家训是在岭南客观自然条件和主观人文条件的互动下逐步形成的，深深印有岭南人民家庭教育和岭南思想文化的烙印，特征非常明显。

第一节　岭南家训的孕育环境

岭南民族的形成和特性，是岭南的地理环境和历史环境共同孕育的，世界语学者黄尊生先生曾这样说过："岭南北负五岭，东南完全濒海，在全国各省中，其海岸线最长……其所感受，自然与内陆人民只与江河湖沼接触者不同。"[②] 这种特殊的地理环境孕育出的岭南家训，自然与国内其他区域的家训不同，表现出多元、务实、开放、创新、兼容等特性。

一、自然环境

岭南是古代百越土著民族聚居之地，司马迁在《史记·货殖列传》中称之为"领南"："夫天下物所鲜所多，人民谣俗，山东食海盐，山西食盐卤，领南、沙北，固往往出盐，大体如此矣。""领""岭"两字，古代通用，"领南"亦作"岭南"。由于地理范围的变化或视角的不同，关于"岭南"的称谓甚多，即使同一作者在同一著作中，也有几种不同的称呼，

---

① 仇江等编：《岭南状元传及诗文选注》，中山大学出版社，2004 年，第 1 页。
② 黄尊生：《岭南民性与岭南文化》，民族文化出版社，1941 年，第 1 页。

没有统一和规范的称谓。如司马迁先称为"领南"，后因"领南"是百越族的居住地，秦末汉初曾建立南越国，因而司马迁在《史记·南越列传》中又称"岭南"为"南越"。又由于"越""粤"两字古代通用，班固在《汉书·西南夷两粤朝鲜传》中称"岭南"为"南粤"。唐宋以前，岭南地区的经济与文化还非常落后，直至明代前期还是"蛮烟瘴病"之地，因而成为"官宦谪逐之所"。

　　所谓"岭南"，从具体的地理位置来讲，就是大庾岭、骑田岭、萌渚岭、都庞岭、越城岭等五岭以南的广大地区。从当前行政划分来说，萌渚岭、都庞岭和越城岭大部分在广西境内，而大庾岭、骑田岭大部分在广东境内。在不同的历史时期，"岭南"所涵盖的行政区划也有所不同，秦朝确立的"岭南三郡"，包括今天广东、海南、香港、澳门以及广西大部分区域，还包括越南北部，直到宋代才析出。

　　唐代以前，由于五岭的阻隔，岭南和中原交通不便，中原人很少了解岭南，岭南人也无法接触到先进的中原文化，家训发展非常缓慢。隋唐时期，《颜氏家训》《帝范》的出现，分别标志着我国古代士大夫家训和帝王家训的成熟，但岭南还没有出现成篇的家训之作。当然，从另外一个角度来看，由于没有接受中原或国外文化的影响，岭南本土文化以自己独有的姿态和步伐向前发展，形成了特色鲜明的岭南文化，岭南家训也与中原家训、江南家训不同，表现出岭南特色。如，岭南自然环境恶劣，淮南王刘安谏汉武帝远征岭南时描述了岭南的自然环境，"南方暑湿，近夏瘴热，暴露水居，蝮蛇蜇生，疾疬多作"，出现"病死者十之二三"① 的现象。在这种恶劣的生存环境中，岭南人必须与大自然抗争，才有生存机会。这在岭南家训中表现为两点：一是以栏杆、砖雕、灰雕、陶雕等载体呈现，二是家训中多处体现出勤劳简朴、勇敢冒险、不断开拓的岭南精神。

二、经济环境

　　古代的岭南，盛产各种奇珍异宝，诸如珠玑、玛瑙、玳瑁、象齿、犀角、能言鸟、宝石、美玉和名贵香料等，是岭南人向中原统治者进贡的珍品，并吸引了大量商人来岭南贸易。岭南地处亚热带，拥有丰富的光、热、水、土资源，这为种植粮食提供了优越条件，也为种植水果和经济作物提供了便利环境。岭南的农业生产不断向多元化、商品化方向发展，这与中原"重本抑末""重农抑商"观念占主导地位的农业社会文化形成了

① 司徒尚纪：《广东文华地理》，广东人民出版社，1993 年，第 3 页。

鲜明对照，也是岭南家训重商特性的自然基础。

岭南地理位置非常特别，不但面临南海，而且濒临太平洋，具有天然与澳门、香港等港口进行交流的条件。岭南南面与越南、马来西亚、印度尼西亚、菲律宾等国隔海相望，是我国通往东南亚、大洋洲、中东和非洲等地区的最近出海处。早在三国时期，虽然岭南整体落后，但广州（古称番禺）就已成为"海上丝绸之路"的起点，开始开展海外贸易。到唐代时，广州已成为世界著名商埠。特别是唐代中后期，全国经济重心南移，岭南也迎来了经济发展的大好时机。到了宋代，广州已与50多个国家建立了通商及政治关系，开展了较大规模的国际合作。元代，广州与140多个国家都有贸易关系。对外贸易的发展，促进了物质生产的多元化、商品化，同时各种海外文化不断向岭南输入，使岭南成为我国对外文化交流的窗口。唐宋时代，以珠江三角洲和韩江三角洲为中心向外辐射，岭南已经成为我国重要的、活跃的对外贸易区，直接带动了当地商品经济的快速发展。这反映到家训中就表现为"实利重商"的特色。

清末以来，随着西方列强对中华的侵略，岭南家训及时反映出了社会危机，也表现出强烈的爱国思想，如《南海金鱼堂陈氏族谱族规》明确表示"附入洋人教党者，集祠察实，立即永远出族""身怀洋枪利刃，经本人亲属投明，传祠鞭责外，罚胙一年"[1] 等等，既反映了新时代、新事物的发展情况，也表明了陈氏家族对洋教、洋枪的抵制态度。

唐宋以前岭南家训之作非常少，而明清以来岭南家训如雨后春笋般破土而出，且产生了影响深远的诸如《霍渭厓家训》《庞氏家训》《陈白沙家训》《沙堤乡约》《泰泉乡礼》《家礼仪节》等作品，这与明清岭南经济的发展密不可分。纵观岭南社会的发展，家训与经济的关系越来越密切：一方面，经济发展既为家训发展提供了物质基础，同时又对家训提出了需求；另一方面，家训作为一种上层建筑，必然反作用于经济，同时经济和生产的发展也离不开家训对人才的培养。据《乾隆志》记载，佛山"杂姓"当时有62姓，到《道光志》时是59姓，都没有培养出举人以上科举及第者和官员。究其原因，"杂姓"家庭经济基础薄弱，只有满足了基本的物质条件，才可能追求文化，才可能有家训产生。现存岭南家训作品均出自显赫大族。如唐长庆元年（821）进士韦昌明，"家素饶富，昌明励志读书，工于诗律词赋"[2]。家族具备良好的经济条件，才有资本鼓励子孙参加科举考试。一旦科举战功，家族就有可能成为名门旺族，家训也随之而生。

---

① 陈恩维、吴劲雄编著：《佛山家训》，广东人民出版社，2016年，第325页。

② （明）黄佐：《韦昌明传》，《广东通志》，大东图书公司，1997年，第1412页。

社会经济水平决定着教育培养人才的规模。在古代中国，"科举与经济是中国传统家族兴衰的重要指标"①。追求科举必须要具备良好的经济条件，如果一个家族失去了持续的、稳定的经费支持，那么师资的薪金、学习用品的费用、子弟的生活费用都得不到保障。世家大族通过设立宗族公有财产，做到"祭祀有田，赡族有田，社学有田，乡厉有国，彬彬乎备矣"②，为家族子弟提供了厚实的经济保障，同时，岭南的许多家族还通过设置家塾或书院等机构进行族内成员专门教育，确保连续培养科举及第者，从而保证家族的政治地位和社会威望。如明正德十一年（1516），霍韬从朝廷告归，来到西樵山天池精舍讲学，后建四峰书院专收霍氏子弟，实为族学。嘉靖二年（1523），霍韬亲自担任四峰书院院长，制定规章制度，对书院的经费来源及开支明细都作了详尽的规定，为四峰学院的日常运行提供了财政保障。霍氏生徒无不刻苦励志，用功学习。作为霍氏家族发展史上的关键人物，霍韬意识到子弟的培养与家庭的兴衰、家族的成败关系紧密，因为"家之兴，由子侄多贤；家之败，由子侄多不肖"；并且培养优秀子弟需要从蒙养开始，"子弟之贤，由乎蒙养。蒙养以正，岂曰保家，亦以作圣"③。对子弟进行严格教育，不但可以培养优秀的"圣人"，还可以起到"保家旺族"之作用。霍韬要求所有子侄从小接受教育，再根据个体的优异情况，挑选优秀者进入四峰书院，进行专门的科举考试教育，正如王炳照所言，"就家族教育的整体来看，强调科名，注重入仕是家族教育最主要的目标"④。从霍韬科举成功开始，霍氏子孙功名不断，霍氏也一跃成为佛山望族。

明朝以来，岭南商品经济的迅速发展导致社会流动的加速以及各阶层地位的不稳定，家训中关于保家旺族、家庭营生等的内容不断增加。如提倡新型崇俭观、职业观、处世观等在商品经济发展中出现的新因素，同时以义田、义庄、墓田、祠田等族内公产以及宗法等级来保证家族屹立不倒。除此以外，岭南家训在土地的经营与管理，家庭的财产观、消费观、贫富观，崇俭抑奢习俗等方面均有涉及，这既是对经济发展的真实反映，也对社会良好风气、社会稳定发展具有能动作用。

---

① 黄宽重：《宋代的家族与社会》，国家图书馆出版社，2009年，第224页。

② （清）霍绍远、霍熙纂修：《原序》，《石头霍氏族谱》，广西师范大学出版社，2015年，第4页。

③ （明）霍韬：《家训前编》，陈恩维、吴劲雄编著：《佛山家训》，广东人民出版社，2016年，第19页。

④ 王炳照主编：《中国古代私学与近代私立学校研究》，山东教育出版社，1997年，第74页。

三、政治环境

岭南地处僻远，一直远离封建社会的政治中心，加上相对封闭的自然环境，唐宋以前岭南开发较迟，社会经济落后，被中原王朝视为"化外之地"，中原政治对岭南的影响极为甚微，如汉武帝时严行抑商政策，却没有在岭南推行，这里"以其故俗治，毋赋税"[①]，免除了政治经济制度对文化的冲击。梁启超评价广东说，"朝廷以羁縻视之，而广东亦若自外于中国，故就国史上观察广东，则鸡肋而已"[②]。朝廷对岭南的这种态度，正好为岭南家训形成自己的特征提供了空间和时间便利。

一是北方政局动荡，阶级斗争激烈，民族矛盾复杂，战乱频频发生，社会环境相对安定的岭南成了北方人逃避战乱的理想场所，大批北方大家族南移，定居岭南，将中原的家训和文化直接带入岭南。西汉元始二年（2），全国人口近5 959万，而岭南人口只有37万。西汉末期开始，中原社会战火不断，南下岭南避难人数陡增，至东汉永和五年（140）岭南已有86万余人[③]。后来，历经八王之乱、五胡乱华、十六国割据等动乱，北方大量名门望族和流民进入岭南。如南宋文天祥保着幼主，率领浩浩荡荡的宋民，先是流入福建，最后涌入广东，人口规模上百万。清康熙年间实行海禁，规定海岸60里以内禁止居住。雍正年间，海禁解除，朝廷公布纳粮制度，火耗归公，岭南官员又喜于恢复农业的政绩，于是准许大批河南移民南下涌入珠三角地区。清政府采取了废除海禁、奖励垦殖等措施，进一步吸引了大批中原人来到岭南，促进了人口增长。乾隆四十八年（1783）岭南人口已达144.7万。中原人士进入岭南，成为中原文化的传播者和践行者，促进了岭南文化的繁荣，正是"唐末五代之乱时，不少中原士人到岭南避难，当地文运因之一代一代地得以开通"[④]。

二是唐高宗以来，在岭南开始实行"南选"制度，开启了岭南学子"学而优则仕"的儒学道路，也为岭南人参与朝廷管理开辟了道路，而一个家庭成员是否可以通过"南选"成为朝廷官员，需要其具有良好的个人素养和文化水平，这迫使家庭和家族重视家庭教育，直接促进了岭南家训的发展。几乎所有岭南家训都以"学而优则仕"为主题，鼓励子孙读书。

---

① （汉）班固：《汉书》卷四十九，中华书局，2010年，第501页。

② 梁启超：《世界史上广东之位置》，《梁启超全集》，北京出版社，1999年，第1683页。

③ 广东省地方史志编纂委员会：《广东省志·地理志》，广东人民出版社，1999年，第113页。

④ ［日］桑原骘藏：《历史上所见的南北中国》，刘俊文主编：《日本学者研究中国史论著选译》第一卷，中华书局，1992年，第24页。

如，《庞氏家训》要求"子弟以儒书为世业，毕力从之"①，并且"勤读书，要孝弟"②；《霍渭厓家训》规定子弟一定要"朝耕暮读"，或采用"春夏耕耘，秋冬读书"模式，或采用"半日耕耘，半日读书"模式。③

三是明代嘉靖皇帝正德年间，"大礼议"事件发生后，岭南宗族建设迅速发展，祖坟、祖祠、族谱成了宗族建设的基本要素。明嘉靖四年（1525），霍韬创建了石头霍氏大宗祠，为岭南宗祠建设提供了范本。自明中至清末，霍氏在岭南共建祠宇49座，也证明了岭南霍氏的枝繁叶茂，子孙众多。自霍氏后，佛山祠宇林立：梁氏58座、霍氏49座、陈氏47座、黄氏30座、李氏25座、冼氏24座、何氏18座、区氏10座、吴氏10座、杨氏7座、王氏7座、庞氏6座、潘氏4座。正如屈大均所述："其大小宗族祢皆有祠，代为堂构，以壮丽相高，每千人之族，祠数十所，小姓单家，族人不满百者，亦有祠数所。其曰大宗祠者，始祖之庙也。"④ 至民国，据《佛山忠义乡志》载，当时佛山镇内有祠堂372座，其中宋代4座、元代1座、明代56座、清代93座、未详年代210座。⑤ 按照宗族建设的要求，"有谱必有训"，岭南家训也得到快速发展。从现存的家谱和家规来看，岭南地区的族规和家规大部分是此期建立的。

四、人文环境

就全国范围来看，两汉是崇尚经学的时代，中原经学研究十分兴盛。岭南虽然开发较晚，经学研究和传播没有中原发达，但仍有学者在辛勤地开拓与传承。

两汉时期，"三陈"（陈钦、陈元、陈坚卿祖孙三代）是岭南儒学的开拓者和奠基者。陈钦，苍梧广信人（今广东封开，当时为南北交通枢纽），曾"习《左氏春秋》，事黎阳贾护，与刘歆同时而别自名家"。陈钦于《左氏》学独有创见，所著《陈氏春秋》，既以"陈氏"名《春秋》，可见其影响之大，学术地位之高。"王莽从钦受《左氏》"⑥，便是很好的例证。陈钦之子陈元亦"少传父业"并"为之训诂"，名曰《陈氏春秋训诂》，因向光武帝请立《左氏春秋》博士而名震京城，并在岭南确立了自己的学

---

① （明）庞尚鹏：《庞氏家训·慎典守》，《丛书集成初编》，商务印书馆，1939年，第1页。
② （明）庞尚鹏：《庞氏家训·慎典守》，《丛书集成初编》，商务印书馆，1939年，第2页。
③ （明）霍韬：《霍渭厓家训·田圃》，（清）孙毓修编：《涵芬楼秘笈》，汲古阁精钞本。
④ （清）屈大均：《广东新语》，中华书局，1985年，第464页。
⑤ 汪宗惟、冼宝干：《佛山忠义乡志》，1926年刻本。
⑥ （南朝宋）范晔：《后汉书》，中华书局，1965年，第1230页。

术地位。故戴璟说："陈元独能以经学振起一时，诚岭南之儒宗也。"①《后汉书》为陈元立了传，《广东通志》和《广西通志》都把陈元列为《儒林传》首位，可见陈元在岭南文化学术史上的地位之高。陈元之子陈坚卿在经学上也有很高的造诣，后人称其祖孙三人为"三陈"。陈氏家族是岭南历史上最早的文化世家。

三国两晋时期，在陈氏经学的影响下，广信地区"左氏学"传承不绝，成为一个传统的学术领域，并且形成了以士燮为宗师的儒学群体，掀起了岭南经学的第一个高潮。士燮不但热爱学术，治学"精微"，且为人宽厚，礼贤下士，广揽人才。时中原地区战事频繁，士人自危，"往依避难者以百数"②。其中颇有成就的有刘熙、薛综、程秉、袁徽、许慈、许靖、陶璜，以及牟子、康僧会等人，加速了岭南经学的发展与传播。

唐宋时期，随着岭南经济的发展及科举制度的推动，岭南儒学得到快速发展，出现了一批对经学研究有贡献的岭南学者。张九龄，喜用天人感应说来议论时政，称董仲舒为"古之知礼者"③；刘轲，糅《春秋》三传而自成一家，著有《三传指要》《翼孟》等；冯元，因精通经术而与其师孙奭并荣于朝；王大宝，留意经术，著有《周易证义》《经筵讲义》等。同时，由于中原仕宦家族的南移，岭南儒学全方位发展（以韩愈为代表的中原仕人作出了巨大贡献），潮州掀起学儒高潮，成为岭南文化中心，素有"海滨邹鲁"之美称。

明清时期，朝廷推崇儒学，大力提倡程朱理学，将其奉为圭臬。明太祖朱元璋将尊崇儒学定为基本国策，颁布诏令倡导读经的知识分子参与朝廷政务处理，明确规定"国家取士，说经者以宋儒传注为宗"④。朱熹编撰的《四书章句集注》成为当时及后世科举考试的标准答案和各级学校的必读教材，影响中国封建社会后期的教育、文化达数千年之久。顺治与康熙分别于顺治十二年（1655）和康熙五年（1666）诏赐朱熹十五世孙朱煌、十六世孙朱坤承袭翰林院《五经》博士，在籍奉祀。康熙二十九年（1690），康熙亲书"大儒世泽"的匾额及对联，赐考亭书院悬挂。康熙五十一年（1712），康熙下诏朱熹配享孔庙，列为"十哲之次"。康熙五十二年（1713）又命熊赐履、李光地等学者编辑《朱子全书》，并亲为之作序，

①（清）邓淳：《粤东名儒言行录》卷一，汉青斋，清道光11年（1831）刻本。
②（三国）陈寿：《三国志·吴书》，中华书局，1959年，第1191页。
③（宋）欧阳修等：《新唐书》，中华书局，1975年，第4472页。
④ 孙培青：《中国教育史》，华东师范大学出版社，2013年，第244页。

称朱熹为"集大成而续千百年绝传之学，开愚蒙而立亿万世一定之归"①，认为"非先王之法不可用，非先生（朱熹）之道不可为"②。朝廷的系列措施为岭南家训的发展塑造了良好氛围。

到了明代，儒学已经完成向理学、心学的嬗变，而这一过程中，西樵山逐渐发展为全国理学中心。学者张豪曾言："西樵者，天下之西樵，非岭南之西樵也。"③ 涌现出陈白沙、伦文叙、梁储、湛若水、方献夫、霍韬、何维柏、庞尚鹏等大批理学名家。他们中有人是名满天下的大儒，有人是科举状元，有人官至六部尚书甚至内阁首辅。其中代表人物是陈白沙与湛若水。在他们的引领下，岭南儒学走向巅峰，社会学风浓厚、士风淳朴，如，惠州府归善"士好礼而文"；博罗"与归善搢绅先生犹行古道者有人，故士胥兴起"；河源"士诗书，民生业，未闻竞竞焉"；兴宁"士尚文行，民厌奢靡，能急义"。④

总之，明清岭南家训与儒家思想是一脉相承的，主要表现在：一是许多家训在创作之初就直接以儒家著作为参考文本，或是直接引用儒家原典中的佳句、箴言来凸显教育的权威性、绝对性和正确性。二是岭南家训与儒家思想的精神追求是一致的。儒家思想强调"修齐治平"，岭南家训同样将修身和治家作为重要的德育目的。儒家思想强调"仁义忠孝"，而岭南家训更加注重伦理规范和道德教育。

第二节　岭南家训的促成因素

岭南境内北部为丘陵，中部为冲积平原，南临大海。这三种不同的地理环境，孕育出三种不同的文化。岭南北部山区，以韶州府为代表，"虽民户不多，而俚獠猥杂，皆楼居山险，不肯宾服"⑤，当地居民强悍、好勇、耕山、刻苦、重教，早期形成了山地文化。岭南中部为冲积平原，以广州府为代表，既利于农业耕种、水稻种植和经济作物的生产，又因为岭南中部位于沿海和山区过渡交汇之处，自然容易成为商品交易之地，所以

① 郑红峰：《中国哲学》，北京燕山出版社，2011年，第205页。

② 孙培青：《中国教育史》，华东师范大学出版社，2013年，第244页。

③ （明）方豪：《西樵书院记》，陈恩维、吴劲雄编著：《佛山家训》，广东人民出版社，2016年，第10页。

④ 广东地方志办公室编：《广东历代地方志集成·惠州府部》，岭南美术出版社，2009年，第577页。

⑤ （南朝梁）萧子显：《南齐书》卷十四，中华书局，1996年，第262页。

广府"人多务贾与时逐"①，渐渐形成重视商业、敢为人先的商业文化。岭南南部是沿海地区，"广为水国，人多以舟楫为食"②，潮汕人自然会利用海洋之利，久而久之便形成了敢于冒险、不断向外拓展的海洋文化。岭南家训正是在岭南北部的山地文化、中部的商业文化、南部的海洋文化交流和碰撞的基础上，兼容并蓄，融会贯通而成。

一、中原传统文化的注入

古越族人创造了岭南古代文明，但岭南文化远落后于中原文化。随着历朝历代中原人的不断南迁，原有的岭南土著文化逐渐被先进的中原文化融合和同化，但还是作为岭南文化的核心要素在岭南文化中积淀下来。左鹏军教授对于这种文化融合作了精彩的描述："岭南文化从来就不是一种独立自足的文化形态，尽管有着自己的若干鲜明特性，但它总是在中国文化传统中生存、发展与演变的一种区域文化，它的命运总是与整个中国文化的命运息息相关。"③ 总的说来，岭南文化接受中原文化的同化主要来自六种类型人群：一是秦统一中国以来直接留驻岭南定居的中原军人；二是因为中原战争、社会动荡而大批南迁的世族大家；三是唐代以后往来于中原与岭南的贸易商人；四是从岭南到中原参加科举考试的学子；五是中原或岭南的仕宦人员；六是朝廷贬谪和流寓岭南的官员及其家族成员。而南迁汉人由于迁入时间、源地、居住地的不同，分化为广府、客家、福佬三个民系，成为岭南文化区划的基础。

最早大批进入岭南境内的汉人是军人。秦灭六国，派大将屠睢（前262—前214）率60万人平定百越，然后驻守。秦王朝崩溃之时，其继任者赵佗（约前240—前137）在岭南建立了南越国，为了保证岭南的长期稳定和发展，实行"使与百越杂处"的政策。秦平岭南后，把南征的士兵留下来，戍守开发兼用，为了使他们安居越地，赵佗请求遣送三万妇女到南方，"求女无夫家者三万人，以为士卒衣补"，使士兵能就地成家。"秦皇帝可其万五千人"④，目的是让留在岭南的士卒逐渐融入当地。他们把中原的生产技术、礼乐教化、风俗习惯、生产方式等带进岭南，陶冶南越族人。作为南越国第一代王的赵佗，原本是河北人，他不仅重视中原文化在

① （清）屈大均：《广东新语·食语》卷十四，中华书局，1985 年，第 371 页。
② （清）屈大均：《广东新语·食语》卷十四，中华书局，1985 年，第 395 页。
③ 左鹏军：《岭南文化研究的立场与方法》，《华南师范大学学报（社会科学版）》，2007 年第 5 期。
④ （汉）司马迁：《淮南王列传》，《史记》卷一百一十八，中华书局，1982 年，第 3086 页。

岭南的传播与整合，还十分重视中原先进生产技术对岭南经济的发展，使其很好地融入岭南社会，有效地促进了岭南的发展，成为一代伟人。[①] 为了改变岭南的原始状态，赵佗实行"和辑百越"的政策，"稍使学书，粗知言语，使驿往来，观见礼化"[②]，但岭南的落后状态在短期内难以得到根本的改观。

在岭南文化的发展与传播中，历代政府官员的积极提倡加速了中原文化在岭南地区的传播。秦统一六国后，岭南也快速推行"书同文，车同轨"之政，促进了文化和交通的统一，同时，也实行"统一度量衡"的政策，促进了商贸往来和经济的发展。汉代以来，基本继承了秦朝制度，岭南也按照秦朝的文化和经济政策，"汉字已成为南越国的官方文字并在国内普遍流行"[③]，大体上实现了汉文化的统一。东汉末年，陶基担任东吴交州刺史，当时岭南部分偏远地区还处于"始夷人不识礼义"的状态，并且"男女互相奔随，生子不知父"，婚姻状况十分落后。为了改变这种愚昧现象，陶基采取了一系列措施："教以婚姻之道"，规范婚姻风俗；"训以父子之恩"，确立以血缘为基础的父子关系，教以人伦；"设庠序，立学校，阖境化之"，建立学校，开始官方教育。[④] 东汉灵帝年间（184—188），岭南高要人李进担任交趾刺史，为了促进岭南人向朝廷流动，于是他请求朝廷批准岭南像中原那样推荐优秀人才，得到了朝廷的批准，史载："交趾人才得与中州同选，实自进始。"[⑤]

除此之外，岭南谪官或北方大家族也是中原文化融入岭南的重要媒介。北宋以前，岭南一直被中原人视为"蛮荒之地"，是朝廷贬谪和流放官员之地，史载"唐以前得罪至岭南皆迁徙为民，至唐始谪为官"[⑥]。从现在岭南210个姓氏来看，韶关珠玑巷是岭南183个姓氏的发源地，而珠玑巷是中原通往岭南驿道上的重要商镇。据兰美琴统计，唐代岭南谪宦达653人次。[⑦] 这些贬谪和流放人员直接参与岭南文化教育或建设，促进了岭南文化的发展，如从韩愈开始，潮州文化得到迅速发展。

中原传统文化的注入，表现为儒家文化在岭南的生根发芽，明代中期

029

---

① 杨凡：《从冯氏家族的兴衰看岭南汉族社会的嬗变》，云南大学硕士学位论文，2010年，第24页。

② （南朝宋）范晔，《后汉书》卷八十六，中华书局，1965年，第2871页。

③ 荣芳、黄淼章：《南越国史》，广东人民出版社，1995年，第300页。

④ （明）黄佐：《陶延传》，《广东通志》，大东图书公司，1997年，第1383页。

⑤ （明）唐胄：《正德琼台志》卷十五，海南出版社，2006年，第1378页。

⑥ （清）郝玉麟：《广东通志·谪宦录》，文渊阁《四库全书》本。

⑦ 兰美琴：《唐代岭南谪宦及其对该地区教育的贡献》，广州大学硕士学位论文，2006年。

以后直接表现为岭南家训的蓬勃发展，主要表现为：一是岭南本土产生的世家大族，不论姓氏源流，都喜欢将中原优秀家训收编于族谱之前，用以教育家族子弟，如诸葛亮的"宁静以致远"、颜之推的"教妇初来，教儿婴孩"等著名家训在韶关何氏、冯氏等多个族谱中均有出现；二是从中原南迁的家族，在重修家谱时都会寻根追祖，将祖先的家训加以改编或直接继承，如河源孔氏以孔子的"不学诗，无以言；不学礼，无以立"① 为族训，潮汕杨氏把东汉杨震的"四知家训"载入族谱，肇庆吕氏将《吕蒙正家训》载入族谱，揭阳刘氏将汉高祖刘邦的《手敕太子书》载入族谱。如此一来，在名门望族的引领和示范下，中原家训在岭南大地广泛传播开来。

二、学校教育的成熟

尽管从三国时期开始，陶基等政府官员就在岭南推行学校教育，但由于时局的动荡或经济发展的限制，岭南学校教育的开展断断续续，并且能接受学校教育的人数也非常稀少。史载："唐制岭南州属中下学，仅四五十人。"② 所以，唐代以前，"岭南的文化教育远远落后于中原地区"③。到了明代，朱元璋大力推行教化，朝廷也将控制力不断向乡村延伸，"诏天下郡县立学"，此期岭南学校教育得到快速发展。

明清以来，随着科举考试在岭南的成熟，岭南学校教育和家庭教育得到同步提升。自明洪武下诏置社学以来，岭南社学的发展经历了几个阶段，总的趋势是随社会的发展而数量有所增加。据统计，明嘉靖元年（1522），岭南共有社学535间，万历年间增加到600余所④，在较大范围内普及了基础教育。当然，岭南学校教育的分布也极不平衡，各州府之间表现出较大的差异，如从明嘉靖到清雍正年间，广州府的社学由原来的241间增加到297间，接近于整个岭南学校数量的二分之一，潮州府的社学由原来的34间增加到46间，韶州府的社学由37间增加到44间，这与各州府的经济和文化水平息息相关。

除社学外，书院也有了很大的发展。岭南书院的兴废，与时代的变迁大致相同，最早的书院为南宋嘉定年间设立的禺山书院，到清光绪末年止共有700多年的历史。总的来说，随着教育的发展，读书人数增加，书院

---

① 吴善平主编：《客家古邑家训书法石刻》，中国文联出版社，2014年，第15页。
② （明）唐胄：《正德琼台志》卷十五，海南出版社，2006年。
③ 广东省地方志编纂委员会：《广东省志·总述》，广东人民出版社，2004年，第49页。
④ 李绪柏：《明清广东社学》，《学术研究》，2002年第3期。

的设置也有所发展。明正德年间，岭南书院共计 168 所，其中私立 46 所，官立 122 所。如明代惠州府共有书院 24 所，其中 12 所为地方官绅所倡建，至清代共有书院 31 所，有 26 所为地方官绅所倡建。从官立学校数量和私立学校数量的对比来看，地方政府对学校教育的投入不断增大，而且越来越重视。从潮州府和广州府书院设置情况来看，私立书院所占比例也较大，这是由于潮州府和广州府经济水平高、世族大家数量多，人们重视文化教育的结果。

三、朝廷对家训的重视

明清时期，岭南家训得以繁荣昌盛，虽然表面上与政治环境、经济水平、文化发展诸因素密不可分，实际上还有一个主宰因素，那就是历代帝王对家训的重视和提倡①。中国历代统治者深谙"家、国、天下"三者之关系，即"一家之教化，即朝廷之教化"，非常重视家庭教育，家训被提高到治国、平天下的高度。"所谓治国必先齐其家者，其家不可教而能教人者，无之。"② 明清两代帝王不但通过表彰各地义门大族，树立家训学习标兵，带动家训的发展，而且还亲自撰写家训，进行全国教化。

明朝以来，明太祖朱元璋坚持"为治之要，教化为先"的治国理念，十分重视教育对于地方社会的意义。洪武八年（1375），朱元璋诏令天下设立社学，加强对老百姓的道德教育。洪武三十年（1397），朱元璋亲自制定、颁布了劝民谕旨六条："孝顺父母，尊敬长上，和睦乡里，教训子孙，各安生理，毋作非为。"对明初社会风气的转变产生了直接影响，并且在家训中得到不断强化和推广，许多训主在订立家训时都要求子孙恪守"圣谕六言"。如韶关《王氏族谱》要求："今我皇上圣谕，前贤格言，俱以此为首务。"③ 始兴清化天水《官氏族谱》："况圣谕首重人伦，教孝弟至详，且悉我族人，各当敦笃大本，无负天良。"④ 南雄松溪《董氏族谱》载《圣谕》六条，作为氏族戒规："所载《圣谕》六条，所以教民善至矣。"始兴潭亨村《陈氏族谱》："亲宗戚，睦族属，则恩义笃而伦分明，所以圣谕首则曰敦孝弟，次必曰笃宗族，则亲睦宗族之谊不可不亟讲也。"⑤

---

① 程时用：《历代帝王与古代家训发展》，《河南社会科学》，2010 年第 2 期。
② 李一冉译：《大学》，中国广播电视出版社，2008 年，第 133 页。
③ 苗仪、黄玉美编著：《韶关族谱家训家规集萃》，暨南大学出版社，2018 年，第 2 页。
④ 苗仪、黄玉美编著：《韶关族谱家训家规集萃》，暨南大学出版社，2018 年，第 127 页。
⑤ 苗仪、黄玉美编著：《韶关族谱家训家规集萃》，暨南大学出版社，2018 年，第 183 页。

清承明制，清代统治者也十分重视家训的社会教化。顺治皇帝重申朱元璋的"六谕"，在全国颁行《六谕卧碑文》，后又设立"乡约"制度加以推行。康熙皇帝在《六谕卧碑文》的基础上拟订《圣谕十六条》，谕曰："朕惟至治之世，不以法令为亟，而以教化为先。盖法令禁于一时，而教化维于可久。若徒恃法令而教化不先，是舍本而务末也。朕今欲法古帝王，尚德缓刑，化民成俗，举凡敦孝弟，以重人伦；笃宗族，以昭雍睦；和乡党，以息争讼；重农桑，以足衣食；尚节俭，以惜财用；隆学校，以端士习；黜异端，以崇正学；讲法律，以儆愚顽；明礼让，以厚风俗；务本业，以定民志；训子弟，以禁非为；息诬告，以全良善；诫窝逃，以免株连；完钱粮，以省催科；联保甲，以弭盗贼；解仇忿，以重身命。以上诸条，作何训迪劝导，及作何责成内外文武该管各官，督率举行，尔部详察典制，定议以闻。"[1] 并在开篇说明"不以法令为亟，而以教化为先"的治国方略，因为"盖法令禁于一时，而教化维于可久"，只有实行教化，国家才可以长治久安，所以他详细说明了敦孝、笃宗、和乡、重农、节俭等的重要意义，并以法令的形式颁行全国，要求从八旗子弟到普通百姓都要遵守。雍正即位之初，为了进一步推动乡村教化，对《圣谕十六条》逐条进行训释解说，重新取名为《圣谕广训》，并规定为"国训"，要求在每月初一和十五两天，全国各府州县学官，选择固定场所，选择学识渊博、德高望重之儒士宣讲《圣谕广训》，从而规范底层人民的所作所为。这样一来，《圣谕广训》推广到了全国各个角落。

明清时代，在霍韬、庞尚鹏等人的引领下，岭南发展为全国的理学中心，理学思想随着其家训载体的通俗化而日益影响着民众的生活，礼教趋于世俗化。如清代南海大桐《程氏家训七条》分门别类，讲述敦孝悌、笃宗族、明礼让等修身道德问题。与其他家训相比，《程氏家训七条》有一个最为特别之处，就是七条家训之末都以雍正颁布的《圣谕广训》结尾，精警有理，在前文论述之后作为节的总结，有画龙点睛之效。如第七条"禁非为"："非为多端，自赌博始，一入赌博之门，将来为非作歹，鼠窜狗偷，在所必致，此父兄之训不严，子弟所以任情纵性、越礼犯分也。吾族如有陵犯尊长及悖逆之事，合众指摘，不与同宴会，甚者家长拿至宗祠加责革胙，并送官究治。故《圣谕广训》曰：训子弟以禁非为。族之人其训以禁之！"[2] 再如南雄松溪《董氏族谱》完全按照《圣谕广训》作"孝顺父母""尊敬长上"等六条，分别以"重违圣谕也，父母告而罚之"

032

---

① 《清圣祖实录》卷三十四，中华书局，1985 年。
② 陈恩维、吴劲雄编著：《佛山家训》，广东人民出版社，2016 年，第 329 页。

"皆违圣谕也，被纪者告于祠而罚之""皆违圣谕也，鸣鼓于祠而攻之""皆违圣谕也，告于众而罚之"等结尾，教育子孙。

总之，古代老百姓教育子女与朝廷教化臣民之间，有着一种必然的联系。"家庭之教，又必源于朝廷之教。朝廷之教以道德，则家庭之教亦以道德；朝廷之教以名利，则家庭之教亦以名利"①，家庭教育以朝廷思想为指导，直接受朝廷的影响和制约，家训著作编写的倾向在很大程度上受官府教化的影响和制约。

第三节　明清岭南家训的地域分布

从秦汉至元，岭南所辖行政区域不断变化，到了明代基本定型，所辖领域为广州府、韶州府、南雄府、惠州府、潮州府、肇庆府、高州府、雷州府、廉州府、琼州府和罗定州。总体说来，岭南社会历史进程决定着岭南家训的发展。岭南社会发展地理分布是"自北向南、渐西向东"，这一发展状态与家训文献的地理分布一致。岭南家训发端于粤西、成熟于粤北、繁荣于珠江三角洲。即岭南文化和岭南家训先是发端于肇庆府，唐宋时期转移至韶州府，明清以来在广州府、惠州府和潮州府得到繁荣发展。这一结论与岭南现存家训作品、岭南人才分布、岭南经济发展诸要素相吻合。

一、岭南家训的发展轨迹

先秦时期，岭南虽然"民户不多"，依然"俚獠猥杂"②。岭南处五岭之南，因有崇山峻岭之阻，与中原的交往不多。南越国成立之初，基本采取"闭关"之政治策略，依然保持着百越土著文化传统。

秦汉以降，进入岭南腹地最便利的方式为水路，即由长安出汉中，沿汉水而下，过长江经洞庭湖，溯湘江而转，达苍梧顺西江而至封开（今属肇庆）。封开成为岭南学术发源地，也是唐代以前岭南的文化中心。汉初，南越国经历了由"方外之地"到"列为诸侯"的转变，这里先后崛起了以两个家族为标志、享誉全国的文化巨匠群体——"三陈六士"③，虽然陈氏

① （清）陆桴亭：《论小学》，陈谋宏：《五种遗规》，中国华侨出版社，2009年，第154页。
② （南朝梁）萧子显：《南齐书》卷十四，中华书局，1996年，第262页。
③ 三陈，即陈钦（与大学问家刘歆齐名）、陈元、陈坚卿，父子祖孙三代学问相传，成为全国一流的大学问家、学术界的中心人物，世称"三陈"。在"三陈"之后的百余年，士氏"六士"：士赐及他的儿子士燮、士壹、士有、士武和士燮的儿子士钦，名震当世。

033

和士氏无家训之作流传，但从家学传承来看，从保家旺族的需求来看，一定有家训存在。唐代，这里出现了"岭南第一状元"莫宣卿，现有《莫宣卿家训》传世，成为历代岭南科举学子们的典范。

三国时期，以士燮为代表的"士氏六子"对岭南进行了家族统治，开启了岭南家族教育的传统。西晋末年，五胡乱华，以士绅为主的中原移民迁入岭南后很快成为当地大族，岭南家训得到迅速发展，特别是《冼夫人家训》的出现，倡导"和"文化，促进了岭南社会的和平发展。

唐代以来，随着张九龄对梅关的开拓，中原进入岭南的陆路非常便利，即由河南洛阳南下，辗转鄱阳湖，溯赣江而至赣南，跨越南雄梅关，再走水路汇入北江而至广州，此期岭南文化中心由粤西转往粤北，以韶关为中心，代表人物有张九龄、刘瞻、刘轲、余靖等，《张九龄家训》《余靖家训》《崔与之家训》等家训在唐宋时期对韶关影响深远，快速推动了家训文化在岭南的发展。

宋代以后，珠江和韩江三角洲成为广东人才和学风重心，并取代北江和西江地区位置。岭南文化发展重心已由粤西、粤北转移到珠江三角洲，其中以佛山为代表。明清时期，商品经济和手工业得到进一步发展，海外贸易日益兴盛，岭南成为全国经济重心，岭南文化也开始走向兴旺，岭南家训走向巅峰，出现了一大批成熟的家训之作，如黄佐《泰泉乡礼》、庞尚鹏《庞氏家训》、霍韬《霍渭厓家训》、陈献章《陈白沙家训》、湛若水《湛若水家训》、丘浚《家礼仪节》，这些家训在不同的区域产生，培育了优秀人才，稳定了乡村社会，促进了文明进程。

二、岭南家训的地理分布

家训的繁荣，既是统治阶级重视和提倡的结果，又是经济和文化共同发展的需求。自秦以来，朝廷欲统治岭南地区，但由于五岭之阻隔，岭南实际上处于独立的状态，南越国的存在正说明了朝廷对岭南的不可控。自汉代以来，朝廷十分希望将南越国纳入管理范围，但主要是文化的差异，岭南百姓无法对朝廷产生认同和信任。于是朝廷想方设法对岭南进行经济开发和文化思想传播，而儒学思想文化的传播主要通过家训（包括家训专著、乡约、族规）进行。由于时间久远或者保存不善等诸多原因，岭南现存家训著作或作品数量并不多，现将对岭南影响较大且有稽可考的作品列表如下（表2-1）。

表2-1　明清岭南家训典型著作（篇）分布表

府	作者	社会身份	家训作品名称	家训来源及版本
广州府	霍韬	会元、礼部尚书	《霍渭厓家训》	孙毓修辑《霍渭厓家训》
	庞尚鹏	进士、福建巡抚	《庞氏家训》	伍崇耀《岭南遗书》，清刻本
			《邵氏家训碑文》	南海三山《邵代族谱》，清抄复印本
	冯成修	进士、督学贵州	《养正要规》	《清史稿》卷四百八十
	桂士杞	父为县令	《有山诫子录》	清同治六年（1867）刻本
	方菁莪	光绪举人，崖州学正，方献夫二十世孙	《南海丹桂方氏家训》	清光绪十六年（1890）刻本
	何昌禄		《何德盛堂家规》	清光绪二十二年（1896）刻本
	刘瑛等		《刘氏八世蓬壶家训》	刘茂林修《刘追远堂族谱》，清末抄本
			《太原霍氏崇本堂家训》	霍永振等修石湾《太原霍氏崇本堂族谱》，清道光十一年（1831）刻本
	霍春洲		《霍氏家训同善录》	霍镐撰修《南海佛山霍氏族谱》，清道光二十八年（1848）刻本
	劳潼等	乾隆举人	《训蒙论》《戒赌说》《学约八则》	《荷经堂文钞》，清道光十七年（1837）刻本
	罗阳公	明代进士，县令	《潭川区氏家训》	高明《潭川区氏族谱》，清同治年间刻本
	潘斯澜		《潘氏家训》	潘斯澜、潘斯濂撰《潘氏家乘》，清光绪六年（1880）氏刻本

（续上表）

府	作者	社会身份	家训作品名称	家训来源及版本
广州府	方菁莪	举人 方献夫二十世孙	《南海丹桂方氏家训》	《南海丹桂方谱》，清光绪十六年（1890）刻本
	黄任恒	文献学家	《乡规》《乡约》等多种	《南海黄氏家谱》，清光绪十八年（1892）刻本
			《南海梁氏贻远堂家规》	梁颖龢修南海《梁氏家规》，清光绪二十年（1894）刻本
			《南海金鱼堂陈氏族规》	陈其晖等修《南海金鱼堂陈氏族谱》，清光绪二十三年（1897）刻本
	程可则	桂林府知府 "岭南七子"之一	南海《程氏家训》	清程用章修南海大桐《程氏族谱》，清光绪二十三年（1897）刻本
			南海《周氏家训》	周显除修沙堤《周氏宗谱》，清抄本
	胡穆	进士	顺德《桂洲胡氏第四支谱家训十则》	胡慧融等修顺德《桂洲胡氏第四支谱全录》，清光绪二十六年（1900）述德堂刻本
			高明《罗氏条约四则》	罗高清修《高明罗氏族谱》，清光绪三十年（1904）铅印本
	陈白沙	思想家、哲学家	《诫子弟》	《陈献章集》中华书局，1987
	湛若水	思想家、哲学家	增城《湛若水家训》	（民国）湛锡高修《湛氏族谱》，佛山华文局铅印本

（续上表）

府	作者	社会身份	家训作品名称	家训来源及版本
广州府	黄士俊	状元、礼部尚书	海丰《治家格言》	海丰《黄氏金盘围族谱》
	胡方	补诸生	《信天翁家训》	《鸿桷堂诗文集》，清同治三年重刻本
	邓蓉镜	学者、江西按察使	《邓蓉镜家规》	民国甲戌（1934）诵芬堂本
	郑观应	洋务实业家	《家书十三则》	《郑观应文选》，1922
	梁启超	学者	《梁启超家书》	《饮冰室合集》，中华书局，1936
	黎景义	明思宗崇祯间诸生	《宗训篇》	《二丸居集》，四库禁毁收丛刊本
	洪启登		《洪氏家训》	《洪氏宗谱》，浙江人民出版社铅印本，1982
	苏玉书		《秋湖公家训》	清苏玉修《苏氏房谱》，清道光二十四年（1844）稿钞本
	王氏		《王氏家规》	清王瓒、王德长修东莞鳌台《王氏族谱》，清乾隆五十九年（1794）刻本
	戴鸿慈	刑部尚书	《戴氏家训格言》	广东省立中山图书馆藏钞本
	何子渊	兴宁县议长	《渊公家训》	《何子渊》，广东人民出版社，2017
惠州府	桃溪公等		《邝氏族训》	清代河源《邝氏族谱》，清光绪二十八年（1902）刻本
琼州府	丘浚	户部尚书武英殿大学士	《家礼仪节》	《重编琼台稿》，琼山丘尔毅刊本

037

从表 2-1 可以看出：岭南家训作品主要产生于读书风气浓厚的广州府、惠州府，而广州府、惠州府是明清时期经济和文化发达之地，也是岭南文化发展史上的几个重点区域，这说明家训作品的产生和经济、文化相关。从家训作者来看，家训作者是具有一定文化素养、一定社会地位的人群。而这类人群基本是饱读诗书的士大夫或身居一定职位的朝廷官员，他们尤其意识到家训对家庭成员、家庭管理和家族发展的重要意义，他们用自己的实际行动宣传和维护着儒家文化。家训作者基本生于文人家庭，大部分有文集流传于世，这有利于激励子孙勤奋读书，也利于其他寒门庶族的学习。

对于普通家族或寒门庶族来说，很少有专门的家训作品产生，因为经济基础决定上层建筑，作为上层建筑的家训需要在良好的经济基础上产生，寒门庶族奔波于生计，根本无暇顾及家训的撰写，他们通过直接照搬地方世家大族的家训来教育子孙。而随着经济的发展和社会分工的多元化，家庭成员必须走出家庭的范围，融入乡村或社会，和其他家族成员进行社会交际。这个时候，不同家庭培养的子弟在理念和行为方式上自然会产生冲突，因此在一定范围内约束人们行为规范的乡约便应运而生。从岭南现存史料来看，明清时期岭南典型乡规民约共 40 条，基本覆盖了岭南各州府，具体如表 2-2 所示。

表 2-2　岭南古代乡规民约[①]

地点	名称
广州府（17）	泰泉乡礼·乡约
	龙导尾清光绪禁赌碑文
	猎德村李氏祠堂规约
	南村乡规禁约
	钟落潭镇棉洋联寨严示禁碑文
	杨村乡规训示
	螺湖村阖乡公议各款规条
	炭步镇明代黄皞家规
	沙湾镇白鸽票花会公禁碑

---

① 数据来源于顾作义主编：《岭南乡规》，南方日报出版社，2017 年。

（续上表）

地点	名称
广州府（17）	石楼镇大岭乡规禁约
	蛟龙围禁赌教孝碑序
	新塘村沙堤乡约
	梅溪乡庙书塾尝业碑记
	斗门南门村规训
	朗镇巷头村己逊陈公祠碑
	排镇塘尾村李氏家规族约
	奉宪禁打飞禽走兽碑记
潮州府（8）	澄海区澄城双忠庙遏制奢风告示
	澄海区外砂五乡守关乡约
	大埔县双坑村合乡禁赌议规
	大埔县百侯通乡公碑
	丰顺县汤西镇白头村严谕示禁碑
	揭西县钱坑镇乡规民约
	普宁市真君古庙乡规禁约
	普宁市后溪乡坑楼村乡规民约
惠州府（5）	惠阳区崇林世居乡规
	惠阳区永湖凤咀黄氏家法
	龙门县路溪奉龙门县师准给示永禁碑记
	龙门县小径村梁氏家训
	区马宫街道浪清乡徐氏族规
雷州府（5）	雷州市潭葛村禁鸦片碑
	遂溪县茂莲宗祠敦俗碑
	遂溪县茂莲炒朴宗祠养贤碑
	徐闻县龙塘镇福居塘奉宪告示
	徐闻县迈陈村禁革陋规碑

（续上表）

地点	名称
肇庆府（3）	端州区东禺村梁氏族规
	广宁县江屯镇河口村委会交椅村朱氏治家格言
	怀集县桥头镇新宁何村村规民约
罗定州（1）	罗定市五街众议挑货各款规条
韶州府（1）	仁化县恩村乡严禁本村后山树木碑记

从上表可知，岭南乡约主要产生于广州府（占42.5%）、潮州府（占20%）、惠州府（占12.5%）和雷州府（占12.5%），主要原因有二：一是广州府等地区经济发达，人们在满足了物质需要后，更注重精神需求；二是相对其他区域而言，广州府等地区文化水平高，中举人数多，闲居乡村的士绅阶层人数较多，改变乡村面貌的愿望更强烈。

明代中期"大礼议"事件之后，岭南不论宗族大小，都进行了以修谱为主要措施的宗族建设，而凡谱必有训，谱中的族规成为全族人共同奉行的训诫。根据多种史料统计，岭南共有210个姓氏，产生了4 000余种族谱和家规，具体情况如表2-3所示。

表2-3　岭南姓氏族谱数量表

姓氏	种数	姓氏	种数	姓氏	种数	姓氏	种数	姓氏	种数	姓氏	种数
丁	2	吕	15	余	30	侯	10	盛	3	詹	14
刁	3	乔	1	佘	2	段	1	戚	1	源	1
卫	4	朱	54	邹	16	俞	1	崔	6	慕容	1
马	17	伍	26	汪	4	饶	11	符	3	蔡	54
云	1	任	6	沈	9	施	2	盘	2	廖	35
王	59	伦	3	宋	13	彦	1	章	1	谭	30
车	1	向	4	张	165	洪	9	庚	12	翟	5
韦	10	邬	1	陆	13	姜	3	康	1	熊	8
尤	2	危	1	陈	293	姚	7	梁	127	缪	7
区	22	庄	19	邵	2	贺	4	巢	1	黎	47
贝	1	刘	149	林	93	骆	8	植	6	樊	2

（续上表）

姓氏	种数	姓氏	种数	姓氏	种数	姓氏	种数	姓氏	种数	姓氏	种数
仇	1	江	24	范	13	桂	1	韩	9	颜	9
毛	6	池	2	幸	3	班	1	彭	53	潘	24
文	16	汤	15	招	15	袁	22	郑	1	禤	1
方	17	关	26	欧阳	13	莫	21	董	2	薛	7
邓	118	米	1	欧	5	聂	6	蒋	4	霍	12
孔	26	许	41	卓	4	载	1	覃	1	戴	24
尹	15	阮	11	易	9	顾	2	辜	1	魏	12
巴	1	羽	1	罗	67	夏	4	揭	2	藩	2
古	36	孙	21	和	1	倪	1	程	8	瞿	1
甘	8	纪	1	金	1	徐	61	傅	11		
左	2	麦	33	周	54	殷	3	舒	1		
石	1	杜	6	庞	4	翁	24	童	1		
龙	8	杨	77	冼	10	郭	38	湛	2		
叶	139	苏	23	郑	78	高	17	温	50		
卢	28	芦	1	单	1	唐	17	游	3		
田	3	劳	3	宗	1	凌	8	曾	67		
申	1	李	163	官	8	海	4	谢	70		
丘	26	严	8	房	3	涂	2	赖	40		
白	2	巫	10	屈	1	容	8	甄	4		
冯	60	巫许	1	练	9	谈	1	蓝	13		
邝	24	扶	1	项	1	陶	7	蒲	2		
宁	1	吴	98	柯	4	梅	7	蒙	1		
司徒	8	岑	4	胡	27	萧	34	雷	5		
邢	4	利	2	郝	1	萨	1	虞	1		
列	1	何	72	赵	41	黄	210	简	9		
成	4	邱	20	蚁	2	曹	10	愈	1		
毕	1	佃	1	钟	68	龚	4	鲍	1		

注：本表所列 210 个姓氏、4 103 种族谱，总录 37 种，合共 4 140 种。①

---

① 资料来源于骆伟：《岭南姓氏族谱辑录》，广东人民出版社，2012 年，第 558 页。

以上从家训作品、乡约、族规三个纬度对岭南家训的整体情况作了简单分析，总的说来，由于岭南文化发展较中原晚，特别是明清时期经济发展的冲击，岭南家训的影响力不如中原家训大，主要表现为家训专著和单篇家训数量不多，家训的影响范围基本限于岭南地区，并没有辐射到全国。

三、岭南家训的分布特征

家训发挥了怎样的功效？虽然无法精确计算家训的具体作用，但可以肯定的是，家训提倡的为学、处世、为官等内容对人才的培养具有重要作用，对家庭经营有着重要指导作用，家族的延绵不息和乡村的治理都与家训紧密相连。王永芳、王珉、程文艳设置了横向家训效用函数，根据"家训阅读所产生的同期群效应模型分析"，得出从家训文化对家族内部同期群成员或超家族的同期群成员的影响来看，宗族内子孙受到家训文化的影响越大，其产生学识渊博影响后代深远的学者大家的概率越大。一个宗族内如果有家训，相对那些没有家训的家族更易出现有志之才。在采用纵向家训效用函数时发现，一个家族的家训在家族初期阶段对家族成员的影响较大，不断涌现成功人士进而使得家族不断壮大，处于上升阶段；到后期家训对家族成员的影响作用趋于平缓。[1] 从岭南家训分布情况来看，家训文献的分布与经济、文化等因素密切相关。

家训文献分布与经济发展一致。一般说来，家族致力于培养科举人才，首先要靠较为雄厚的经济实力，只有提供了基本物质资料保障，才有可能让子弟安心读书，走科举之路。这种情况下，家训应运而生，可见经济实力是家训作品产生的条件之一。而人口数量的升降最能反映出地区经济的发展水平。唐代天宝元年（742），岭南各州郡的人口数量为 109.2 万，仅粤北地区的韶州和连州就多达 31.2 万，珠三角的广州和循州（惠州）只有 27.1 万，而粤东地区的潮州只有 2.6 万[2]；到了清代雍正七年（1729），岭南的人口数量发展到 465.9 万，珠三角的广州和惠州多达 180.5 万，粤东的潮州和嘉应州达 96.2 万，粤西的高州、罗定、廉州、雷州、肇庆达 93.8 万，而粤北的韶州、连州、南雄州只有 50.7 万，还不到

---

① 王永芳、王珉、程文艳：《家训文化与社会主流文化的相互影响——基于同期群效应模型的分析》，《燕山大学学报（哲学社会科学版）》，2016 年第 2 期。

② 赵文林、谢淑君：《中国人口史》，人民出版社，1983 年，第 208 页。

珠三角的三分之一①。在这样的经济大背景下，岭南文献分布也特色鲜明。早期的肇庆府，一则有比较适宜中原人生活的地理环境，二则拥有较为便利的交通路线且深受岭北文化影响，所以产生了早期的家训之作。其后，家训作品的分布形成自北向南、自西向东，辐射珠江三角洲、韩江三角洲的格局，这与岭南经济发展轨迹相吻合。

家训文献分布与科举人才分布一致。日本学者桑原骘藏称："对中国人来说，科举就是登龙门。过去中国人的学问教育，大半以科举为目的，因此登科者的多寡，可以说是卜算一个地方文运的指标。"② 一个区域文化和家训的兴衰，可以根据科举人才的人数来推定，一个地方科举人才数量的多寡，也决定了此地在区域政治中的地位。从明清两代岭南进士的分布（表2-4）来看，广州府进士人数稳居第一，分别占总人数的54.03%和59.06%，位居第二的是潮州府进士人数，分别占近17.77%和15.03%，而远离岭南文化中心的罗定、连山等地进士人数非常少，家训作品也非常少。

家训文献分布与名门望族分布一致。一般说来，没有良好的家庭教育或经济基础，根本无法培养出科举人才来，因此"进士名字不单单是一个符号，其背后有着一个家族的支撑。区域、家族文化的积累，是造就进士的直接因素"，因而一个地方社会的学习或文化环境对科举有直接影响，当然由于古代社会无法普及教育到每个家庭，因此"家族教育准备充足与否，应是形成科举家族的一个相当重要的内在因素"③。一个家族的经济条件和文化基础也是科举能否成功的至关重要的因素，经学是科举考试的主要内容，要想子弟在科场夺魁，必须要让子弟立志科举考试，从小勤奋苦读，在这一过程中，家训发挥着极为重要的作用。往往需要几代人的共同努力，一个家族儒雅传家的学风才会形成，于是诗书传家就成为家族的核心竞争力和重要标志，一旦家族成员取得功名，家族便一跃成为当地望族，享受政府和地方社会的各种优惠待遇。明清时期岭南进士分布见表2-4。

---

① 司徒尚纪主编：《广东历史地图集》，广东地图出版社，1995年，第46页。

② ［日］桑原骘藏：《历史上所见的南北中国》，刘俊文主编《日本学者研究中国史论著选译》第一卷，中华书局，1992年，第26页。

③ 钱茂伟：《明代的家族文化积累与科举中式率》，《社会科学》，2001年第6期。

表2-4　明清时期岭南进士①分布表

明代②					
府、直隶州	进士人数	所占比例	府、直隶州	进士人数	所占比例
广州府	462	54.04%	廉州府	13	1.52%
潮州府	152	17.78%	韶州府	12	1.40%
琼州府	59	6.90%	雷州府	11	1.29%
肇庆府	53	6.20%	南雄府	7	0.82%
惠州府	44	5.15%	直隶罗定州	3	0.35%
高州府	39	4.56%	总计	855	
清代③					
府、直隶州	进士人数	所占比例	府、直隶州	进士人数	所占比例
广州府	570	59.07%	嘉应直隶州	82	8.50%
潮州府	145	15.03%	罗定直隶州	2	0.21%
肇庆府	55	5.70%	南雄直隶州	8	0.83%
惠州府	51	5.28%	连州直隶州	4	0.41%
高州府	19	1.97%	佛冈直隶厅	0	0.00%
雷州府	8	0.83%	赤溪直隶厅	0	0.00%
韶州府	10	1.04%	连山直隶厅	0	0.00%
阳江直隶州	11	1.14%	总计	965	

家训文献分布与文学家分布一致。岭南文学的真正发展始于唐代，文学家的分布格局，也在这个时期开始形成自己的特点，并且与岭南家训文献的分布保持了一致。

在明代，拥有岭南籍贯的文学家共419人，其中，广州府和惠州府336人，占80.2%；肇庆府、高州府和雷州府11人，占2.6%；韶州府和

---

① 本表统计的进士为"文进士"。

② 数据来源于吴宣德：《明代进士的地理分布》，香港中文大学出版社，2009年，第100-103页。

③ 数据来源于陈利敏：《清代广东进士地理分布及特点分析》，《浙江档案》，2007年，第46-48页。

南雄府 5 人，占 1.2%；潮州府和惠州府的兴宁、长乐 67 人，占 16.0%。[①]从中可以得知，广州府、惠州府和潮州府是文学家分布的中心，也正是家训文献分布的中心。

第四节　明清岭南家训的主要特征

林语堂先生曾对岭南人进行过评价："在中国正南的广东，我们又遇到另一种中国人。他们充满种族的活力，人人都是男子汉，吃饭、工作都是男子汉的风格。他们有事业心，无忧无虑，挥霍浪费，好斗，好冒险，图进取。"[②] 岭南天然的自然环境和独特的社会环境，形成了独特的岭南区域文化，造就了岭南人民独有的"广东人"性格，这一特征也直接影响了家训的内容和形式。一般说来，内容决定形式，形式为内容服务，岭南家训的形式，可以折射出家训产生的文化背景、时代特色、地理环境、人情风俗等。

一、岭南家训的表现形态

家训自产生开始，人们似乎更多地关注其内容及功能，对家训的表现形态研究不多：徐少锦、陈延斌归纳了家训的一般形式，即语言形式、文字形式、实物形式、实践锻炼[③]。朱明勋从名称、体裁、对象、内容等方面进行了论述，从名称上看，家训有家范、家书、家语、家政、家约、家规、家教、宗规、祠规、乡约、遗令等不同的称谓；从体裁来看，家训有诗歌、散文之别；从体制来看，有单篇、专著之论；从训诫对象来看，有帝王家训、士大夫家训、女训、平民家训之分。[④] 与全国其他区域家训相比，岭南家训在体制、语言、载体上表现较为独特。

从体制上看，岭南家训一般采用"总提分应"的形式，即在一篇家训中，往往先有"总述"对整篇内容进行概括，其次是对"总述"进行逐一分述，分述部分每一篇都围绕一个主题进行论说。这种"总提分应"的形式让读者非常容易抓住要领，容易理解所述内容，并且时常与反复、对

① 曾大兴：《岭南文化的真相：岭南文化与文学地理之考察》，社会科学文献出版社，2016年，第 193－196 页。

② 林语堂著，郝赤东、沈益洪译：《中国人》，学林出版社，2007 年，第 4 页。

③ 徐少锦、陈延斌：《中国家训史》，陕西人民出版社，2003 年，11－13 页。

④ 朱明勋：《中国传统家训研究》，四川大学博士学位论文，2004 年。

偶、排比、层递等修辞手法结合起来，非常容易取得良好的说教效果。

如韶州（今韶关）《余氏族谱》家规小引："凡教子孙……家规立则子孙有所法戒，故将八箴四禁十六宜，条例详明指陈，使少长习焉，心安，勿令见物思迁。"① 开篇明宗，既表明所立家训的意义，又表明"八箴四禁十六宜"家训的内容。在每一个条目之下，再进行详细阐释。又如《霍渭厓家训·序》开篇点明写作家训的目的："先是，正德丁卯尝著训凡二十篇，将以保家也。今册润凡十四篇，兄弟子孙世慎守焉，将永保家也。"同时，对"将以保家也"进行反复叮咛，让读者记忆深刻。在每一篇中，训主又以简明扼要的文字交代本篇内容，如《田圃第一》："人家养生，农圃为重；末俗尚浮，不力田，不治圃，坐与衰期。述田圃第一。"② 简短几句针砭时弊，突出首先论述"田圃"之由。《湛若水家训》也是采用这种体制，家训共三十五篇，篇首开门见山："惟兹三十有五事，皆修身、正家、裕后之道，尔子孙，其各悉心以听，刻骨勿忘，以为百世无穷之休，其念之毋替。"③ 说明家训的宗旨，接着分为三十五篇，分别论述，首篇为"明一体"，提纲挈领，为家训族规奠定了基调。这种总分结构适合论述道理、说明事物，可以收到良好的教育效果。

从语言上看，岭南家训追求"对仗工整"，这是诗歌文学样式在岭南家训的广泛运用，蔚为大观的教子诗词便成岭南家训文献的一大特色，这也是我国唐宋时期诗歌发展成熟的表现。这些家训诗结构相同，字数相等，意义对称，便于吟咏记忆。现举例如下：

清代肇庆刘广传，有子十四个，鼓励子孙去外地发展，又担心时间一长子孙无法相认，于是作诗一首，作为认亲认祖的依据："骏马骑行各出疆，任从随地立纲常；年深外境皆吾境，日久他乡即故乡。早晚勿忘亲命语，晨昏须顾祖炉香；苍天佑我卯金氏，二七男儿共炽昌。"④ 此诗鼓励子孙闯荡江湖，但需要以儒家"五常"为立身之本，并且不要忘记"亲命语"的家训。

肇庆《吴氏家训》诗曰："忠君亲上以报国恩；孝亲敬长以笃人伦；尊祖敬宗以溯源本；教子训弟以守典型；兄友弟恭以重手足；夫义妇顺以正家道；敬老慈幼以睦宗族；尊师重道以培书香；崇正黜邪以端学术；持

① 苗仪、黄玉美编著：《韶关族谱家训家规集萃》，暨南大学出版社，2018 年，第 76 页。
② （明）霍韬：《霍渭厓家训》，（清）孙毓修编：《涵芬楼秘笈》，汲古阁精钞本。
③ （明）湛若水著，（民国）湛锡高修：《增城沙堤湛氏族谱》卷二十四，佛山华文局铅印，1926 年。
④ 《肇庆刘氏族谱》，广东省立中山图书馆 1931 年刊本。

廉立节以敦品行；力耕勤织以趋本务；作工行商以正事业；致敬尽诚以奉祭祀；急公奉上以完钱粮；安分守己以保身家；忍忿思难以释怨仇；周贫恤乏以厚族谊；好义行善以绵世德。积善余庆，不善余殃。用期后嗣，俾炽而昌。因垂家训，教以义方。凡我子孙，不愆不忘。"① 这首诗从忠君、孝亲、尊祖、尊师、友弟、敬老等方面告诉子孙人际处理准则，从崇正黜邪、持廉立节、力耕勤织等方面要求进行品性培养，从急公奉上、安分守己、周贫恤乏等方面进行为人处世告诫，并且要求子孙不能敷衍，不能忘记。

肇庆《周氏族谱》也有两首诗："忠厚相延一脉真，帝王之胄列为民。百年礼乐衣冠肃，四祭趋跄俎豆新。丕显丕承思世德，学诗学礼有传人。光前裕后无他术，正路两条读与耕。""绵延瓜瓞偏沧洲，数典勿忘燕翼谋。八百载前忠厚积，三千年后子孙稠。诗书自昔家声远，耕凿於今世泽流。但愿一堂无失序，同敦友爱绍箕裘。"② 两首诗都强调忠厚传家、诗礼传家。总之，刘氏、吴氏、周氏为肇庆世家大族，这些家训诗的流传，会影响到周边的其他家族家庭，对社会人才的培养和社会风气的形成展具有积极的意义。

潮汕地区的家训诗以惠来方氏为代表。惠来方氏是当地名门望族，二十三代孙贡生方世芳将沿袭的《勉孝诗》《勉悌诗》《明镜歌》重印，勉励方氏子孙。《勉孝诗》曰："父母生来有此身，怀胎乳哺最艰辛，常忧疾病兼饥冻，更望聪明入缙绅；为子莫将天地悖，养儿当识爹娘恩，要图报答须行孝，古今谁亏孝顺人。"此诗将父母的辛苦和对子女的希望跃然纸上，警醒子孙必要孝敬父母，步入仕途，光宗耀祖。《勉悌诗》曰："长幼原来系五伦，尊卑次序理当循，温恭事长诚谦德，退让和顺得令名；隔坐随行为本分，欺凌傲辱祸非轻，试看飞雁不先后，衹事人灵不如禽。"③ 要求子孙遵守五伦之关系，做谦逊、本分之人。《明镜歌》："生为方家人，崇礼循族俗。春光不虚度，经书须览读；博学而笃志，处世知荣辱……"④ 要求子孙遵循方氏族规，珍惜光阴，认真读书，体面做事，保证家族延绵发展。

岭南家训即便不以诗歌的形式，也多采用简洁、对仗的语言。如河源

---

① 肇庆《南岑吴氏宗谱》，清同治七年（1868）重修。

② 肇庆《周氏族谱》，1987年。

③ 刘琴想、徐光华编：《潮汕家族文化丛谈（家训荟萃）》，潮汕历史文化中心揭阳研究会，2001年，第7页。

④ 刘琴想、徐光华编：《潮汕家族文化丛谈（家训荟萃）》，潮汕历史文化中心揭阳研究会，2001年，第12页。

《孙氏家训》："忠君上，孝父母，和兄弟；正夫道，谨闺门，严教子；端品行，勤耕作，尚读书。"① 河源《甘氏家训》："敦孝悌，重教育，笃忠敬，营生业，慎丧祭，厚风俗，慎婚姻，尚和睦，端志节，严杂禁。"② 河源《卢氏家训》："孝父母，敬长上，友兄弟，教子孙，睦家族，和乡里，重贞节，供国课，安本分，敦朴素，息争讼……"河源《龙氏家训》："孝养父母，教训子孙，分别尊卑，勿作非为。"③ 这些简洁的语言适合孩童朗诵和理解，教育效果自然优于长篇大论的说教。

从载体上看，岭南家训最为独特的载体是楹联，我们称为楹联家训，它以名人题词、匾额、壁画、木雕、石雕、砖雕等方式出现在栏杆房屋、围龙屋、土楼、祠堂，对仗工整，平仄讲究，意境深邃。岭南之所以产生了大量的楹联家训，大致原因有：一是属于亚热带气候，天气潮湿，临海沿河地区则出现了木结构的房屋；二是中原人士进入岭南后，出于自我防御、就地取材等因素在梅州等地建筑了大批土楼和集宫殿式、府第式、四合院式于一体的"围龙屋"；三是为了敬宗收族之需要，明中叶以后，朝廷准许平民修建祠堂，"望族营造屋庐，必建立家庙"④，明代祠堂606座，清代祠堂6 000余座⑤。而木结构房屋、土楼、围龙屋、祠堂的共同特点是栏杆和柱子众多，适合张贴或雕刻楹联。为了教育子孙，或石刻，或木雕，或纸书，楹联家训应运而生。这些家训与书法和文学艺术结合在一起，短小精悍，易背易记，流传广泛，具有鸿篇巨制的家训所无法起到的潜移默化之教化功效，千百年来在岭南地区始终流传不绝。从内容上看，大致可以分为三类：

一是勉励后人耕读传家、勤俭崇廉。广州番禺区沙湾镇留耕堂，始建于元代，有广东著名学者、书法家陈献章的题字"诗书世泽""三凤流芳"⑥。广州荔湾区郭氏大宗祠，始建于明正德年间，后堂正中悬挂着"奉先思考""崇德务本"的木匾。深圳宝安区新桥曾氏大宗祠门额两侧有一副对联，左联曰"天下斯文宗一贯"，右联曰"古今乔木第三家"，高度概括了曾氏的家学传承和家族发展简史。东莞中堂镇黎氏大宗祠高悬"忠孝堂"木匾，三个字表明了黎氏的家风。珠海香洲区澄川杨氏宗祠，建于清同治四年（1865），门额刻有"谈笑有鸿儒，往来无白丁"的诗句。佛山

---

① 吴善平主编：《客家古邑家训书法石刻》，中国文联出版社，2014年，第17页。
② 吴善平主编：《客家古邑家训书法石刻》，中国文联出版社，2014年，第19页。
③ 吴善平主编：《客家古邑家训书法石刻》，中国文联出版社，2014年，第27页。
④ 嘉靖《潮州府志》，日本藏中国罕见地方志丛刊本，书目文献出版社，1991年，第1281页。
⑤ 广东省文物局编：《广东文化遗产·古代祠堂卷》，科学出版社，2013年，第2-3页。
⑥ 凡本书中未标注出处文献，均来源于一手调查材料。

禅城区霍氏家庙，建于明嘉靖四年（1525），石牌坊正、背面额题"忠孝节烈之家""硕辅名儒"。惠东县田坑大夫宗祠，建于清乾隆三十八年（1773），大厅两侧对联为"八世振宗功溯贻谋勤念大夫阴德，两房同享祀思继述无忘司马家风"。这些楹联是家族家风的高度总结，也是子孙后代的行为准则和精神动力来源。

二是教育子孙诗书传家、为善积德。饶平全县有土楼600多幢，其中饶北土楼楼联的内容基本是表达美好愿望，不忘诗礼传家，如石井东作楼联为："东里朝彭城礼乐诗书绵世泽，作仁乐石井士农工贾振家声。"从中既可以看到诗书传家的传承，又可以看到家族职业多元化的开放心态。紫金县敬梓镇中联村黄海龙将军祠门楼联："名宦乡贤家庙，忠臣孝子祠门。"将家族的诗书、忠孝传统展现了出来。正殿顶梁联长达近百字："此间为山水灵枢，前朝云嶂，后倚锦屏，左环笏石，右绕琴江，溯先人，肯构肯堂，奠鸿基于五百余载；吾族本声华著姓，才储东观，治炳西京，第接南宫，恩承北阙，念累代，是行是训，诒燕翼於亿万斯年。"上联描述了祠堂所处的美丽环境，下联概述了家族的发展源流。前厅正面联："是训是行，报国文章忠与孝；有典有则，传家经史诗兼礼"，直接点明了家族忠孝、诗书传统。这些楼联寄托着先人的期许，通过耳濡目染教育子孙后代。

三是标明本家堂号或祖籍地的楹联，表达慎终追远的本根意识。海丰县梅陇镇仓兜杨氏祖祠大门对联为："一门清德，百代孝思。"表明杨氏家风门风。紫金县城黄氏宗祠大门联："西京贤相府，东观大儒家。"追溯家族的来源、家族的传承。紫金县城儒林街钟氏宗祠大门联："南朝都督，北宋相臣。"简短八字，自豪地展示了钟氏家族辉煌的发展史。顶梁联曰："家传道学遗风，想行为士表德可人师，自昔清芬昭谱牒；地萃山川毓秀，看藻淡笔峰澜翻秋水，从今运会际风云。"此联既概括了家族道学传承，又表达了家族延绵不息的发展愿望。紫金县镇林田村双龙坪张氏联属总祠大门联曰："青钱万选；金鉴千秋。"上堂顶梁联为："赐姓自轩辕，大儒一人，名垂两篇，辅汉三杰，功高四相，将封五虎，博物六史，金貂七叶，悉是清河苗裔；扬名昭世德，位列八仙，鼎甲九成，平戎十策，书传百忍，金鉴千秋，青钱万选，道陵亿尊，皆为燕国云礽。"此联以数字入诗，精准描述了家族发展中名人的贡献，暗示子孙以此为榜样，奋发图强。紫金县城明德坊陈继谟祠堂顶梁联："祖系本重华，溯乎三千年来，或为帝或为侯或为将相，炳炳麟麟历代著名推我祖；宗潢源颍水，稽之百余世下，止于汀止于平止于安邑，绳绳蛰蛰光前裕后仰吾宗。"对联以自

豪的语气回顾了家族光辉历史，又表达了对家族延绵发展的祝福。

　　一般说来，短短的楹联家训，都蕴藏着一段动人的历史故事。以惠州府车氏为例。车氏宗祠二进大厅两侧石柱上有一副门联："汉朝初授姓，囊萤照读，诗书继世振家声；宋代始开基，矛史流徽，忠孝传家绵世泽。"门联三十二字，概括了车氏悠久的历史来源，描述了曲折的家族迁徙史，讲述了动听的家风家训故事。在惠州车氏家族的发展史上，车邦佑是关键人物。车邦佑出身于仕宦世家，祖父车广运曾任广西横州知府，政绩颇佳；父亲车霆曾任福建布政司都事，爱国爱民。在家庭环境的熏陶下，车邦佑自幼志向宏大，读到晋代车胤萤囊映雪的故事，深受鼓舞，于是以"囊萤照读"自励，苦读力学，成为车村最有名的读书人。后来，"囊萤照读"成了车氏子孙勤奋苦读的象征，因此车村车氏读书人辈出，仅竹奄公一房就培养了十八个县官，一位县官一顶衔轿，就有了车氏"十八顶衔轿"的美谈。这正是车氏"诗书继世振家声"的集中表现。车邦佑为人有胆有识，忠于使命，为官不畏强权，务求公正。他良好的家风也影响了惠州士子们的价值取向。在他之后，叶梦熊、李学一、叶春及等后来者更是将这种敢言直谏的作风发挥得淋漓尽致。直到晚清的邓承修、江逢辰以及近代的廖仲恺、邓演达、叶挺等惠州名人身上，这种精神依然清晰可见。

　　相对于杆栏房屋、围龙屋、土楼来说，祠堂楹联家训的功能更加强大。祠堂不仅是敬祖穆宗的场所，也是教育宗族弟子的首选之地。家族内部办理婚、丧、寿、喜等事务时，一般也是在祠堂里进行的。旧时的家族族规相当严厉，凡有族人违反族规，就会被带入祠堂里面对列祖列宗，进行公开的审判和处置，并施以下跪、鞭笞甚至勒死等很多严酷处罚，扮演着"封建道德法庭"的角色。除此之外，祠堂由于是公共建筑，自然可以当作家族内部的学校或私塾或书院，进行家族内部的子弟教育。在祠堂内接受教育，子孙既怀有对祖先的敬仰和崇拜，又会无形中肩负家族发展的重任，因此教育效果良好。若有家族子弟在科举考试中获得功名，家族长者会在祠堂广场中央竖立旗杆夹石或旗杆，这既是褒扬精英、激励后学的重要措施，也是光宗耀祖、宗族繁荣的历史见证。在岭南宗族建设中，祠堂家训发挥了重要作用。如怀集凤岗镇孔洞村祠堂刻有成氏家训："悖逆乱伦，不肖已极，为朝廷之罪人，即家庭之辱子，斥逐出族，不许归宗。"这是整篇中的名句，既是对后人的训诫，也是修身养性的道理，读来发人深省。孔洞村有 1 100 多人，有国选堂、裕后楼、成氏宗祠、观音阁、孔乡书院等古建筑，三百多年来孔洞村出了不少庠生、秀才、贡生、监生、登士郎、举人。

二、岭南家训的主要内容

在学校教育不发达的情况下，家训是家庭成员接受教育的重要方式。它既要传达统治者的治国思想和行为规范，又要教育子孙走"修齐治平"之道，维持家庭和家族的长治久安。因此，家训的首要任务是培养优秀子弟，实现"修身、齐家、治国、平天下"的人生之路。这一路线的实现，可以从《大学》中找到答案，《大学》不仅设计了理想的君子人格目标，并且对如何实现这一目标进行了全面的论证及规划，从统治者视角来看，"古之欲明明德于天下者，先治其国；欲治其国者，先齐其家"，突出了家庭在社会发展中的基础作用；而不论是君王还是普通百姓，"欲齐其家者，先修其身"，修身又是实现理想的前提条件，因此，"自天子以至于庶人，一是皆以修身为本"，修身要做到"欲修其身者，先正其心；欲正其心者，先诚其意；欲诚其意者，先致其知；致知在格物；物格而后知至；知至而后意诚；意诚而后心正；心正而后身修；身修而后家齐；家齐而后国治；国治而后天下平"。① 此段提出了君子人格修养历练的三个基本层面：个人层面的修身、家庭层面的治家和社会层面的立业。岭南家训也基本围绕修身、齐家、立业三个方面进行。

"修身"一词最早由墨家提出，为了实现"非攻"之理想，君王及个人都要做到"远施周偏，近以修身"②，即一个志向远大的人要治国立业，首先要不断提升自己的品格修养和道德情操，只有做好修身，才有可能实现自己远大的理想，才能实现"齐家、治国、平天下"的远大目标。以孔子、孟子、荀子为代表的先秦儒家非常重视修身。在《论语》中，孔子多次谈及"修德""修己"的话题，并且指出"正人要先正己""己所不欲，勿施于人"，先通过提高自身修养、塑造自身崇高人格，再来影响他人和管理他人。孟子更是强调修身的意义，他认为"修身以俟之，所以立命也"，将修身养性作为每个人安身立命之法、为人处世之基。荀子则认为"以修身自强，则名配尧禹"，希望每个人通过修身，不断提升涵养、健全个人品格，就可以达到尧、禹等圣人的境界。

作为普通的个体，到底如何修身？岭南家训提出了各种具体措施，主要是以下五种。

一是忠孝仁义。自古百善孝为先，孝是个体首要的修身基础，也是家道隆昌的必要条件，几乎所有的岭南家训都千篇一律地将"忠孝"放在家

---

① （宋）朱熹：《四书章书集注》，浙江古籍出版社，2014年，第5页。
② 李渔叔注译：《墨子·非儒》，台湾商务印书馆，1974年，第281页。

训的第一条，教诲子孙。明代佛山望族训主庞尚鹏在家训首篇开门见山，要求子孙牢记"孝、友、勤、俭四字，最为立身第一义"①。明代思想家、教育家陈献章在家训中专门写作"推爱"条，以反问的语气促人反思："父母爱我，而我爱之反不如爱妻子，可谓孝乎?"②在朝廷的提倡和名门望族的引领下，岭南家族族规或乡约都以"孝悌"为中心，进行子孙教育和地方社会的秩序维护。潮阳陈氏以"孝、悌、忠、信、仁、义、礼、智、和善、慎睦、忍让、俭朴"③为纲领，教育子孙，维系陈氏家族的传承和发展。潮安沈氏以"孝悌、忠信、礼义、廉耻"④八字为家训，要求子弟修身齐家和为人处世。河源庄氏以"忠、孝、廉、节"⑤四字为家训，进行人格教育、为政教育和生活教育。

二是诚实守信。诚信是儒家追求的重要思想内容，它不但是君子人格形成的基本路径，因为"意诚而后心正""心正则后修身"，而且也是衡量君子品格的重要标准。若一个人不讲信用，则"人而无信，不知其可也"⑥。岭南家训有悠久的诚信教育传统。宋代番禺学者李昴英告诫子侄："五常百行异其名，腔子源头一个诚。"⑦翁源湖心坝仁川《沈氏族谱》："做人讲诚信，大路坦荡荡。"⑧乐昌寨背张氏《家规十劝》专设"劝存忠信"条，告诉子孙如何做到"忠信"："忠信乃吾心之本，夫子教人继之忠信。人己无欺乃忠，始终如一为信。然信可孚于乡党，必先忠于家庭。代为之谋，以已事应之，可谓忠矣。倘一忠而欲人感己，德忠也未善。故善用忠者，常怀信于全忠。"⑨这些家训都要求子孙"无欺""始终如一"，在为人处世中坚守"诚信"原则。

三是勤奋习业。勤奋是中国眼中一致推崇的美德，《周易》曰"天行健，君子以自强不息"，鼓励中华子孙奋发图强，因此"天道酬勤"成为中华子孙的行为准则和美好愿望。晚明礼部尚书黄士俊《治家格言》云

---

① （明）庞尚鹏：《庞氏家训》，《丛书集成初编》，商务印书馆，1939年，第1页。

② （明）陈献章：《陈白沙家训》，广东省人民政府地方志办公室编：《广东家训选编》，广东人民出版社，2019年，第14页。

③ 陈氏有庆堂族谱理事会编：《陈氏有庆堂族谱》，2006年，第1183页。

④ 清恕公理事会编：《沈氏华美族谱——明祖三房篇》，2006年，第7页。

⑤ 吴善平主编：《客家古邑家训书法石刻》，中国文联出版社，2014年，第45页。

⑥ （宋）李昴英：《关演侄三首》其二，陈建华、曹淳亮主编：《广州大典·李忠简公文溪集》，广州出版社，2015年。

⑦ （宋）李昴英撰，杨芷华点校：《文溪存稿》，暨南大学出版社，1994年，第166页。

⑧ 苗仪、黄玉美编著：《韶关族谱家训家规集萃》，暨南大学出版社，2018年，第90页。

⑨ 苗仪、黄玉美编著：《韶关族谱家训家规集萃》，暨南大学出版社，2018年，第98页。

"勤能补拙，俭可助贫"①；始兴渤海《吴氏族谱》九条，其中有"勤事耕读"条，要求子孙"在家务须勤奋耕读"②；乐昌《丘氏族谱》八条，要求"必也勤俭自持，节用省费，淡薄自甘，朴素自居"③。这些家训都鼓励子孙勤奋立业，实现人生目标。明代中期以前，"学而优则仕"是许多家族梦寐以求的发展之路，而经学是科举考试的主要内容，所以要想子弟在科场夺魁，必须从小饱读诗书，接受良好的家庭教育，因而家训以鼓励子孙读书为主题。明中期以后，随着岭南经济的快速发展和朝廷对士人人数的限制，岭南家训基本主张"四民皆本"，要求子孙根据自己的实际情况选择职业，勤奋为业。如乐昌天堂邓氏宗规："职业当勤：士农工商，业虽不同，皆是本职。勤则职业修，惰则职业堕。修则父母妻子仰视，俯育有赖；堕则资身无策，不免姗笑于邻里。然所谓勤者，不徒尽力，实要尽道。"④ 始兴范阳堂卢氏："重农事：夫日食之利生于地长于时而聚于力。稍不自力，坐受其困。故勤则耕三余一，耕九余三。不勤则仰不足事，俯不足畜。古者，天子亲耕，为天下倡，以农事为至重也。今告我族，凡耕稼者，勿好逸恶劳，勿始勤终惰，勿因天时偶歉而轻弃田园，勿慕奇赢倍利而辄改旧业。"⑤ 要求子孙勤奋守业。

四是明礼谦让。明礼是个体修养涵养的要求，也是处理与他人关系的原则。黄士俊《治家格言》云："故居家庭，宜以诗书为训；处乡里，宜以谦让为先。"⑥ 河源谢氏家训从举止、言语、礼接、治家等方面要求子孙遵行"礼"制，即"举止要安和，毋急遽怠缓；言语要诚实，毋欺妄躁率。礼接内外亲族，毋得简傲笑谑；治家之余以养德性，毋博弈嬉戏，虚费时日"⑦。始兴颍川《陈氏族谱》"礼让"条首先表明"礼为天地之经，万物之序"，是天地之间应遵循的基本规则，因为"道德仁义，非礼不成；尊卑贵贱，非礼不定；冠婚丧祭，非礼不备；酬酢燕飨，非礼不行"，礼在修身齐家、秩序维护等方面发挥着不可替代的作用，并且"各戒浇漓，共归长厚，则循于礼者无悖，于敦于让者无竞心。蔼然有恩，秩然有义，岂非大和洋溢者哉"⑧，详细解释了礼在修身处世、和家睦族等方面的意

---

① 广东省人民政府地方志办公室编：《广东家训选编》，广东人民出版社，2019年，第39页。
② 苗仪、黄玉美编著：《韶关族谱家训家规集萃》，暨南大学出版社，2018年，第69页。
③ 苗仪、黄玉美编著：《韶关族谱家训家规集萃》，暨南大学出版社，2018年，第70页。
④ 苗仪、黄玉美编著：《韶关族谱家训家规集萃》，暨南大学出版社，2018年，第11页。
⑤ 苗仪、黄玉美编著：《韶关族谱家训家规集萃》，暨南大学出版社，2018年，第17页。
⑥ 广东省人民政府地方志办公室编：《广东家训选编》，广东人民出版社，2019年，第39页。
⑦ 吴善平主编：《客家古邑家训书法石刻》，中国文联出版社，2014年，第171页。
⑧ 苗仪、黄玉美编著：《韶关族谱家训家规集萃》，暨南大学出版社，2018年，第107页。

义，希望子孙认真遵守。

五是力戒恶习。明清以来，岭南经济迅速发展，随之而来的社会不良现象由此而生，不少家训中直指恶习，要求子孙禁行。黄士俊《治家格言》："奢华乃败家之端，酒色是戕命之斧。"①乐昌九峰丰满《蓝氏族谱》列举了当时社会的不良现象：一是"若夫恃强凌弱，倚众暴寡，靠富欺贫"；二是侵吞他人财物，"谋占人田地风水，侵人山林疆界"；三是"放债违例过三分取息"，因此要求子孙"甚愿吾族，尤宜谨凛，毋沦于薄"。②南雄、始兴谯国《戴氏族谱》载："近来风俗浇薄，有兄死而弟枕其嫂，有弟没而兄娶其妇，名曰转房。此阳为国法之所不容，阴为祖宗之所必诛，伤风败俗，莫此为甚。"对于家族成员已有的行为，"吾族除既往不咎"，但若还有子孙"再蹈此恶习"，一定按照族规或法律，严惩不贷。③惠阳区崇林世居是客家最大围屋群所在地，人口众多，因此共同制定乡规，以形成良好世风，要求所有成员"立身行事，务须光明正大。凡伤风败俗之事，皆宜一切扫除"④。

如果说"修身"是君子实现"修齐治平"人生理想的基础，"齐家"则是走向建功立言的实践基石，否则会出现"一屋不扫而望扫天下"的好高骛远现象。家庭管理不仅是家庭成员社会化的基础，也是社会发展的根本需求。特别是明清社会，由于入仕为官的人数有限，许多文人志士还必须立足于家庭治理，从而实现"以家达乡"的人生理想追求。如何实现持家？岭南家训有非常全面的论述。

一是以孝治家。在"以孝治天下"政策的引导下，岭南家训提倡"以孝为本"的忠孝观念及"家和万事兴"的齐家观，不论是长篇巨著，还是只言片语，都将教育子女、孝顺父母、友爱兄弟、和睦宗族等作为重要内容。如始兴水南短鹿堂《魏氏家训》共十五条，其中四条涉及"孝"，"一、敦伦纪：父慈子孝，友弟恭，夫和妻柔，伦纪当敦……"要求子孙在家"孝亲"，在外"移忠"遵守国家法律，否则"……不仁不义，不忠不孝，有犯之者，法纲难容；政府州县，岂可妄议，先正格言，宜尔捧读。""十三、严立后：不孝有三，无后为大""十四、修德行：忠孝廉节，四德罕有"。⑤从个人修身、养儿育女到和睦家庭、遵守法纪都以"孝"为

---

① 广东省人民政府地方志办公室编：《广东家训选编》，广东人民出版社，2019 年，第 39 页。
② 苗仪、黄玉美编著：《韶关族谱家训家规集萃》，暨南大学出版社，2018 年，第 190 页。
③ 苗仪、黄玉美编著：《韶关族谱家训家规集萃》，暨南大学出版社，2018 年，第 224 页。
④ 顾作义主编：《岭南乡规》，南方日报出版社，2017 年，第 44 页。
⑤ 苗仪、黄玉美编著：《韶关族谱家训家规集萃》，暨南大学出版社，2018 年，第 227 页。

统帅。

二是勤俭持家。遍览岭南家训，不论世家大族，还是平常百姓，都以勤俭持家为美德，反复教诫子弟勤俭勿奢，谨身节用。明代学者庞尚鹏（1524—1580）在《庞氏家训》中教诫子弟力行简朴，并对日常衣着、亲友往来、祭祀等方面做了具体要求，严禁奢靡。清代新会学者胡方（1654—1727）在《训子》中要求子孙"处贫易安"，对饮食、穿着、用具方面作了明确规定："饮食要习惯淡薄，衣服要习惯粗恶，宫室器用皆从陋朴。"同时专作《遗嘱》篇，提倡薄葬，"殓葬俱要极薄，棺不可过三金，当时以贫俭吾亲，今如是乃安也"，并且子孙"违我必为厉鬼！"这一句也反映出岭南迷信的社会习俗。为了便于操作，胡方作了一系列规定，即在环境布置方面，"灵位贴所书自题诗，及对，棹子止置一瓦小炉"；在对逝者的供奉上，"朝夕可进黄伯祥细息一炷，清茶一瓯"，并且"禁以饮食馈奠"，家人禁止长时间哀号至泣；对待亲友吊唁，则"亲友远来，领一揖，炷香杯茗，不受临奠"。① 这些家训对抑奢倡廉社会风气的形成有重要意义。

三是和睦保家。家庭和谐是社会和谐的基础，所以从统治者到普通老百姓都提倡"家和万事兴"，家训要求夫妻和睦、兄弟和谐、邻里和谐、社会和谐，人与人之间以和为贵。南雄新田《李氏族谱》规定："立言行事之间皆当和睦谦逊。"② 南雄、始兴《杨氏族谱》要求子孙"凡我族众，务宜和睦相与，周困乏，恤患难，喜则庆，忧则涕，间有小忿则速消"③。曲江江湾《涂氏族谱》对于男女的品德要求进行了区分："夫以修身齐家之事为本，妇以人伦道德之事为重。夫妻和睦，万事兴矣"，并且要求以德为重，与邻里和睦相处："居必择邻，智在处仁……故德不孤而有邻，邻居和而安居。"④ 以上家训贵和尚中的精神是中国人为人处世的一大智慧。

四是积善传家。《易》曰："积善之家，必有余庆。"明清时期，岭南经济发展快速，不良社会风气随之而生，这一现象也直接反映到了家训之中。岭南家训都要求子孙严禁恶习，广积善德。曲江武溪《余氏家规》认为积善或恶是家族兴衰的根本原因："子孙盛衰，系积善与积恶而已。"因

---

① （清）胡方：《遗嘱》，陈建华、曹淳亮主编：《广州大典·鸿桷堂文钞》，广州出版社，2015年。

② 苗仪、黄玉美编著：《韶关族谱家训家规集萃》，暨南大学出版社，2018年，第48页。

③ 苗仪、黄玉美编著：《韶关族谱家训家规集萃》，暨南大学出版社，2018年，第55页。

④ 苗仪、黄玉美编著：《韶关族谱家训家规集萃》，暨南大学出版社，2018年，第47页。

此再三告诫子孙，"居家则孝友，处世则仁恕，安分守己，无作非为"是积善行为，而"恃己之势，以自强夺人之财致富，存心奸险，作事枭横，凡所以欺人者是也"便是积恶行为，所以，长辈"爱子孙者遗之于善；不爱子孙者，遗之于恶"。① 郑观应在家书中要求儿子洁身自好，做善事，行善举，特别是对社会流行的赌博行为严加禁止，"迩来赌博日炽，而尤以麻雀为盛，靡不嗜之如饴。"② 《上寨黄氏家训》还用生动比喻告诉子孙，将培养子孙与种养芝兰作比，"养弟子如养芝兰，既积学以培植，又积善以滋润之"③，这种全面育人的观点具有很强的现实意义。

以上对岭南家训"修身、齐家"的内容和方法作了简要概括。"修身"和"齐家"二者环环相扣。每个家庭成员只有进行了良好的修身立德，才能通过自身的言行举止，潜移默化地影响家人，从而形成积极向善的良好家庭风尚，这是"齐家"的所有希冀，也是"修身"之于"齐家"的重要意义。在儒家人生追求看来，一个人在"修身、齐家"的基础上，要想达到"治国、平天下"，实现"内圣外王"的君子人格，就要不断自强不息，为国家、为天下建功立业。岭南家训将"建功立业"分为三个层次。

第一个层次是学而优则仕。岭南家训基本上把读书做官当作建功立业的主要目标，即使不能走上仕途，儒家学者也会通过以家达乡，参与家乡建设，实现自己的儒家人生理想。曲江《罗氏家训》劝诫子孙认真读书，而且要尊重读书人："士人读书明理，见多识广，凡事必能洞达，此士所以居四民之首也。盖乡之有斯文，如人之有眉目。无事之时，读古论今，言仁讲义，可以风励乎乡党。有事之时，搦管挥毫，知明处当，可以见重于亲戚，岂非如人之眉目清楚者乎？故一遇斯文，必内存恭敬，外加礼貌。不然，轻亵斯文，则临事眩乱，立犹而墙。"④ 这一段可以看出罗氏对"学而仕"的极力推崇，即使不能走仕宦之路，读书也能让人明理，教化风俗。

第二个层次是四民皆本，工商兼顾。家训中最早论述"四民"问题的是黄门侍郎颜之推："爰及农商工贾，厮役奴隶，钓鱼屠肉，饭牛牧羊，皆有先达，可为师表，博学求之，无不利于事也。"⑤ 虽然提倡学习农商工贾知识，但目的是使子弟为官从政时有经世务实的本领，并不是鼓励弟子

① 苗仪、黄玉美编著：《韶关族谱家训家规集萃》，暨南大学出版社，2018年，第80页。
② 广东省人民政府地方志办公室编：《广东家训选编》，广东人民出版社，2019年，第96页。
③ 苗仪、黄玉美编著：《韶关族谱家训家规集萃》，暨南大学出版社，2018年，第55页。
④ 苗仪、黄玉美编著：《韶关族谱家训家规集萃》，暨南大学出版社，2018年，第120页。
⑤ （南北朝）颜之推著，张霭堂译注：《颜之推全集》，齐鲁书社，2004年，第82页。

从事商贾之业。到了宋代，我国商品经济有了一定发展，人们对职业选择有了新的变化，如南宋诗人陆游教诫子孙说："仕宦不可常，不仕则农，无可憾也。但切不可迫于衣食，为市井小人事耳。戒之戒之。"[1]读书、做官，甚至务农都可以，唯独不可为商贾之业。岭南家训对商业的热爱可谓全国之最，鼓励子孙根据自己的兴趣和能力选择职业。如河源叶氏："诗书农桑，并重工商。各执一业，毋怠勿荒。"[2]韶关陈氏也持有类似观点："人生天地，智愚不同，莫不择一业以自处。士农工商，业虽各别，而所当务则一也。夫身之所习为业，心之所向为志，业与志本相须而成也。"[3]这种多元化择业观与岭南经济发展是密不可分的。

第三个层次是缴租纳粮，维护国家的长治久安。在中国人心中，家是最小的国，国是千万家。家是国的缩影，国是家的延续，每个人的生命体验都与家庭和国家紧密相连。因此家训都希望子孙管理好每个家庭，从而达到国家的长治久安。如始兴田氏族训要求子孙："完钱粮：官长约束百姓，除暴安良。我辈坐享太平，饱食暖衣，恩德实难报答。即有力无力者，皆宜早早完纳，方是纯良子。乃世上有等逞习恃强，任意拖欠，罔知国家正供。"[4]始兴笃庆堂陈氏也有同样规定："早完钱粮：自古劳心治人者，食于人；劳功治于人者，食人。此上下之分定，而天下之通义也。凡我孙嗣，勿论粮数多寡，毋隐毋抗，皆当急公奉上，各照实数，依时封纳。格言曰：'国课早完。虽囊橐无余，亦得致乐。'诚哉是言也。倘或迟延通欠，致干法纲，则差签催扰焉，有饱食安寝之乐乎？"[5]曲江谭氏也规定："完钱粮：以下奉上之分也。吾侪躬逢盛世，必急公早完，即囊橐无余自得至乐。倘族中有逋逃拖欠，催差来乡，反嗔詈殴，定行重惩。各宜禀遵。"[6]正是千家万户的家训条规，保证了每个家庭成员遵纪守法，履行义务，保证了国家的稳定发展。

三、岭南家训的思想特质

作为岭南文化的一个重要组成部分，岭南家训的思想特征体现了岭南思想文化的现实追求，同时也体现了岭南思想文化的理想追求。就现实追求来说，岭南家训凸显出两个最重要的特质，那就是务实性与兼容性。而

057

① （宋）陆游：《放翁家训》，郑宏峰主编：《中华家训》，线装书局，2008年，第412页。
② 吴善平主编：《客家古邑家训书法石刻》，中国文联出版社，2014年，第27页。
③ 苗仪、黄玉美编著：《韶关族谱家训家规集萃》，暨南大学出版社，2018年，第107页。
④ 苗仪、黄玉美编著：《韶关族谱家训家规集萃》，暨南大学出版社，2018年，第19页。
⑤ 苗仪、黄玉美编著：《韶关族谱家训家规集萃》，暨南大学出版社，2018年，第110页。
⑥ 苗仪、黄玉美编著：《韶关族谱家训家规集萃》，暨南大学出版社，2018年，第205页。

就其理想追求来说，岭南家训具有自由性这一基本特征，而这一自由的特质到了近代之后又伴随着世界化的历史进程，逐渐显示出开放性，并在现当代结出了丰硕的思想成果。诚然，开放性这一特质在古代的岭南只是一种隐性特质，到了近代之后才凸显出来，故就整个岭南家训文化思想史来说，其最突出的还是务实性、兼容性这两大特征。

务实性是岭南家训思想中最突出也是最基本的一个特征。关于"实"字有两种解释，第一种解释是就民富而言，指的是"财物、民物"，是物质层面的，"务实"是指倚重物质本源的思想和行为，与民生紧密相关。第二种解释是"现实、实际"，这一理解侧重于物质存在与精神意识的关系上，要求在精神层面上正确地反映物质存在，主观应反映客观。"务实"的两重含义在岭南家训中都得到充分的体现。岭南家训都重视财物、民物，也有着农本思想和重商思想，这是人赖以生存的物质基础，也是家庭和社会存在的基本条件。关于"务实"的第二种含义，重现实和重实际的思想在岭南家训中十分普遍。最早陈元以"亲见事实"作为判断经典价值的基本依据教育儿子，开辟了岭南务实家风之先河。宋代增城崔与之目睹社会的种种怪状，提出"无以嗜欲杀身，无以货财杀子孙，无以政事杀民，无以学术杀天下"[①] 的家训告诫子孙。郑观应在《训儿女书》中提倡经世济用的教育："无论男女，除读书外，必日有手艺进款，勿使饱食终日，无所用心，奢侈无度。"告诉儿女们要将读书和手艺作为每日必修之内容。郑观应在给留学日本的侄子的信中写道："立志在青年，老来悔已晚。须观有用书，学业身之本。蜘蛛能结网，仰食愧为人。一艺不能学，何由寄此身！"[②] 由此可见郑观应对子弟自立自强教育的重视程度。

重务实的精神也造成了一些特殊的影响，在一定程度上促进了岭南人特别是广府人"不争"人生观的形成。如"学而优则仕"是读书人的一种梦想，但岭南出身的历代仕宦，却普遍急流勇退。如林大钦（1511—1545），明嘉靖壬辰科状元，潮州府海阳县人。他以"学必用精，艺必用精，安贫乐道度终身"一语留给世人，这是林氏家训的核心思想，也是林大钦一生的写照。林大钦自幼家境贫寒，却十分聪颖，喜好读书。二十岁参加科考，以一篇《廷试策》深得嘉靖皇帝赏识，遂钦点为状元，官授翰林院修撰。但林大钦认为富贵是虚影浮华，难以凭借，人应该安贫乐道。在担任三年修撰后，林大钦以"母病"为由向朝廷疏请归养，获批准后回

① 广东省人民政府地方志办公室编：《广东印记》（第三册），广东人民出版社，2018 年，第 26 页。

② 广东省人民政府地方志办公室编：《广东家训选编》，广东人民出版社，2019 年，第 100 页。

到潮州华岩山，进入宗山书院，收徒讲学。朝廷多次召唤，他也"屡趣不起""屡促不就"，始终视富贵如浮云。类似的"学而优不仕"家族，岭南还很多，如东莞容氏家训要求子孙"不求做官，但望自立"，容氏在学术或艺术上人才辈出，但仕宦之人才寥寥无几。

岭南家训思想的第二个特质是兼容性。所谓兼容，就是兼收并蓄，将多种要素整合、融合为一体。兼收并蓄是现代岭南家训的生命所在。正是这种兼容的特性，岭南家训通过总结、批判、继承、发展的方式从我国古代家训中不断摄取适合自我的因素，向世人呈现出显著的岭南特色。同时，岭南家训还能对不同的国家甚至异质文化也保持开放、兼容的态度，不断地丰富自我和发展自我。岭南家训本身是中原文化与岭南文化融合而来，兼容了中原家训的内容。正如中山大学陈春声教授所讲："一旦试图把日常生活的感觉归纳为理性的简洁的概念，就一定会出现反例，一定包含了错误。差不多以往的研究者归纳出来的岭南文化的特质，都不是广东人独有的习惯。"① 从岭南家训的内涵构成来看，岭南家训是以当地南越文化为底本，与中外各种文化长期交流整合而成的。其中在与内陆其他地域文化的交流中，岭南家训接受并融汇了中原文化、楚文化、吴越文化、巴蜀文化；而在与海外文化的交流中又融合了基督教文化、阿拉伯文化、波斯文化、日本文化等因素，尤其是近代西方文化，对岭南家训产生了广泛而深刻的影响。岭南家训这种包容南北、兼纳中西的特点，与其他地域家训相比，表现出鲜明的地域特色；从岭南家训的区域构成看，其兼容性表现为各种地方文化的共存共生现象。从地域上划分，岭南家训又可分为广府家训、客家家训、潮汕家训、海南家训等地区家训，在区域内部又表现出鲜明的区域差异。特别要指出的是，岭南家训的兼容性还表现在对立异质文化的共生上。在岭南常可看到这样一些事实，高度文明的科学技术与极端落后的封建迷信在许多家庭和市民身上共存，这是岭南家训兼容性的具体体现。

岭南家训的兼容性还表现为与时俱进，对社会变化及时调整与吸收。如佛山高明《杜氏族谱》提出"道与时为变通，法亦因时而损益"，要求子弟与时俱进，顺应历史潮流，如读书不再对应"科举考试"，而将目光投向了国内外高等学校，将诸如此类的新现象写进了《杜氏族谱》。南海《横江镇南乡吴思本堂禁约条例》在处事中非常强调公平与正义，不但要求晚辈尊敬长辈，同时也要求长辈不能倚老卖老，欺压幼小，这与传统

---

① 转引自陈晓东：《潮汕文化精神》，暨南大学出版社，2011年，第5页。

"唯长独尊"的其他家训明显不同；再如，若有品性优良的子弟遭人陷害，全族成员应该挺身而出，共同维护，以证清白。

清代鸦片成为残害国人生命的毒瘤，这一点也直接体现在岭南家训中。南雄陇西堂《李氏家规》详细阐述洋烟之危害，"大则亡身倾家，小则废时失事"，要求"凡我族内，切不可开设烟馆，贻害子弟"。这一条专门针对洋烟，教训子孙不得吸洋烟，不得从事洋烟生意。另外还禁止淫乱和赌博，这也是岭南社会滋生的不良现象，始兴李氏告诫族人，"非为，家风下坠。邪淫者，十恶之首；赌博者，倾家之源"，因此明确规定，"凡我族人，务宜告诫子弟，切不可放辟邪侈，生平甘受玷辱"。① 顺德黎景义（1603—1662）《宗俭篇》从孔子、曾子、孟子等人对节俭的论述入手，针对当时社会的奢侈之况，"近世则有樗蒲、骰赌之事，贪饕人之所有，竞相博赛，奸徒乘之以渔利，诳诱不肖子弟，设酒馔、声伎以陷之"，教育子孙要以俭持家，"虽有所胜，竟亦散失，回视厥家，已荡然矣"。② 针对社会不良风气，如禁山、禁砍伐、禁破坏公共设施、禁买田地等社会问题都在家训中有所体现，并且根据家族或当时社会的不同情况，提出可行的措施或方案，这对岭南社会的稳定和发展也作出了贡献。

---

① 苗仪、黄玉美编著：《韶关族谱家训家规集萃》，暨南大学出版社，2018年，第46页。

② （清）黎景义：《二丸居集选》卷七，北京出版社，1997年，第66页。

第三章 明清岭南家训与家庭教育

古语有云:"玉不琢,不成器,人不学,不知道。是故古之王者,建国君民,教学为先。"① 此观点表明,人都需要经过学习才能获得成长,历代君主都非常重视百姓教化。而随着社会的变革及历史沉浮,朝廷并不能提供持续的、受教人数多的教育,那么黎民百姓的教育如何进行? 明代学者张一桂进行了精准分析,即"三代而上,教详于国;三代而下,教详于家"②。张一桂的观点说明,中国古代一直重视教育,教育的场所主要是家庭。这种观点也与当代教育观念相吻合,因为家庭是人生最重要的场所,而且是最长久的场所。在我国几千年的历史长河中,官方教育随着朝代的沉浮而衰涨,但家庭教育从未间断。岭南的开发与教育事业发展迟于中原地区,人才培养的重任也主要由家庭承担。家庭教育并无统一的标准及内容,因而实际上是各家族的家训在家族内部的传承。

第一节 家训:皆以修身为本

"自天子以至于庶人,一是皆以修身为本"③,在儒家思想主导下,从帝王到士大夫再到普通老百姓都重视品德修养。南北朝时期,黄门侍郎颜之推撰写了我国第一部体制完备的家训巨作《颜氏家训》,内容涉及修身、治家、治生、处世、训子、婚姻、择业、仕宦、学家等,为后世家训创作提供了范例。颜之推撰写家训,目的在于"整齐门内,提撕子孙"④,即培养优秀的子孙,形成优良的家风,实现保家旺族的根本目标。纵观望族发展史,我们发现,优良家风的形成和传承的关键因素是家庭教育,家训正

---

① (汉)郑玄注:《礼记正义》,上海古籍出版社,1990年,第166页。

② (明)张一桂:《明万历甲戌颜嗣慎刻本序跋》,王利器:《颜氏家训集解》,中华书局,2014年,第582页。

③ 崔高维校点:《礼记》,辽宁教育出版社,1997年,第222页。

④ 王利器:《颜氏家训集解》,中华书局,2014年,第1页。

肩负着这一功能。

一、家训是稳定持续的教育

传统家庭除了繁衍功能、赡养功能、生产功能、消费功能外，还有感情功能、宗教功能、政治功能、教育功能等。家庭是个体身心健康成长的港湾，是整个人生教育的基础和起点。从先秦到明清，岭南官方教育一直很不健全并且受教育的人数非常有限，同时由于战争或其他原因，官方教育也断断续续，因此家庭承担了社会育人功能。而对于大多数普通家庭来说，不可能有专门的教师或私塾进行教育，家庭教育也就是日常的言传身教。从此意义上分析，家庭教育就等于家训。有家就有训，家训就是稳定持续的教育。

春秋末年，孔子在鲁国已有弟子三千，但岭南人还处于蒙昧状态，根本没有文字，更谈不上人才培养。汉朝的南海郡只设6个县，即番禺、龙川、博罗、四会、中宿（今清远）和揭阳，有近两万户人家，人口近十万。按"一县一校"之规定，也只有6所学校，能接受学校教育的人也不超过1 000人，教育的普及率不到1%。三国以来，战乱频繁，社会动荡不安，朝廷根本无暇顾及地方教育。隋朝一度重视教育，还创立科举制度，但由于时间较短，在岭南官方教育上没有什么成就。唐代经济得到发展，朝廷有能力开始文化建设，于是设立国子监，规划和管理全国的学校教育工作。按府、州、县的大小分别规定人数，府学为50～60人，州学为40～50人，县学为35～40人。唐代岭南共设5个都督府、45个州、320个县。这时岭南的地方官学虽有所发展，但是实际能接受教育的人数也非常少。据不完全统计，天宝元年（742）岭南人数为116万，而岭南真正能进入府、县、州学的人数在1.5万人左右，教育的普及率在1.29%左右。所以，唐代以前，岭南个体的教育，主要场所还是家庭，个体接受的教育就是家训。

明清两朝，随着经济的繁荣，岭南文化教育进一步向前发展。明初，朝廷实行"治国以教化为先，教化以学校为本"之策，因全国学校还没有统一建立，于是下令"郡县皆立学校"。因此，岭南各府、州、县均设立学校，乡村建立社学。学生名额也有十分明确的规定，即府学、州学、县学各招生40人、30人、20人，并且由朝廷提供生活费用。清代以来，各地学校数量不断增加，但教师人数远远不够，清圣祖康熙九年（1670）下令，"选择文艺通晓、行谊谨严者充社师"①，使得年龄在 12 岁至 20 岁之间者有机会入学肄业。尽管学校体系已基本建立，但岭南地方官学的学额有限，入学条件较严苛，而且时兴时废，因此学童大多无法就读官学，对于大多数子弟来说，能接受到的稳定教育就是家庭教育。而实际上，岭南"文艺通晓、行谊谨严者"大部分依赖良好的家庭教育，这样一来，以典型家训为代表的家庭教育进一步社会化，家训教育在一定范围内成了社会教育。在朝廷的倡导下，各家族的教育进一步加强，家谱、族规对子孙的教育都作了非常细致的规定，以下列举几例：

韶关曲江江湾《涂氏族谱》首先强调了子弟对家族发展的意义，即"子弟系家门之继续"，没有优良的子弟，家学门风便无法得到传承；同时也重视对子弟因材施教，进行不同的职业训导："智则宜课之读，愚则宜诲之耕。勤耕苦读，俱在于贤"；在教育过程中，父兄承担主体功能，"父兄早宜训诫，毋纵其博弈，游手好闲，无所执业，以玷家风"。② 涂氏家训很好地说明了家训承担的育人功能，根据子弟的个人能力，将子弟分为读书和务农两种基本类型，并且要求培养贤能弟子，要求实行早教，并且杜绝不良习性。

韶关《王氏家训》十六条，首条为"严家教"，直接强调家教对家庭成员的意义，"子弟之率不谨，由父兄之教不严"，王氏强调"严乃为家教首重也"，在方法上提倡"夫诱掖奖劝，固为善法"，但"挞记侯明，亦非寡恩"。③

仁化平阳堂《仇氏族谱》载有"祖宗遗训"："子孙需七岁择学行俱优师。儒训之，自小学《四书》《五经》为目，必需熟读讲解，不行任意陋学懒惰，即为父兄，事师也需尽礼，切勿怠慢。"④ 对子孙读书的进程、内容及考核标准作了规定。

乐昌天堂《邓氏家训》记载了教育子弟的内容及方法："如何是教训子孙？……成童时教他歌诗习礼，务守规矩。酒色财气不可沾染，进退应对俱有节奏。九德皆当遵行，六经皆当熟诵。"可以看出，教育的内容都是以儒家思想为主。对不遵守家训的子弟，也要循循善诱，"有不听者，不可便劝怒心，递生弃绝，仍当渐渐设法引导，务尽为父兄之道，方是知

---

① 孙培青：《中国教育史》，华东师范大学出版社，2013 年，第 270 页。
② 苗仪、黄玉美编著：《韶关族谱家训家规集萃》，暨南大学出版社，2018 年，第 147 页。
③ 苗仪、黄玉美编著：《韶关族谱家训家规集萃》，暨南大学出版社，2018 年，第 1 页。
④ 苗仪、黄玉美编著：《韶关族谱家训家规集萃》，暨南大学出版社，2018 年，第 5 页。

得教训。今日试思各人子孙，曾用心尽力教训否？"① 邓氏的教育方法对当今教育有着重要启示。

综上所述，古代岭南社会的教育主要发生于家庭，一是官方学校建立很晚且数量少，二是社会沉浮不定，学校教育也不太稳定，所以家庭成了最稳定的教育场所。

二、家训是个性化的教育

钱穆在研究"家风与家学"时发现，上古时期世家大族"所希望于门第中人，上自贤父兄，下至佳子弟，不外两大要目：一则希望其能具孝友之内行，一则希望其能有经籍文史学业之修养。此两种希望，并合成为当时共同之家教。其前一项之表现，则成为家风，后一项之表现，则成为家学"②。很明显，"具孝友之内行"是对个体品德的培养，这是士人实现"修齐治平"的基础；"经籍文史学业之修养"是诗书家族对个体技能的要求，是子孙"学而优则仕"从而保家旺族的社会需求，二者结合在一起，也是世家大族的希冀所在。从岭南家族的发展史来看，虽然其文化底蕴不太深厚，诗书世族不如北方多，但所有家庭都在积极进行家庭成员个人品德塑造和个人技能培育，并且在教育内容、教育方法、教育原则等方面不同家族各有不同。以下列举几例，说明这个观点。

陈瑸（1656—1718），广东海康（今广东省雷州市）人。曾任台湾知县、台湾厦门道、福建巡抚兼署闽浙总督。居官清廉，所至皆有善政。康熙帝称其似"苦行老僧"，为"清廉中之卓绝者"。由于在外做官，无法面对面教育儿子，他通过书信教导儿子如何应考乡试，从行路、坐船、歇店到夜出、饮食等，无微不至，体现了父亲对儿子的亲切关怀。这些，其实就是陈瑸做人、做官的经验总结，也是当时社会情态的侧面反映，为子孙认识社会、处理各种社会事务提供了借鉴。甲申（1704）家信写道："读书要勤、要细，做人要谨慎、要谦逊……家下事，举妹出门要紧，各位婆、伯叔兄弟，一团和气为是……外此惟有读书，是汝兄弟本分内事矣。"③ 书信中既叮嘱了读书的重要性，又说明了和亲睦族的意义。丙戌（1706），再次写信回家，要求子孙甘守淡泊，延续家风："循循于家庭日用、事亲、睦族、训绩、勤耕，安穷秀才本色，守旧守礼家风，人生至乐，恐已不出乎此矣。堂上香火、祖先忌辰、泮洋祖墓，均属要紧，早晚

① 苗仪、黄玉美编著：《韶关族谱家训家规集萃》，暨南大学出版社，2018年，第13页。
② 钱穆：《略论魏晋南北朝学术文化与当时门第之关系》，《新亚学报》，1963年第2期。
③ 邓碧泉编选：《陈瑸诗文集》，人民日报出版社，2004年，303页。

留神，是亦主敬存诚，事心不昧之道也。"乙未（1715），陈瑸远在台湾，再次写信给儿子，要求踏实学习，不可急功近利："君子不患名不成，而患学之不至。学未至而早成名，患云大耳！愿男日以此为念，多读书，勤作文，孜孜汲汲，日求所未至，无生自足心，无动怨尤念，庶几长进犹可望也。"①

劳潼，清代学者，广东南海人，乾隆二十年举人。髫龄时，母亲于榻上授《毛诗》，长遂习焉。长大后，他秉承冯成修师训，针砭时俗，撰文讨论训蒙、戒赌、心相等方面的利害得失，指出修养身心、为善去恶才是做人求学的正路，让族人、学生知所敬戒，有所遵循，成为当时教育子孙和学生的典范。在《训蒙论》中，他批判不求甚解的士风与学风。他引用明代学者吕泾野之言"民生不厚，皆由士习之不良；士习之不良，皆由师道之不立：则师道之所关大矣"，认为民风不良是由士风造成的，而士风不良与师道密切相关。为了形成良好社会风气，需要有优秀的"童蒙之师"。而当时社会教育存在三大弊端：一是"只读不解"。"方其上学之始，止教之读，不令之解；在贫寒之家及愚鲁之子，止读三五年，遂徙业为农，或为工商。则所读者止识其字，不识其意，是读犹不读也。"二是受科举取士之影响，教育表现得"急功近利"。"其或丰裕之家以及资质颖异者，一开讲便令之学作八股"，读书的目的就是写作文，从而获得功名，而对身心教育毫无意义。三是"不重视品德教育"。因为教育以科举取士为目标，所以对个体的品德教育不重视，"而无一毫起为善去恶之意，是人才从小便坏，又安望士习之良而风俗之厚也哉！"针对以上社会弊端，劳潼作《学约八则》，对从小立志、静淡寡欲、务实敦行、谨行慎言、择友而交、简朴节用、虚心学习、改过自新八方面作了详细规定，教育子孙。又针对社会流行的恶习，作《戒约七则》，要求子孙"七戒"，即戒赌博、戒闲游、戒争讼、戒聚谈、戒斗酒、戒作伪、戒蓄疑。面对盛行的赌博之风，劳潼还专门写《戒赌说》，告诫子孙"夫天下不肖之事多端，而弊莫甚于赌博"，他从"坏品、犯刑、倾家、殒命"四个方面苦口婆心地劝说子孙远离赌博。②

戴鸿慈（1852—1910），晚清名臣，广东南海人。官至刑部尚书、军机大臣、协办大学士，出国考察五大臣之一。曾在山东、云南担任督学之职，中日甲午战争时，多次上书弹劾李鸿章误国殃民，要求朝廷严惩。后

065

---

① 邓碧泉编选：《陈瑸诗文集》，人民日报出版社，2004年，352页。
② （清）劳潼：《戒约七则》，陈建华、曹淳亮主编：《广州大典·鸿桷堂文钞》，广州出版社，2015年，第121页。

官侍讲学士，督学福建，有《出使九国日记》行世。《南海县志》载：清朝"二百余年来，吾粤由军机入相者，惟鸿慈一人"。他的成功与戴氏家训紧密相关。戴氏家训由读书好、行善好、做好人、做好事、存心、敦伦、谨言、寡欲、惜字、业好等组成，第一条为"读书好"，说明对读书的重视，且遵行孔孟之道，从内容上要求"读书必读五经、孔孟之书"，进行正宗的儒家教育，而在文学方面，要求"及韩、柳、欧、苏之文"，才"能得其奥，可为圣贤"，对于诸子之书，在有余力情况下也可以读一读，但一定要坚持，"诸子百家之书皆可读，毋一暴十寒"，要求持之以恒，而特别要注意，"惟释老之书、异端之说不可读"。当然，对于科举考试，家训也有要求，"欲取科第则读先正文章，近日时文表、判、策之类，亦为有益"①。据《江浦戴氏宗谱》记载，岭南戴氏开族四百年中，有尚书职位的族人6人，状元3人，榜眼3人，进士55人。

桂士杞（1791—1855），广东南海人，品性仁厚，一生勤奋苦读，死后被封为中宪大夫。咸丰四年（1854）冬，桂士杞在病榻之上，追述其先人遗训及前言往行而撰成桂氏家训。在家训前言，他叙述了桂氏优良家风，"杞之先人谨言慎行、心存利济，累世矣"，要求子孙继续发扬家风；接着他回忆了一生经历，"忆年十有五，先泾县公弃世，兢兢自持将五十年，不敢玩忽，不敢懈怠，诚恐自蹈愆尤，贻先人羞"，以亲身经历，循循善诱，告诫子孙勤奋学习；面对岁月的流逝，他又叹息曰"今老矣，不能不为子孙计"，以苦口婆心的语气劝诫子孙："夫人之贻子孙者，或以珠玉，或以膏腴。余性甘淡泊，珍玩不蓄，薄田无多，惟追述遗训，并录旧闻，勉后人以读书为善而已。凡我子孙，尚其毋忽。"② 桂氏家训全文以"读书为善"为主题，主要摘录桂氏祖先言行事迹及其父先泾县公遗训来教育子孙，同时针对世俗所趋迷之《宅经》《葬经》等岭南的不良社会风气，广寻理据，力为破之。

郑观应（1842—1921），广东中山人，文学家，教育家，实业家。他所处的时代发生了鸦片战争、洋务运动事件，这使他更加重视子女的道德教育，即使工作繁忙，分居异地，他也通过书信等方式进行子女教育。在书信中，他多次告诫家人需要努力读书，特别是在《训侄子·勉学》中，更是以亲身经历，劝诫侄儿珍惜时光，好好读书，正是"天下不多如意事，人生难得读书时"。面对国家危机四伏的状态，他从子孙所处环境、

① （清）戴鸿慈：《戴其芬家训》，陈建华、曹淳亮主编：《广州大典·鸿桷堂文钞》，广州出版社，2015年，第126页。

② （清）桂士杞：《有山诫子录·序》，同治六年（1867）南海桂氏家塾刻本。

肩负责任、身心特征等方面娓娓道来，劝诫子孙勤奋学习，"汝辈明窗净几，得读书好地；家事不累心，得读书好遇；少年又能久记，得读书好时"，如果错过良好的读书时光，再过数年，则"家事起矣""精力衰矣"，即使有时间去读书，也将达不到预期效果，因为记性不佳。最后又以非常优美的语言，强调子孙应珍惜光阴，勤奋读书："流光荏苒，去而不返；白日莫闲过，青春不再来，故虽一寸光阴亦当如何慎重也，幸勿荒嬉！"[①] 从以上可以看出，郑观应教育子孙非常用心。

一般说来，家训的主要内容是教诲子孙读书处世等，但不同的家族有所侧重，如文学世家、商贾世家、仕宦世家等体现出教育的个性化。而岭南普通家族对子孙的培养也体现在简短的家训或族谱中，有的贫寒家族依附于当地世家大族，直接借用世家大族家训教育子孙，也希望有朝一日，子孙能出人头地，改变家族的社会地位。明清时期，岭南许多家族正是通过几代人共同努力，从寒门家庭跻身于世家大族。

三、家训个体培养的社会效应

人作为社会中最活跃的因素，在任何历史时期都对社会发挥着不同的作用。岭南家训在人才培养中的效应，最显著的体现就是培养了一大批士绅，从而推动了岭南社会的发展。作为中国历史上一个特殊的阶层，士绅往往是知识分子与官僚的统称。这些士绅往往为官一任，造福四方。如明清时期，以庞尚鹏、霍韬、湛若水、何白云、康有为等为代表的岭南士绅因科举取士出入于官场，或辞官回乡，隐居于南海西樵山，设坛讲学，探求理学，修身养性，特别是以方献夫为代表的"大礼议"事件的发生，使得西樵山从此获得了"南粤理学名山"的雅号，这不但提升了佛山在岭南文化中的地位，也扩大了岭南文化在全国的影响。这是担任朝廷职务的岭南士人给岭南社会带来的积极影响。

即使不担任朝廷职务，士绅阶层也"可以看作是马克斯·韦伯命名为'业余'或'非业余'类的行政人员"，为了实现"修齐治平"的儒家理想，"他们是和平年月的领袖，危难时期唯其马首"。[②] 在乡村社会里，士绅阶层扮演着"领袖"的角色，他们会争取政府的支持，在地方筹集资金建立义庄和社学来推动学校教育的发展，或通过设立善堂进行儒学普及，

---

① （清）郑观应：《训子侄》，夏东元编：《郑观应集·下册》，上海人民出版社，1988 年，第 224 页。

② 周荣德：《中国社会的阶层与流动：一个社区中士绅身份的研究》，学林出版社，2000年，第 59、93 页。

或通过多种方式聚集资金或财物进行赈灾和举办公共事业，在岭南社会中发挥着不可或缺的作用。当岭南社会发生重大变革或处于危难时刻，他们在政治、社会、文化、伦理等方面积极采取措施，与政府相配合，努力维护岭南社会秩序，促进岭南社会的发展。明代佛山是岭南经济发展的代表，现以佛山为例说明此问题。

明正统十四年（1449），黄萧养因事下狱，后越狱逃跑，在佛山南海率领农民起义，直攻广州城，取得胜利，既而领兵围攻佛山。以梁广为首的 22 个乡绅组织"忠义营"，武装抵抗，历战数月，保护了佛山，起义军未能占领而撤退。景泰三年（1452），佛山堡因此改名为"忠义乡"，同时，朝廷封赐镇压黄萧养起义有功的梁广等 22 人为"忠义士"。

明万历三十二年（1604），明初始居于佛山的李征问，与弟弟李待问捐款修建灵应祠门楼；万历四十二年（1614）组建佛山"忠义营"，捍卫了佛山全镇的利益，此组织一直持续运作至 19 世纪中叶；天启三年（1623）重修广福桥。天启六年（1626），李征问、李待问两兄弟捐款重修通济桥；崇祯七年（1634）修整佛山通往广州的主要通道。崇祯十四年（1641）李待问捐款修葺北帝庙的风水墙，翌年（1642）修治文昌院等。

明嘉靖二十二年（1543），正值饥荒，出身于佛山地区历史最悠久家族之一的冼桂奇，捐出粮食赈济灾民。看到此做法后，"二十四铺之有恒产者，亦各煮粥以周其邻近"①。在冼桂奇的倡导下，佛山老百姓渡过了难关。与此同时，冼桂奇还接济族人，"族属有贫不能葬者，捐地殡之，穷不能娶者，捐财助之"②。

清乾隆六十年（1795），考虑到单独个体难以承受天灾人祸，举人李天达等呈请朝廷在佛山丰宁铺创建义仓。明清以来佛山多次发生水灾或旱灾，每遇饥荒，各地义仓均发放粮食赈济灾民。

清嘉庆四年（1799），绅士劳潼、吴昆同与陈维屏等联名，呈请总督觉罗吉，拨出充公项银 2 218 两购置产业，以租息作为田心书院"会文"的费用，加快了佛山教育的发展。

实际上，岭南社会的士大夫同全国士大夫一样，具有不同于一般庶民百姓的社会声望和社会地位，他们通过勤奋苦读拥有知识，由科举入仕获得的社会资源和地位令庶民百姓肃然起敬，在政治生活上可享受加官晋爵、参听朝政、冠带致仕、恩荫子孙等待遇，在经济生活上可享受赋役优

---

① 卢梦阳：《世济忠义记》，陈炎宗总辑：《佛山忠义乡志》卷十，乾隆十七年（1752）刊本，第 19a～23a。

② 转引自罗一星：《明清佛山经济发展与社会变迁》，广东人民出版社，1994 年，第 125 页。

免、给俸、赐田赐物、驰驿还家等待遇。即使未能入仕，士大夫也会凭借公共舆论与群体力量，实现以家达乡的愿望，对地方社会发挥着积极的社会作用。他们拥有丰富的文化知识，积极传播文化，帮助朝廷进行地方教化，他们在政治上尊王权、在学术上循王道，周旋于道与王之间。因此，士大夫既是国家政治的参与者和践行者，又是中国传统文化的创造者、传播者，一代代乡居显宦为岭南的社会发展作出了诸多贡献，实现了"修养治平"的人生理想。

第二节　个人品德塑造

中国自古就重视修身，尤其重视道德修养，因为"德者事业之基，未有基不固而栋宇坚久者"①，道德被视为成就事业的根本，也是立身之基，个人修养必须以德为本。历代家训将子弟德育的培养放在首位，如诸葛亮在《诫子书》中告诫子孙："夫君子之行，静以修身，俭以养德"②，即欲成君子之志，必须修身、养德。唐太宗李世民在《帝范》中告诉皇子们要"奉先思孝，处位思恭，倾己勤劳，以行德义"③。明末清初思想家唐甄在告诫子孙选择修身之路时，指出："君子之道，修身为上，文学次之，富贵为下。"④ 唐甄认为个人思想品德上的修养比做文章、获取财富更令人高贵，更带来荣耀。儒家修身为本的核心理念在岭南家训中得创新性地继承与弘扬。

所谓修身，就是修养身心，通过学习等方式学会做人、处世，进而塑造品学兼优的完美人格。具体如何实施家庭成员品德培养？先贤已给出了明确答案。万世之师孔子认为，"仁"是君子修身的标准，为了实现"仁"的标准，要做到"恭、信、宽、敏、惠"。汉代董仲舒《贤良策一》："夫仁、义、礼、智、信五常之道，王者所当修饬也。"⑤ 他认为王者或统治者必须进行"五常"的修炼。唐代柳宗元也认可董仲舒的观点，他在《时令论下》曰："圣人之为教，立中道以示于后，曰仁、曰义、曰礼、曰智、

① （明）洪应明：《菜根谭》，时代文艺出版社，2001年，第125页。
② 宋涛主编：《中华传世家训》，北京燕山出版社，2008年，第616页。
③ 郑宏峰主编：《中华家训》，线装书局，2008年，第123页。
④ （清）唐甄：《诲子》，卢正言主编：《中国历代家训观止》，学林出版社，2004年，第157页。
⑤ （汉）班固：《董仲舒传》，《汉书》，中华书局，1964年，第2505页。

曰信，谓之五常，言可以常行者也。"① 岭南家训正是以"仁、义、礼、智、信"为主要内容进行家庭成员品德的塑造。

一、仁义

《礼记·礼运》载："义者……仁之节也。"② "仁"是爱人，"义"则告诉我们爱的对象和如何去爱。孟子说："仁，人心也；义，人路也。"作为爱人之"仁"，其心中存的是别人，对同类的同情和关怀，而"义"则告诉我们该爱谁、不该爱谁、如何去爱以及投入何种程度的感情。如孟子说："君子之于物也，爱之而弗仁；于民也，仁之而弗亲。亲亲而仁民，仁民而爱物。"③ 要求我们对物、民、亲人的感情要由浅到深，由淡到浓，表现出等差系列的条理（礼），这就是"义"的要求。

"仁义"作为处理人际关系的基本原则，首先要求在对待他人过程中仁者爱人，要互助互爱、助人为乐。普宁龙田蔡氏家族以"义以制事""仁以待人"④ 为基本原则教育子孙。揭阳刘氏家族倡导"崇节义"⑤，韶关乐昌九峰满堂《蓝氏族谱》开头以"孝、弟、忠、信、礼、义、廉、耻八个字，皆修身齐家，持躬涉世之要道也"总领全文八篇八条，八篇中"义篇"条曰："人生大防，惟利与义。是非可否，毫厘疑似。辨之既明，行之斯利。守经达权，义之与比。以义制事，先型勿替。"⑥ 八条中"要秉义"条曰："义者，心之制事之宜也。若不合义，则任意妄行，当为不为，不当为而为，虽灭礼悖义，犯法犯刑，往往有之矣。"⑦ 岭南家训处处体现"仁义"要求。

霍韬将"仁义"的范围进一步扩大，"孝亲仁之始也，弟长礼之恒也"，认为在家则事亲，孝敬父母、尊敬兄弟是实施仁义的开始；在校则尊师，"尊师义之则也"，尊敬师长才能学习进步；对待朋友要"敬"，"敬友智之文也"，常怀敬畏之心才能言行妥当。并且，"仁义礼智，心之畜也，童子习之，所以正心也"。⑧ 从小开始对儿童进行仁义教育，可以做

---

① 张玉霞编著：《柳宗元全集》，时代文艺出版社，2001年，第77页。

② （汉）郑玄注：《礼记正义》，上海古籍出版社，2008年，第943页。

③ 陶新华译：《四书五经全译》，线装书局，2016年，第282页。

④ 刘琴想、徐光华编：《潮汕家族文化丛谈（家训荟萃）》，潮汕历史文化中心揭阳研究会，2001年，第156页。

⑤ 刘伯忠：《刘氏族谱》，1999年，第73页。

⑥ 苗仪、黄玉美编著：《韶关族谱家训家规集萃》，暨南大学出版社，2018年，第188－189页。

⑦ 苗仪、黄玉美编著：《韶关族谱家训家规集萃》，暨南大学出版社，2018年，第188－189页。

⑧ （明）霍韬：《霍渭厓家训·蒙规》，（清）孙毓修编：《涵芬楼秘笈》，汲古阁精钞本。

到"正心"。岭南其他家训也非常重视对子孙"仁义"品质的培养。如潮阳家训明确要求子弟"以孝、忠、信、仁、义、礼、智、和善、慎睦、忍让、俭朴"① 为中心，进行修身养德。潮安沈氏则强调"孝悌、忠信、礼义、廉耻"② 八字对人成长的意义。

不论是对待亲友，还是对待他人，"仁义"是个体安身立命之本，是为人处世的准则，是维持优良社会秩序的原则。潮安金石仙都乡林氏家族状元林大钦强调，"仁不可轻，义不可轻，但存仁义是公平。休巧计，勿横行，半夜敲门我不惊。想罢一心从正道，何愁万事做不成"③，要求子孙对人仁义，才能坦荡做人，成功做事。始兴寨头《徐氏族谱》规定："今告我族，不必别寻良田，孝悌即是良田；不必另起安宅，仁义即是安宅。若能入孝出悌，耕作良田，由仁居义，住此安宅，则三槐可继，五桂可续。"④ 直接将"孝悌"喻为良田，"仁义"喻为安宅，贴近生活，通俗易懂。这些家训对"仁义"的提倡，对人际关系的处理及社会秩序的维护都有借鉴意义。

二、明礼

《说文解字》中，"礼，履也，所以事神致福也"⑤，意思是只有按照"礼"的仪式行事才能得到鬼神的赐福和保佑。中国几千年的传统文化中，儒家"礼"的思想占据了相当重要的地位。"礼"成为封建统治阶级用来维护社会稳定的一种规范和制度。孔子说"为国以礼"⑥，用"礼"来教化人民，用"礼"来治理国家。春秋时期齐国著名政治家、思想家、外交家晏婴说，"礼之可以为国也久矣"⑦，用"礼"来治理国家才能长治久安。"礼"又成了治理国家和社会的一种有效工具，"礼达而分定"，进而实现"君君臣臣父父子子"的统治秩序，其实质是要求遵循与"礼"相应的法则，制定一种内部秩序规范，从而对社会进行管理，最终达到人与人、人与家族或社会的秩序化。

隋唐时期的颜之推在家训中指出："礼为教本。"⑧ 北宋史学家司马光

① 陈氏有庆堂族谱理事会编：《陈氏有庆堂族谱》，2006 年，第 1183 页。
② 清恕公理事会：《沈氏华美族谱——明祖三房篇》，2006 年，第 7 页。
③ 仙都乡老人公会编：《潮安仙都乡（林氏）族谱》，2001 年，第 148 页。
④ 苗仪、黄玉美编著：《韶关族谱家训家规集萃》，暨南大学出版社，2018 年，第 141 页。
⑤ （汉）许慎：《说文解字》，中华书局，2004 年，第 122 页。
⑥ 李学勤主编：《十三经注疏》，北京大学出版社，1999 年，第 154 页。
⑦ （春秋）左丘明：《左传》，上海古籍出版社，2002 年，第 106 页。
⑧ （南北朝）颜之推著，张霭堂译注：《颜之推全集》，齐鲁书社，2004 年，第 86 页。

在家训中也强调："治家莫如礼。"① 将"礼"作为齐家的第一要务。所谓礼，即指制约家庭中父子、妯娌、兄弟、夫妇、邻里等各种人伦关系的规范，以儒家礼教来规范人伦，就是向子孙传授忠孝友悌、齐家睦邻之道。"礼"作为儒家思想的核心内容，在具体实践层面表现为"礼仪"和"礼让"，"礼仪"是个体修养涵养的要求，"礼让"是日常处理与他人关系的行为表现，最终的价值取向为"和谐"，即"礼之用，和为贵"，形成和谐的人际关系和社会氛围。"礼仪"和"礼让"，作为最常规的道德要求在岭南家训中占有十分重要的地位。

潮汕地区自唐以来开始实行儒家教化，至明代则"潮虽小，也知讲礼仪"②。潮阳陈氏家族是明代望族，在其族谱中有这样的训诫——"循规蹈矩无粗鄙，先生长者当优尊，子弟轻狂人不敢；况我侮人人侮我，到底那个饶了你，当知礼"③，强调"知礼"。揭阳北坑侨乡刘氏家族亦为当地大族，面对社会蛮横的风气，刘氏率先提倡"谦逊之风"④，将"明礼让"作为教育子孙的信条，逐渐影响其他家族。揭西钱坑林氏家族也将"正礼节"⑤ 单独列为条例，教育子孙。惠来周山黄氏家训有"明礼让"⑥，普宁龙田蔡氏家训有"礼以谦恭"⑦，等等，教育子孙待人以礼。

许多望族家训都对"礼"的内涵作了详细解释，对于"礼"的实践也用了生动形象的比喻。如乐昌寨背张氏《家规十劝》"劝崇礼仪"："古昔盛时，饮酒有让豆觞之美，过庭有避席之文……而让寓乎其中，推之迟行避路。男钦族长，女敬姑嬛，皆礼让之所在。我以礼让施人，人也以礼让酬我，则礼让成风。"⑧ 从古代饮酒之礼开始，告诉子孙礼教细节，表达"礼让成风"的良好愿望。始兴文珊公支《陈氏族谱》"讲礼让"条："夫礼，天地之经，万物之序也。道德仁义，非礼不成，尊卑贵贱，非礼不定，冠婚丧祭，非礼不备；酬酢燕享，非礼不行。是知礼之体大而用广也。诚能在家庭而父子兄弟底于肃雍，在乡党而长幼老弱归于和睦，蔼然

① （北宋）司马光：《家范》卷一，转引自宋涛主编：《中华传世家训》，北京燕山出版社，2008年，第327页。

② 李开文、刘雯堂：《自强不息：广东潮汕人的胆气》，广东人民出版社，2005年，第153页。

③ 陈氏有庆堂族谱理事会编：《陈氏有庆堂族谱》，2006年，第466页。

④ 刘琴想、徐光华编：《潮汕家族文化丛谈（家训荟萃）》，潮汕历史文化中心揭阳研究会，2001年，第100页。

⑤ 揭西钱坑乡亲会：《揭西钱坑林氏族谱》，1998年，第1166页。

⑥ 黄氏周山编谱理事会：《惠来黄氏周山续宗族谱》，1997年，第61页。

⑦ 刘琴想、徐光华编：《潮汕家族文化丛谈（家训荟萃）》，潮汕历史文化中心揭阳研究会，2001年，第156页。

⑧ 苗仪、黄玉美编著：《韶关族谱家训家规集萃》，暨南大学出版社，2018年，第99页。

有恩，秩然有义，岂非太和洋溢者乎？"①此则家训告诉子孙，"礼"为天地之经、万物之序。如果不遵行"礼让"，道德仁义、尊卑贵贱、冠婚丧祭等都无法实施，家庭成员、邻里也都无法和谐相处。

还有的家训以诗词的形式重行明礼教育。如珠海赵梅南家训有："诚立位，礼智谦，学贤人，敦祖亲。和兄弟，睦之邻。训子孙，重礼教。慎交友，立本业，禁非为。"②将修身、立业、治国的做法与美德集于一体，又贯穿了儒家"诚信、有礼、谦让、敬业、孝悌、文明、友善、和谐、守法"的精神，与现代倡导的社会主义核心价值观的内容大致相似。

三、诚信

"人而无信，不知其可"③，"诚信"是君子的优秀品质之一。《论语》论述"诚信"的内容达 38 次之多，并且孔子将"诚信"作为教育学生的四大任务之一："子以四教：文、行、忠、信。"④ 同时还认为"诚信"是为政的三大法宝之一。"子贡问政。子曰：'足食、足兵、民信之矣。'子贡曰：'必不得已而去，于斯三者何先？'曰：'去兵。'子贡曰：'必不得已而去，于斯二者何先？'曰：'去食。自古皆有死，民无信不立。'"孔子认为"取信于民"是为政者需要坚持的最根本原则和最强的执政武器，告诉弟子宁可"去食"而死也不能失信于民。"孔门十哲"之一的子夏也提出了"与朋友交，言而有信"⑤ 的基本道德准则。

《大学》修身之道的"八条目"以修身为本，修身的前提是"正心""诚意"，诚意是取信于人的关键，也是得到他人重用的关键。《国语·周语上》也将"诚实不欺"作为君子行礼必备品德，即"礼，所以观忠、信、仁、义……信，所以守也。"将"诚信"视为恪守"忠德""仁德""义德"的主要观测条件之一。《左传·襄公九年》："所临唯信。信者，言之瑞也，善之主也。"认为"诚信"是善良的主体，是国与国之间必须遵守的原则。

岭南家训及族规都有关于"诚信"的训诫，并且将"诚信"作为立身之本、处事之基。潮阳陈氏是当地大家族，陈氏家训强调，"一诺千金人所敬，譬如约人到午时，不到末时终是信，若是一事不践言，下次说来人

---

① 苗仪、黄玉美编著：《韶关族谱家训家规集萃》，暨南大学出版社，2018 年，第 111 页。
② 顾作义主编：《岭南乡规》，南方日报出版社，2017 年，第 33 页。
③ 李学勤主编：《十三经注疏》，北京大学出版社，1999 年，第 23 页。
④ 李学勤主编：《十三经注疏》，北京大学出版社，1999 年，第 93 页。
⑤ 李学勤主编：《十三经注疏》，北京大学出版社，1999 年，第 8 页。

不听"①，以通俗易懂的语言和生活中细小的事例为例，深入浅出，要求子孙恪守"诚信"，否则无法取得他人信任。其他家族，如揭西钱坑林氏家训强调，"人之所以立身者，信义而已，故曰无信不立，无义则乱……信义既敦，自是光明正大之人"②。普宁龙田蔡氏家族以"信以立德，一言九鼎"为庭训。潮安蔡氏家训要求子孙"处世以谦让为贵，为人以诚信为本"③。潮州翁氏家训告诉子孙"敬业守法，仁义诚信。奋发图强，积善必昌"④。潮州郡守南谢氏家训要求"轻财重义，见贤思齐。欲诚其意，正心莫欺"。

潮汕地区由于特殊的地理环境，对外贸易或经商相对发达，形成了特色显著的侨批文化。潮人出海"过番"（到南洋）谋生，远离家乡，与家人互相牵挂，家中亲人日夜求神保佑他们平安、赚钱，而身在异乡的谋生者也惦念家人。所以，不管谋生者所处环境多么艰难，总要尽己所能寄钱寄信（侨批）回家，以济家庭，传递平安。侨批中，即便只寄一两元钱并几句附言，当中也饱含着对家族的责任、担当精神、道德伦理意识和家风文明传承。昔日"过番"潮人多数不识字，要汇钱寄信回家只能依托身边较有文化的乡亲私下集中转送，这些人被称为"水客"。"水客"对潮州传统道德观念有着较深的认识，为人处世注重信用，秉承潮人家训家风倡导的美德，肩负起侨胞的厚望，冒着批款收取、长途递送中可能出现的种种风险，想方设法将侨批分毫不差地安全送达乡亲手中。后来，侨批量不断增加，工作素质和要求也随之提升，遂催生出专门为侨胞送信送钱的社会行当——"侨批局"。纵观侨批业的产生和经营发展史，最重要的是，经营者恪守"诚实守信、正直仁爱、尚义积德"等理念，这是传统的优良家训、文明家风长期浸润的结晶，是"侨批文化"的深刻内涵。

四、才智

在儒家"五常"理论中，"智"的含义历来颇受争议。孔子提出"生而知之"，认为"智"是人与生俱来的一种品质，但实际上是一种理论预设，没有实践意义。孔子又云，"好知不好学，其蔽也荡""好学近乎智"，个体要形成"智"的品质。孔子强调"学以成智"，即通过学习获得"智"，因此又说"我非生而知之者，好古，敏以求之者也"。孔子也身体

---

① 陈氏有庆堂族谱理事会编：《陈氏有庆堂族谱》，2006 年，第 466 页。
② 揭西钱坑乡亲会：《揭西钱坑林氏族谱》，1998 年，第 1191 页。
③ 蔡氏族谱编委会：《蔡氏族谱》，1992 年，铅印本。
④ 谢昭良：《明代潮州布衣乡贤谢纪》，《潮汕日报》，2018 年 10 月 30 日。

力行，"吾十有五而志于学"①，晚年还"韦编三绝"，激励后学，勤奋苦读。纵观国内外家训，无一不强调培养子孙的学习能力。

中国历代的帝王将相、名儒名臣都提倡勤学好学，他们对于学习有着切身的体会，深知学习对于个人成才、家族兴盛的重要意义，因此他们都十分注重向子弟传授为学之道。传统家训的作者们在勉励子弟学习时，多从学习的目的和意义、学习的态度、学习的方法等方面展开反复教诫，形成了丰富的家训勉学思想。孔子的庭训开启了中国家训"读书"主题，唐代岭南第一状元莫宣卿以"劝学"为主题的《莫氏家训》，开创了岭南家训劝学、勉学的先河。宋代增城崔与之独身前往杭州求学，为岭南学子提供了榜样。古代岭南，无论是上层贵族还是平民百姓，都十分重视家教，受儒家思想的影响，不但重视封建伦理道德的教育，也强调子女的读书教育。

明清时期，岭南地区流传较多的是霍韬的《霍渭厓家训》，此家训明确规定："七岁便入乡塾，学字学书，随其资质渐长，有知识便择端懿师友。将正经书史严加训迪，务使变化气质，陶镕德性，他日若做秀才做官，固能为良士、为廉吏，就是为农为工为商，亦不失为醇谨君子。"② 可以说，霍氏不仅将读书看作入仕做官的一种途径，也认为读书可以使人"变化气质，陶熔德性"，无论为农为工或为商，都不失为"醇谨君子"，这种教育观点在当时是非常先进的，成为世人学习的榜样。

清代南海学者桂士杞一生无科举功名，其父曾任安徽泾县县令，家庭背景极为一般。但桂士杞十分重视对子女的教育，编著《有山诫子录》一卷作为家庭教育之本，培养出清代广东大儒桂文灿。全书未分章节，主要为历代名人典故、格言警句的摘抄，而后附有桂士杞的分析评论，也有他自己治学、读史等心得以及他对岭南某些不良风气所进行的批评，全书主旨在"读书为善"四字，劝诫子孙做好人、勤读书、守礼节、正风俗，讲求实学，造福苍生。

清代东莞人袁裒《庭帏杂录》的内容十分广泛，除了记录子女成长外，从朝廷之事到家庭琐事都有所涉及，对于如何做人、如何读书作文都有独到见地。对于做人，袁裒认为道德为根本，功名次之，"士之品有三，志于道德者为上，志于功名者为次，志于贵者为下"，并且针对社会不良现象进行了一针见血的批评："近世人家生子，禀赋稍异，父母、师友即以富贵期之。而子幸而有成，富贵之外，不复知功名为何物，况道德

①　李学勤主编：《十三经注疏》，北京大学出版社，1999年，第15页。
②　《霍氏族谱》卷二，清道光二十八年（1848）世睦堂刻本。

乎！……位之得不得在天，德之修不修在我，毋弃其在我者，毋强求其在天者。"对于如何读书作文，他说："作文、句法、字法，要当皆有源流，诚不可不熟玩古书，然不可蹈袭，亦不可刻意摹拟，须要说理精到。"① 袁衷强调读书要以明义理、修道德为本，并认为作文不能刻意模仿他人，而是贵在创新。

士大夫读书的意义，除了个体修身以外，其实具有更广泛的家庭和家族效应。从全国范围来看，家训作者一般具有较高的文化素养，同时具有一定的政治地位或社会威望，如屈大均所云："明兴，岭海人职大司成者有五人：若琴轩陈先生琏，若琼山丘先生濬，若甘泉湛先生若水，若白山伦先生以训，若泰泉黄先生佐……"② 以上五人为明代位高权重者，除了陈琏以外，其余四人都有家训之作传世。为了保持家庭或家族在地方的崇高地位，他们都注重文教，主张读书为贵，以培养子孙科举入仕、光宗耀祖为根本目的。即使是商贾大族，也会想方设法向文人家族转换，从而保持家族延绵不息。这种观念深刻影响了岭南民众，潮州等地甚至出现了"争延名儒以课子弟，至有走百里而延诸邻封者"③ 的现象。即使是贫寒庶族，也努力培养子孙读书，以期有朝一日能出现光宗耀祖的子弟。如揭西钱坑林氏家族认为，"家不论贫富，子女不论贤惠，首在读书；读书则能穷理，穷理格致，自可明修齐治平之道"，将"务读书"④ 作为其家训主要内容。

为了保证子弟学有所成，家训乡约作出"尊师重教"的明确规定，如潮汕黄氏家训有"隆师道"条目，强调师道为教育的基础和根本："师道为教化之本，隆师重道，正以崇其教也"，只有重视师道，才能真正教育好子弟，"若不尊从，不惟教化不行，而且有亵渎之嫌，何得漫言传道"。⑤ 即是说不重视师道，不但不能很好地进行子弟教育，还会被视为亵渎师道。有的家训还要求视师如父，如韶关梁氏族规："敬师长：师我懿范，示我周行。恩同君亲，时凛莫忘。尊师敬友，获益贤良。生事如父，死服心丧。子贡三年，外又筑场。先贤如此，万古名扬。"⑥ 突出了对教师的敬重。

当然，随着科举考试的没落、社会思想的转变以及社会经济的多元化

---

① （明）袁衷：《庭帏杂录》，《丛书集成初编》，中华书局，1985 年，第 4 页。
② （清）屈大均：《广东新语》卷九，中华书局香港分局，1974 年，第 285 页。
③ 郑良树：《潮州学国际研讨会论文集》，暨南大学出版社，1994 年，第 818 页。
④ 揭西钱坑乡亲会：《揭西钱坑林氏族谱》，1998 年，第 1188 页。
⑤ 黄氏周山修谱委员会：《潮汕黄氏族谱》，1997 年。
⑥ 苗仪、黄玉美编著：《韶关族谱家训家规集萃》，暨南大学出版社，2018 年，第 160 页。

发展，人们的职业选择日渐多样化。关于读书之目的，许多家训也发生了改变。如《南海梁氏家谱外集》之《家规》卷认为"子弟读书，能得功名固佳，即不得功名，而读书明理，亦足为一族生色，甚或读书不成而多识几个字，较易谋生，且不至非礼犯分"①。这种观点对教育的意义有所扩大，对教育的认识也有了进一步的提高，读书识字不仅可以得功名，也可以"明理""谋生"，且"不至非礼犯分"，从而提升了个体的综合素质。这一进步的教育观点通过家训、家规的形式表现出来，使后世子孙不再被沉重的科举包袱束缚，这对他们读书进取有很大的促进作用。

第三节　个人技能锻炼

从儒家人生理想的"修齐治平"来看，"修身"是个人品德修养，而"齐家、治国、平天下"是一种处世能力和个人价值的实现方式，因此，家训非常重视个人技能培养。如西汉大儒韦贤认为"遗子千金，不如遗子一经"，颜之推认为"积财万千，不如薄技在身"②。中国传统家训发展至明清，已不止于科举教育、伦理道德教育等内容，特别是岭南由于早期生存环境恶劣，明清时期经济又得到快速发展，岭南家训在治生、理财、为政、养生等技能培养上也表现突出，这也是岭南文化"务实"精神的体现。

一、从商

自古以来，由于五岭之阻隔，岭南人无法同中原人进行商品贸易，为了生存之需，只好同海外发生贸易关系。屈大均说"粤人善操舟"③，证明了岭南人具有海上通行的能力。秦汉时代，广州已发展为全国九大都会之一。至东汉，广州至罗马的"海上丝绸之路"已经形成，广州成为中国与其他国家海上商品贸易的起点，"盖自三世纪以前，广州即已成为海上贸易之要冲"④。到明清时，随着岭南经济的快速发展，重商已成为一种时尚的社会风习，上至官僚阶层和地主阶级，下至文人士子和普通百姓，都十分热爱经商活动。屈大均《广东新语·事语》说广州"无官不贾，且又无

①　梁乐章总纂：《梁氏家谱外集》，民国十三年（1924）广州华东印书局铅印本，第63页。
②　王利器：《颜氏家训集解》，中华书局，2014年，第149页。
③　（清）屈大均：《广东新语》卷十八，中华书局香港分局，1974年，第477页。
④　武增干：《中国国际贸易史》，湖南教育出版社，2010年，第14页。

贾而不官""民之贾十三，而官之贾十七"①，可见，岭南社会亦官亦商现象十分突出，以致出现"粤中处处有市"②的现象。

明代中后期，岭南成为全国经济中心，商业发展迅速，而且"士而成功者十之一，贾而成功者十之九"③，从事商业的成功率远远大于读书入仕的成功率，商贾阶层的成功引发了世人的刮目相看，传统四民观念开始发生动摇。明万历年间岭南已有许多家训出现了"士农工商，各执一业""九流百工，皆治生之事业"④等内容。宗族内部根据子弟自身条件进行合理的职业分工，特别是世族大家率先将子孙分布在农业、手工业、商业和仕宦等行业，让家族成员在各行各业都占有一席之地。

社会思维及经济模式发生了改变，人们的教育思想也会随之而变，岭南家训内容也及时作了调整。在家训中，训主提醒子孙根据实际情况进行职业选择，而不一定要跻身于"学而优则仕"的独木桥。例如，由中原迁徙至惠州的叶文超带领家族建设了崇林世居，在族规的"务正业"条明确指出："凡为我族人，或士或农，或工或商，务宜各劝正业，戒游惰以辟利源。"⑤ 肇庆《赵氏家训·务本业》："士农工商，均有常业，所贵恒心自励而各勤乃业耳。"⑥ 潮汕《黄氏家训·务本业》："士农工商各有其业，古人云：业精于勤，而荒于嬉。"⑦ 这些家训重视读书对个人修养的提升，但不以"入仕"为唯一目标，要求子孙根据自己的实际爱好或能力，进行职业选择。岭南家训"四民皆本"观念的转变和接受，是由岭南经济的发展决定的。

在商业经营活动过程中，人们意识到"小赢靠智，大赢靠德"，只有具有良好的商业道德，才能在风起突变的商海中处于不败之地。岭南家训都十分重视对子孙商业道德的培养。如清代佛山南海《霍氏家训同善录》以"善"为中心，分为居官、绅宦、士行、农家及心相五种，其中有"商贾三十六善"，全面总结了商人应有的品质和技巧：一是以诚待人，以信接物，做到"等称平色，勿昧本心"。二是以义为利，商业经营中做到"不因一时货缺，便高抬时价""不扳援贵介"。三是教诫子孙买卖公平，货真量足，做到"出入公平，不损人利己"。四是教训子孙辛勤经营，"无

① （清）屈大均：《广东新语》卷九，中华书局香港分局，1974年，第305页。
② 范瑞昂：《粤中见闻》，广东高等教育出版社，1988年，第54页。
③ 张海鹏、王廷元编：《明清徽商资料选编》，黄山书社，1985年，第251页。
④ 同治《川姚氏宗谱》卷三，《家训》，手写本。
⑤ 顾作义主编：《岭南乡规》，南方日报出版社，2017年，第44页。
⑥ 肇庆高要莲塘《赵氏族谱》，手写本。
⑦ 黄氏周山修谱委员会：《潮汕黄氏族谱》，1997年。

事时检点货物经营账目""三朋四友不浪游"。五是教诫子孙俭朴节约，"率妻子以勤俭朴实""衣帽本分，不刻意求行伍""家常不衣绸绢等物"。六是教诫子孙做守法良贾，"兢兢业业，做守法良百姓""不漏税"。七是教导子孙力戒嫖赌烟酒，"不宿娼饮酒，不看戏，不看曲书""不入赌博场"。八是和气生财，做到"交易一味和气，不成则已""入里门下车拱揖，不忘穷措大模样"。九是乐善好施，"量力施舍孤贫""接引寒士""婚葬不给者，量力周济"。《霍氏家训同善录》要求子孙"买卖先计子母，不卖违禁私货"①，即做生意首先要计算成本和利润，并且在政策指导下进行交易，不能贩卖违禁物品。

《霍氏家训同善录》堪称岭南商贾家训的集成之作。其实早在明中叶，作为由庶族跻身于望族的代表，霍韬家训和庞尚鹏家训都对商人品德或商业交易的基本原则作了明确规定。霍韬为了加强宗族建设，非常鼓励子孙做生意，壮大宗族实力，但他在家训中要求子孙做生意时，守住为人处世底线，"凡营货贿，无损人利己，无放债准折人田宅。无准折人子女，无利上展利。凡营货贿，无恃势侵弱，自冒法辜"。在田地购置中，"凡非义置田土，不准考最"②。庞尚鹏关于土地买卖的言论很多，其中一个基本的原则就是在买卖土地时要公平交易，不能豪取强夺，强调"田地财物，得之不以义，其子孙必不能享"③。这是在尽量维护公平、公正，做到利人利己。霍韬和庞尚鹏二人对商业公平原则的提倡及维护，促进了佛山地区商业的繁荣和发展。

晚清以来，岭南商贾家训的代表为郑观应家训。郑观应（1842—1921年），香山人，亦儒亦商，不仅著书立说传播先进革命思想，而且亲身实践，成为近代著名的实业先驱。他 17 岁时结束学业"奉严命赴沪学贾"，在长期的经商生涯中积累了大量的社会经验和处世之法，这些他一并传授给了后辈。在与西方人的长期接触中，郑观应发现部分西方人很注重培养自谋生计、独立自强的生活能力，而国内有些纨绔子弟不务正业，依托家庭的庇佑，最终只是一事无成，败了家业。因此，他特别重视培养后辈们自立的生活能力，他说："家庭教育，首贵自立。"他在一封家书中这样教育子女："凡人之生，无论贫富，自食其力，若藉父兄之庇荫、戚族之周邺，虽丰衣美食亦可耻也。"郑观应还把自己在生意场上的经历和教训传授给子弟家人，叮嘱子弟谨慎行事、以防受骗："知骗术希奇，人情险诈，

---

① 《南海佛山霍氏族谱》，清道光二十八年（1848）世睦堂刻本。
② （明）霍韬：《霍渭厓家训·汇训上》，（清）孙毓修编《涵芬楼秘笈》，汲古阁精钞本。
③ （明）庞尚鹏：《庞氏家训》，《丛书集成初编》，商务印书馆，1939 年，第 6 页。

银钱交易宜谨慎也。"在财物交易方面，郑观应提到了需要注意的地方：每日收到的现金在打烊前要清点清楚，并收藏妥当。所交银钱要件必须是亲笔收条，以防人们日后不认账，也便于自己管理。并多次强调"谨慎"在金钱交易活动中的重要性，以"诸葛一生惟谨慎，吕端大事不糊涂"为榜样，训诫子弟。郑观应特别注重培养子弟从事工商业的能力，而不是只关注工资多少，"虽有一技之长，仍须勿论薪水多少、有无，先于大公司处学习，以图上进"①。

郑观应的家训思想既继承了祖辈几代人经营商界的经验教训，又在自己的实践中积累了大量对当时社会的深入思考，在他的家训中，既有传统的经书学习，又有学习西学的时代特征，这在岭南社会亦儒亦商的家训中十分具有代表性。

二、为政

"学而优则仕"是孔子为我国古代知识分子设计的一条理想人生路线，在"一人得道，鸡犬升天"的历史时期，读书为政确实为众多家庭所期待。然而面对官场沉浮，有的自我迷失，招来杀身之祸、灭门之险。为了使子弟的仕途之路能够走得平稳顺畅，避免重蹈前人覆辙，仕宦阶层在家训中对即将步入仕途或已身在庙堂的子弟作了许多切实的指导。

一是谨言慎行、慎重择友，这是为官长久的基本准则。自古有训言，"病从口入，祸从口出"，为政者需要谨言慎行。同时，慎重择友，戒朋党也是明代仕宦教诫子弟为官谨慎的重要内容。结社入党历来是社会潜在的不安定因素，危害深远。《霍氏家训同善录》中有"居官三十六善"要求，为政者在日常生活中，"升堂勿饮酒""宴会不流连沉湎，不亵狎优俳"，以免言行不谨慎；在处理公务上，"间极细微事，必心平气和处治妥当"，需要保持平静的心境；在人际关系上，要"善处同寅，不生猜疑。大事化小事，小事化无事"，营造和谐轻松的工作氛围；在交友方面，"不交无益之人，坏乃公事"②。霍氏提出的以上观点，在邓蓉镜家训、林则徐家训中也有体现。

东莞莞城人邓蓉镜（约 1831—1900），进士，先后担任庶吉士、编修、国史馆纂修官、江西督粮道等职，他结合自己为政为官的实践和体会，在家训中要求子孙为官"素位而行，为圣贤持身第一要义"。并且讲述了自

---

① （清）郑观应：《待鹤老人遗书》，夏东元编：《郑观应集·下册》，中华书局，2013 年，第 1503 页。

② 《南海佛山霍氏族谱》，清道光二十八年（1848）世睦堂刻本。

己在京城为官十多年"未尝有所营钻"的经历，因而怡然自得，否则"违天而获咎，诚不若信天翁之嚣嚣自得也。居官然，居家何独不然！"① 他将为官与居家做到了融汇互通。

林氏家庭虽然清苦贫寒，但林则徐（1785—1850）始终以父亲的对联"粗茶淡饭好些茶，这个福老夫享了；齐家治国平天下，此等事儿曹任之"为精神动力，以天下为己任，爱民为民，在家庭教育中也做到了"因材施教"。在广东任职时写给夫人及儿子的 8 封家书，根据不同人的身份、状态各有针对，并结合自身五十多年的阅历心得，进行训诫。而核心观点，则主要体现在谨慎小心、磨砺自修、勤敬与和睦等方面，指出"读书贵在用世""官虽做，人不可不做"。身为两广总督，林则徐在处世上非常谨慎，通过《致郑夫人函》告诉儿子，"须千万谨慎，切勿恃有乃父之势，与官府妄相来往，更不可干预地方事务"。《训长儿汝舟》告诫儿子如何择友与处事，"近朱者赤，近墨者黑，此择友道应尔也"；在工作关系处理上，应做到"若于世事，则应息息谨慎，步步为营"，否则稍有不慎，会带来灭顶之灾，"闲是闲非，不特少管，更应少听，一有差池，不但殃及汝身，即为父亦有不测也"。② 林则徐面对沉浮不定之时局，给子孙传授全身保家之经验。

二是守正务实、致虚守静，这是为官平稳的有力保证。显亲扬名是每个读书人的理想，十年寒窗苦读，为的就是有朝一日可以"一举成名天下知"，但成功入仕仅仅是为官之道的开始。为官者手握权力，种种名利的诱惑往往不期而至，且官场险恶，如果不能谨慎把持，稍不留神便会招致横祸。饱观仕途凶险并深受前人名利观影响的明清仕宦，对为官守身之道十分看重。"居官三十六善"要求，为政者"实心为地方养元气，无偏执，耐烦，不暴怒。事上谨饬，不竭民力为逢迎"，即心态平和，不偏不倚，在工作中也要保持清晰头脑，做到"严察衙役，不庇护听信。不为不近人情事。不以游玩荒职业""精明，不事苛察。优礼绅衿。事有不可行者，喻之以情理。人有过，惩治后即当释然。勿遗后患于地方"。类似的家训内容在庞尚鹏家训和陈瑸家训中也十分明显。

曾任浙江巡按的庞尚鹏为了教育子孙，专著《庞氏家训》，他提醒子孙，权力和金钱的诱惑是为官路上的最大障碍。如果对贪腐之行不觉羞耻，那便更是枉自为人了。又如身居台湾厦门道总督的陈瑸，写信给儿

---

① （清）邓蓉镜：《邓蓉镜家规》，东莞市图书馆藏复制本。

② （清）林则徐：《林则徐家书》，广东省人民政府地方志办公室编：《广东家训选编》，广东人民出版社，2019 年，第 77 页。

子，苦口婆心地教授为官之道，认为读书与做官道理相同，都要埋头苦干，不能自欺欺人，做好了实心实政，自然会得到重用和提升；读书日积月累，自然会"英华发见于外，不求中而自中了"。他以自己的为官经历，再三提醒儿子："男读书亦学父做官样子，尽竭心力，无畏烦劳，无求速效，他人以易得之，我以难而亦必欲得之。"① 陈琠的读书与为政方法，重点强调"务实"，这也是岭南文化的体现，与社会中读书和为政"高谈阔论、不求实效"的现象，形成了鲜明对比。

三是清廉为公、忠君爱民，这是为政的基本要求。《晏子春秋·杂下》云："廉者，政之本也"，这是说，"清廉"是为官之根本，若为官要获取个人利益，自然就对"清廉"产生了伤害。"居官三十六善"要求，为政者以民为本，不随便大兴工程，"不妄兴工役，劳民伤财。念丝粒皆百姓脂膏，不忍奢侈暴殄"，并且心中时刻为民着想，"事有利于百姓者，竭力为之"。为防止家人滋生腐败，要"关防家人，不得通关作弊""不受富豪贿嘱，刻薄贫民"。在处理公务中，要"词讼随到即审，勿令穷民担延多费""宦门后裔，虽衰微必加周恤""勿听信邪术，损民间资斧"。② 这一系列善行，其实就是民本思想、爱国思想、法治思想、德治思想、正己思想。

岭南家训中关于清廉为官的训诫很多。如怀集县怀城镇谭勒村《黄氏族谱》有"爱国忠君，清白做人，清廉为官"之条款；潮汕《黄氏家训·端士品》要求"士为四民之首，隆其名，正以贵其实也"③。潮州先贤唐伯元家训要求子孙恪守"当以权要为冰山，以士民为泰山""清苦淡泊、洁己爱人"的廉政准则。林则徐告诉儿子汝舟："服官时应时时作归计，勿贪利禄，勿恋权位，而一旦归家，则又应时时作用世计。"④ 清仁宗嘉庆十四年进士张岳崧（1773—1842），历任翰林院编修、侍讲、湖北布政使、护理湖北巡抚等职。他编撰家训十则，包括官箴、民则、劝孝、劝慈、劝友、劝恭、夫道、妇职、择交、集益十个方面，颇具典型意义。其中"官箴""清慎勤入官之本"⑤，将"清、慎、勤"作为入官之本，将"才、智、勇"作为官员基本素养。还有清朝嘉庆丙子（1816）举人、道光丙戌（1826）进士云茂琦，在任县官时体恤民间疾苦，曾写下万余字的《初任

① 邓碧泉编选：《陈琠诗文集》，人民日报出版社，2004年，352页。
② 陈恩维、吴劲雄编著：《佛山家训》，广东人民出版社，2016年，第256页。
③ 黄氏周山修谱委员会：《潮汕黄氏族谱》，1997年。
④ 广东省人民政府地方志办公室编：《广东家训选编》，广东人民出版社，2019年，第78页。
⑤ （清）张岳崧：《张氏家谱》卷一，光绪甲辰年（1904）重镌本，第12页。

须知》。在他看来，为官不是为自己，而是为国为民："居官心要宏大，而措置宜省约。"云茂琦认为，为官只有心胸开阔，才能有所作为，并且在具体措施上要符合适宜和节俭原则。清廉、低调、俭朴、勤政是云茂琦恪守的人生原则，他自己过生日时从不设宴，父母做寿时也仅是亲朋好友小型相聚，绝不张扬，这一点也与家训中的内容一脉相承。云茂琦正是凭借着自己的为官之道被列入清史，成为"国史循吏"，即为官典范，也被后人誉为"云青天"。

三、处事

古代家训的"基本内容大致包括两个方面，一是为人处世，一是齐家守业。也就是说，每一篇家训都是作者对于做人和治家这两个重大问题所作的规范和准则，因而它也包含了作者毕生的生活经历和全部学术思想"[1]。岭南家训中包含丰富的处事思想，以下从慎交慎行、乐善好施、遵纪守法、执两用中、自我反省等方面简单论述。

一是慎交慎行。在岭南众多家训中，湛江遂溪调丰村《程氏家训》对子孙言行的指导非常全面："事师长者，贵乎礼也；交朋友，贵乎信也；见幼者爱之，有德者年虽小于我，我必尊之。不肖者年岁高于我，我必远之。"在与人交往中，对师长要以"礼"，对朋友要以"信"，对年幼者要以"爱"，对品德优秀者要以"尊"，对年高德不优者要以"远"。在与人交谈中，要"慎勿谈人之短，切莫矜己之长"，做到谨言慎行。在与人相处中，要"仇者，以义解之，怨者，以直报之"，容人之错，并寻求和解，"人有小过，含容忍之，人有大过，以理谕之"，通过自己的一举一动，从我做起，感化他人，因此"勿以善小而不行，勿以恶小而为之"。对待他人善恶，要采取"人有恶则掩之，人有善则扬之。处世无私仇，治家无私法。勿损人而利己，勿妒贤而嫉能，勿称愤而报以横逆，勿非礼以害物命……"[2] 正因为有这些家训指导着程氏子孙，当时间里有"三代四进士"之美谈。据调丰村《程氏族谱》记载：始祖程浪斋考取进士，官知雷州军事，诰授奉直大夫。子雷发高举丙辰科赐进士，官居建极学士。程雷发有五子，长子程原道岁进士，敕授修职郎；次子程宣义岁进士，敕授修职郎，任琼州府琼山县训导。

其他家族劝诫子孙慎言谨行的家训也比比皆是。佛山老氏家训有"慎

---

① 包东坡：《中国历代家训名人荟萃》，安徽文艺出版社，2000 年，第 1 页。
② 湛江调丰村：《"生态文明村"有亲有爱有家训》，湛江文明网，http://gdzj.wenming.cn/tupian/201710/t20171030_4841077.shtml，2017 年 10 月 27 日。

言"条："言污不可，闺阃之谈污矣；言鄙不可，市井之谈鄙矣；言骄不可，自夸者骄；言傲不可，自矜者傲。至若好谈人过，居下讪上，是为狂之人，必罹不测之祸。故吉人之辞寡，是所望于吾徒。"① 佛山戴氏家训有"谨言"条："勿恃敏妙，毋学诙谐，一切荒谬戏谑之谈，怍人犹显，神怒其微，失仪犹小，遗害者大。凡事关廉节，情属疑议者，尤不可轻易。"② 乳源大桥《许氏》家训有"慎言语"条："古人云惟口起羞，又云一言偾事。凡处事接物，言语之间，亟宜慎之，非缄口不言也，值当言则言耶。"③ 仁化《丘氏族谱》："慎言行：多言者老氏所戒，欲讷者仲尼所嘉。妄动有悔，不如静而不动。大刚则折，曷若柔而勿刚。吾见放言肆行者败，未见谨言慎行者亡。是则言行好，斯游君子域；言行妄，即入小人之乡。勿谈人之闺闻，勿议人之长短，勿以善小而不为，勿以恶小而不防？庶言行慎而忧悔寡，为人之道尽于此矣，可不勉哉？"④ 郑观应告诫儿子，"将来无论求名求利，均当以道德为根据"，并且鼓励儿子"不为财色所困者方是英雄"，因此"择交既慎，则结纳皆贤，声相应，气相求，既能孚以道德；过相规，善相劝，自不入于邪淫"。⑤ 以上家训从不同的角度，要求子孙"慎行"，既是保全个体生命的需要，又是家族发展之需求。

二是乐善好施。乐善好施、助人为乐是我国传统美德之一。古代先贤有许多关于乐善好施、助人为乐的论述，孟子说："出入相友，守望相助。"墨子倡导"摩顶放踵，利天下为之"。西汉贾谊在《新书·修政语》中有语："德高莫高于博爱人，为政莫高于博利人。"乐善好施、助人为乐要有一种忘我的奉献精神，要把其贯穿于自己的生活，作为为人处世的一种准则。中国古代家庭教育一直十分重视对子孙"乐善好施"的教育，明人方孝孺在论及家庭教育的重要性时说："爱其子而不教。犹为不爱也。教而不以善，犹为不教也。"⑥ 强调教育子孙的首要任务是培养"善良""为善"之品德。岭南先民们生活条件十分艰苦，对相互帮助、相互支持的需求尤为突出，因而家训中处处体现"乐善好施"精神。翁源河南堂丘氏家训首条为："心地善良：为人最宜善良，种德子孙收福。凡事扪心自

084

① 广东省人民政府地方志办公室编：《广东家训选编》，广东人民出版社，2019年，第71页。
② 广东省人民政府地方志办公室编：《广东家训选编》，广东人民出版社，2019年，第120页。
③ 吴善平主编：《客家古邑家训书法石刻》，中国文联出版社，2014年，第132页。
④ 广东省人民政府地方志办公室编：《广东家训选编》，广东人民出版社，2019年，第76页。
⑤ （清）郑观应：《训次儿润潮书》，夏东元编：《郑观应集·下册》，上海人民出版社，1988年，第1206页。
⑥ （明）方孝孺：《逊志斋集》卷一，宁波出版社，2000年，第20页。

问，何须念佛吃斋。恶念莫起，善举勇为，忠厚传家人慕称。"① 要求子孙忠厚传家，心地善良。乐昌九峰丰满蓝氏强调："更有四务：一曰务幼弱；二曰恤孤寡；三曰周窘迫；四曰解纷争。"② 对社会中的弱势人员进行帮助。始兴济阳堂蔡氏家训也有类似规定："凡孤寡鳏独之无告者，患难疾病之困穷者，相与拯恤与扶持之。"③

三是遵纪守法。传统家训中的"法"，主要包括家法与国法两大方面。"家法"的主要内容指地方社会世族大家的家法和族规，这些家法是家族内部的"法律"，主要从品德伦理方面进行制约，如普宁龙田蔡氏家族强调"耻以律德"④。而"国法"则是全国范围适用的政府层面的法律和条例，许多家训将遵守国法写进自己的家训，以教育子孙。如汕头莲塘林氏家训强调"国法当守"⑤。在岭南，家训将家法与国法、治家与治国放在一起，往往家法先行，家法无法解决之事，才送到官府去处理。潮安湘桥义井巷汝南世家家训："治家如治国，竭力孝父母，诸物须俭用，衣食务均平。"潮安古巷陈氏祖训："学文必功，习武必勤，治国必忠，治家必严。"始兴潭亨村谢陈氏家训规定："早完国课：完钱粮以免催科，圣训之垂示也，其彰彰矣。虽薄敛厚民，本王者之膏泽，而国中自赋，实吾侪之宜。"⑥

四是执两用中。"中庸"最基本的含义是"执两用中"，它源自《中庸》。"子曰：舜其大知也与！舜好问而好察迩言，隐恶而扬善，执其两端，用其中于民。其斯以为舜乎！"中庸之道是儒家处世哲学，是儒家的行为准则，它要求为人处世考虑周全。在家训中，训主教育子孙遇事要细致分析，全盘考虑，处理得恰到好处。东莞人袁衷告诉子孙，在接人待物、读书作文中都要留有余地，避免观点或行动偏激反引祸端："凡言语、文字，与夫作事、应酬，皆须有涵蓄，方有味。说话到五七分便止，留有余不尽之意，令人默会。作事亦须得五七分势便止，若到十分，如张弓然，过满则折矣。"⑦ 肇庆《赵氏家训》"慎交游"："交接之际，不可不慎……丽泽求益，尚慎旃哉。"⑧ 南雄陇西堂李氏规定："亲君子以远小人：

---

① 广东省人民政府地方志办公室编：《广东家训选编》，广东人民出版社，2019 年，第 72 页。
② 广东省人民政府地方志办公室编：《广东家训选编》，广东人民出版社，2019 年，第 189 页。
③ 广东省人民政府地方志办公室编：《广东家训选编》，广东人民出版社，2019 年，第 200 页。
④ 刘琴想、徐光华编：《潮汕家族文化丛谈》，2001 年，第 156 页。
⑤ 莲塘林氏族谱编委会：《莲塘林氏族谱》，2008 年，第 96 页。
⑥ 广东省人民政府地方志办公室编：《广东家训选编》，广东人民出版社，2019 年，第 182 页。
⑦ （明）袁衷：《庭帏杂录》，《丛书集成初编》，中华书局，1985 年，第 2 页。
⑧ 肇庆高要莲塘《赵氏族谱》，手写本。

亲君子则善心日生，远小人则恶心不起……倘有交结匪类，谤毁正人，因而放僻生心，上玷祖父者，合族共杖责之。"① 将君子与恶人并列在一起，告诉子孙亲君子可求进步，近小人则生祸端。

五是自我反省。所谓自省，就是回顾过去发生的事实，从中进行评价和总结，找出自身经验和不足，做好改善计划，从而提升自我。孔子曰："吾日三省吾身"就是强调经常反复自省的重要性。岭南家训同样强调通过自省来修己、修身。首先，自省的基本要求和核心精神在于自觉悔改，改过及时。清代学者劳潼撰写《学约八则》，其中有"改过"一则："恃改在后日，谓今兹不妨有过，是暂辱也。久之，且长辱矣。惟今以始从前者必改之务尽，后此者必慎以自持，庶免下流之归，不玷士人之列。"② 其次，通过"以人为镜"的方式来自省，即对比他人言行与自己所为，发现不足，或以他人过失来引以为鉴。家训文献中，经常会有关于传统社会中的大家族在特定时间定期聚会的记载，如祭祀过后等。庞尚鹏认为，这种定期的家族聚会不仅有助于家人感情的沟通，而且也可以用来作为整肃家风的大好时机。家人在聚会时可以就礼义仁让之事展开讨论，"或善恶之当鉴戒，或义所当为，或事所当己者，彼此据己见次第言之，各倾耳而听，就事反观，勉加检点"③。他认为，通过这种开诚布公的讨论，大家过失相规、德业相劝，既弥补了自省的不足，也使自身的道德修养随之得到了提高。

四、养生

《孝经》云："身体发肤，受之父母，不敢毁伤，孝之始也。"告诫人们要爱惜身体，并将其看作行"孝"的开始。岭南人在恶劣的生存环境中总结了一套养生益寿理论。岭南家训普遍将"仁爱、节俭、乐观、寡欲"等修养品德措施作为致寿之道，把"戒色欲、除烦恼、节饮食、慎寒暑、均劳逸"作为摄身之术，并且将"制怒、读书、乐观、寡欲、勤勉、友善"等心理素质与健康紧密相关，要求"养身与养心相结合"，极具前瞻性和科学性。

清代学者胡方从衣、食、住等方面详细告诉子孙，如何做到养生。在衣食方面"饮食要习惯淡薄，衣服要习惯粗恶"，在物质方面"宫室器用皆从陋朴"，从而实现"处贫易安，一生受用不尽"的目标，并且要将诸

---

① 苗仪、黄玉美编著：《韶关族谱家训家规集萃》，暨南大学出版社，2018 年，第 47 页。
② 广东省人民政府地方志办公室编：《广东家训选编》，广东人民出版社，2019 年，第 70 页。
③ （明）庞尚鹏：《庞氏家训》，中华书局，1985 年，第 4 页。

葛亮的"非澹泊无以明志，非宁静无以致远"写在座位两侧，"时时诵之"。①

劳潼撰写《学约八则》，其中有"寡欲"一则，用再心叮咛的方式，让子孙切记："身康强则力易奋，然养身非寡欲不可也。心专静则悟易开，然养寡欲尤不可也。血气未定，圣有明戒，况尚有欢止一刻，憾乃终身？时时警省，庶可有为，切记切记！"② 面对社会上的不良习俗，劳潼专门写作《戒约七则》，要求子孙远离赌博、争讼、斗酒、作伪等行为。

郑观应针对儿子的疾病，写信告诉儿子治病主要有两种方式，即"约有二端：一曰以志帅气，一曰以静制动"，并对这两种方法进行了详细解释："人之疲惫不振，由于气弱，而志之强者，气亦为之稍变。如贪早睡，则强起以兴之；无聊赖，则端坐以凝之：此以志帅气之说也。久病虚怯，则时时有一畏死之见憧扰于胸中，即魂梦亦不甚安，须将生前之名、身后之事，一切妄想，铲除净尽，自然有一种恬淡意味，而寂静之余，真阳自生，此以静制动之法也。"③ 这种"以静制动"的养生之法也具有一定的科学根据。

戴鸿惠告诫子孙养生要做到两点：戒淫和去贪。一是按照古书中的各种善行，做到"戒淫行"。"各善书谆谆告诫，自宜遵行。万恶之首，言之懔懔"。二是勤俭积德，去贪欲，因为"富贵贫贱，本乎天命"，若能积善行德，就可以"勤俭积德，穷不终穷"。"倘疾已贫，习为欺诈，甚则攘夺，知求之不得，且有后灾也？试问世间奸狡之辈，谁者兴发耶？"④ 告诉子孙虽贫也要通过正当手段获取财富，否则将有灾难。

庞尚鹏根据多年的观察和亲身经历，也总结出许多行之有效的养生经验。如"早晚厨间俱不许用灯火，非徒欲省烦费，且恐昏昧不洁，以致饮食伤人。此事虽小，然于养生一节，所关甚大"。虽然灯火烟烧对饮食的熏染影响甚微，但长此以往，也必然会对身体健康构成危害。所谓"病从口入，祸从口出。凡饮食不知节，言语不知谨，皆自贼其身，夫谁咎？"⑤ 如果一个人饮食不节制、言语不谨慎，有可能带来杀身之祸。

可见，传统家训中论及养生之道时，不仅传授具体的方法来维护机体健康长寿，更将养生作为一种崇高而难得的人生境界，普遍要求子女在道

---

① （清）胡方：《训子》，陈建华、曹淳亮主编：《广州大典·鸿桷堂文钞》，广州出版社，2015年。

② 广东省人民政府地方志办公室编：《广东家训选编》，广东人民出版社，2019年，第70页。

③ 广东省人民政府地方志办公室编：《广东家训选编》，广东人民出版社，2019年，第100页。

④ （清）戴鸿惠：《戴氏家训格言》，广东省立中山图书馆藏钞本。

⑤ （明）庞尚鹏：《庞氏家训》，中华书局，1985年，第7页。

德品行上下功夫，以高尚的道德修养和良好的性情养成为目标，以此来达到提升生命质量和人生境界的目的。

第四节　女训：重视女德修养

一般看来，家训的实施主体是家庭中的男性，但实际上家庭中的女性在教育中发挥了重要作用。如春秋时期鲁国的敬姜、"亚圣"孟子之母等，都是著名的教子良母。从所处的环境来看，"传统中国社会成员，其文化能力的培养常常在家庭，而在家庭里做出突出贡献的常常是母亲"①。首先在"男主外女主内"的传统家庭分工中，孩子接触最多的人是母亲，母亲的言行举止会潜移默化地影响着子女。其次从教育方法来看，母亲更有耐心教育子孙习德、启智，"唯妇人能因势而利导之，故母教善者，其子之成立也易，不善者，其子之成立也难"②。这些观点在现代教育中也受到了认可："从一个人的成长来看，首位老师是母亲，最早的教育环境是家族，每一个人都是从这里起步。"③ 因此，女性在子女培养上肩负重任。

在岭南家庭发展过程中，有识之士也充分认识到了女性在家庭教育中的重要意义，从南宋开始便有专门的女性训诫之作，可惜只存书目。最早的女训书籍是南宋年间的《壶教》。宋代学者胡寅作了清晰的论述："观国君，名其，字宾卿……其遗文存者，有《归正集》二十卷；《议苏文》五卷，驳其羽翼异端者；《编正丧礼》十五卷，以革用道士僧者；《壶教》十五卷，付其女弟为女师，训闾巷童女以守礼法，勿徇俗溺也。"④ 从这里可知，《壶教》的写作目的非常明确，用来教育女童守礼守法。明代黄佐著有《姆训》一卷。屈大均记载道："香山黄佐有《姆训》一书，以内则、曲礼、诗传为主，而《列女传》《女戒》《家范》，皆采入焉，皆淑正风化之要典也。"此书已佚，仅余书目，从上述可知，作者结合社会实际，博采众长，从传统有名的家训中选取经典名言，以实现"淑正风化"的目的。明代归善人叶萼著有《阳礼书》，用来教育男性子孙；著有《阴礼书》，用来教育女性。虽然《阴礼书》未保存下来，但从其他典籍可以一

---

① 杜维明：《人文精神与全球论观》，《人文论丛》，武汉大学出版社，1999年，第31页。

② （清）梁启超：《变法通议·论女学》，《饮冰室合集》（文集之一），中华书局，1989年，第40页。

③ 党明德、何成主编：《中国家族教育》，山东教育出版社，2005年，第1页。

④ （宋）胡寅：《斐然集》卷二十六，《文津阁四库全书》集部第三百八十册，商务印书馆，2005年，第225页。

窥当时的女性教育："诸女归，书醮辞于笄，令习之。祭祀，夫妇洒扫涤器，菹醢必亲。朔望先生率男，孺人率女妇谒祠，退，登堂相拜，乃据坐，儿女上谒受教。及儿女长，两人春秋高矣。日揖让如宾，诞迭宾主再拜上寿，然后儿女更上寿，尽欢而罢。"①以上女训之作虽然不复存在，但在岭南其他家训中，对女性的选择标准及教育的观点非常多。

一、宗族的择妇观

恩格斯曾说："结婚是一种政治的行为，是一种借新的联姻来扩大自己势力的机会，起决定作用的是家世的利益，而绝不是个人的意愿。"② 明清时期，岭南宗族在婚姻方面也是出于家族利益的考量，认为择妇的成败将直接关系到本族的命运及未来，必须非常慎重、认真对待，在家训中对女性的选择也作了明确要求，即重视女德，勤俭持家。

女德第一，才貌次之。这一观点以郑观应为代表，他在写给五弟的家书中作了详细的界定，从五个方面直接阐明择偶之标准，这个标准在岭南具有典型意义："故云：婚嫁一事，关系甚重，曾遗训于子孙，凡娶妻必须查明以下五款：一、查其父母性情、体质；二、查其品行良莠；三、查其技艺巧拙；四、查其行事勤惰；五、查其有无内疾，能料理家务否，不可以貌取人。……婚配不宜幼，又不宜急。幼配则不知其品行，急配则查访未真，贻累终身，悔之无及矣！"③郑观应对"好妻子"进行了评价，注重原生家庭父母对子女的影响，重视女性本身的品行和技艺，重视女性的身体素质，而不能以貌取人。

对于家庭的选择，郑观应曾写信给儿子润林，告诫婚嫁尤须十分慎重，"嫁女必须胜吾家者，胜吾家则事人必恭必敬；娶妇须不及吾家者，不及吾家者则事舅姑必执妇道"。如果男女双方家庭有一定的差距，则处于弱势的一方应遵从于另一方，以保证家庭的持续和稳定。对于"娶妻求淑女"，郑观应再次强调："须有四德，性情温良，而又知治理家务者为上，不可徒以貌取人。"④告诉儿子要重视"女德"，有貌有才而无德者，不守家规，不能服从，而丑声外露，败坏家庭和家族发展。在当今社会离婚人数日益攀升，家庭不太稳定的时代背景下，郑观应的这一观点仍值得

089

---

① （清）屈大均：《广东新语》卷十一，中华书局香港分局，1974 年，第 320 页。

② 恩格斯：《家庭、私有制和国家的起源》，《马克思恩格斯选集》，人民出版社，1995 年，第 7677 页。

③ 广东省人民政府地方志办公室编：《广东家训选编》，广东人民出版社，2019 年，第 92 页。

④ 广东省人民政府地方志办公室编：《广东家训选编》，广东人民出版社，2019 年，第 97 页。

借鉴。

对于家庭的维系与发展，郑观应要求男性要有一技之长，才能维持家庭发展："择婿尤宜谨慎，不可专贪其家财，必要有一艺之长，自能仰事俯畜。"① 这是由男性在社会经济发展中的地位和社会分工决定的。他在女德方面，要求重视人格培养、学问的积累，而不是注重物质追求，"盖妇人女子本不在服装可贵，而在人格之可贵；不在服装之竞争，而在学问之竞争。果有人格，果有学问，虽珠玉锦绣在前，亦视之如敝屣，乌足以易己之志哉！"②

对于配偶的选择，许多岭南家规或族谱都有明确规定。始兴《田氏族谱》专作"慎嫁娶"条，首先说明"男大当婚，女大当嫁，世俗常谈"，接着引用《朱子格言》作为具体规则："惟朱子格言：娶亲须求淑女，勿计厚奁；嫁女须择佳婿，毋索重聘。若是忠厚之家，家教好，人品端，联姻结婚，可勿较论贫富势利；若身家不清，只取眼前财利，将来有玷祖宗。"③ 不论男女，重点关注的是人品。韶关华氏《祖训十条》规定："谨重妻配：娶妻百年之好，完配卜世之良，所以承祖祀，接宗祧，吉凶昭告神祇，宴贺拜复姻娅者，此也。故不可贪富贵忘其四德，更不可爱姿冶忽其三从；不可纵情欲略其鬼贱，并不可任燕婉异其伦常。岂曰吾其同姓不婚遂已哉。"若子孙不遵守此条规则，则以"不然作奸犯科，不容录谱入祠"④ 作为惩罚。南雄陇西堂《李氏族谱》规定："婚配为人伦之始，结婚合配，当审其人品性格，究其清浊明白。苟婚配不择淑女，非特为终身之害，而且倾家声之不小。"⑤ 将女德作为择妻的第一标准。韶关乐昌《黄氏族谱》中有《文汉公家训》，要求："娶媳勿求富贵，自能宜于室家；嫁女勿厚妆奁，始不骄其夫婿。"⑥ 也看重品德，而忽视嫁妆。新丰《张氏族谱》"慎嫁娶"规定，"男女择德，作合善始。性行均淑，百年福祉。近来嫁娶，彼此凭媒。最可哂焉，选色论财。遇之不淑，即非佳配。不顾倡随，而专诟碎。至若同姓，毋许开亲。恪守典礼，克重彝伦"⑦。要求婚配时，对男女双方的品德道行都要关注。

对于勤俭持家，郑观应认为，妇人"掌握家庭经济之枢纽"，在家庭

---

① 广东省人民政府地方志办公室编：《广东家训选编》，广东人民出版社，2019 年，第 100 页。
② 广东省人民政府地方志办公室编：《广东家训选编》，广东人民出版社，2019 年，第 91 页。
③ 苗仪、黄玉美编著：《韶关族谱家训家规集萃》，暨南大学出版社，2018 年，第 19 页。
④ 苗仪、黄玉美编著：《韶关族谱家训家规集萃》，暨南大学出版社，2018 年，第 26 页。
⑤ 苗仪、黄玉美编著：《韶关族谱家训家规集萃》，暨南大学出版社，2018 年，第 46 页。
⑥ 苗仪、黄玉美编著：《韶关族谱家训家规集萃》，暨南大学出版社，2018 年，第 152 页。
⑦ 苗仪、黄玉美编著：《韶关族谱家训家规集萃》，暨南大学出版社，2018 年，第 103 页。

经济管理中是关键人物，"凡日用朝夕之需，戚族庆吊之事，以及男钱女布，均赖经营"，若妇女善于持家，则家庭兴旺，若妇女奢侈浪费，则必定败家无疑。如果家庭中妇女很好地掌握经济，经营好家庭，就会由家达乡，成为楷模，"一家如是，一乡资模一乡如是，一国来取法焉"。因此，一个家庭经济的好坏，与妇女的经济管理能力密切相关，"故一家财政之盛衰，恒视其主家之妇人有无家庭经济以为衡"。所以，在郑观应看来，一个家庭中，妇女需要掌握基本的家庭经济知识或管理技能，"普通人户，其权恒在妇人，故妇人不可不有家庭经济之知识也"①。由于郑观应的社会威望，他的这些观点得到许多家庭的认可，对当时社会的家庭建设发挥了重要作用。

二、对女性的教育

印光法师曾曰："治国平天下之权，女人家操得一大半。又曰，教子为治平之本，而教女更为切要。盖以世少贤人，由于世少贤母。有贤女，则有贤妻贤母矣。有贤妻贤母，而其夫与子之不为贤人者，盖亦鲜矣。其有欲挽世道而正人心者，当致力于此焉。"② 这一段话充分认识到女性教育对家庭及国家的意义。明太祖于洪武元年（1368）三月，命翰林儒臣修《女戒》，谓学士朱升等曰："正家之道，始于谨夫妇。……卿等为我纂述《女戒》及古贤妃之事可为法者，使后世子孙知所持守。"③ 认为家庭管理始于夫妻关系，因此全国应都重视对女性的训诫。

随着经济的发展和国外教育观念的传播，岭南人逐渐对"女子无才便是德"的错误观念进行了纠正，重视对女性的教育，主要体现在两方面：一方面在家训、族规中严格地约束女性的行为，妇女只能在"男尊女卑""三纲五常""三从四德"等伦理道德的束缚下，默默承担着家庭繁重的劳动，相夫教子、孝敬公婆；另一方面由于妇女在宗族繁衍后代、荫护子孙中扮演着重要的角色，于是在族谱中又以传说或文献记录的方式塑造女性伟大形象，以达到和宗睦族的需要。除了在择妇时重视所娶女子的闺门之教，对于本族中娶进门的妇女还实行"教妇初来"，注重夫家之训，这在许多家训中都有明确规定。

重视女德。岭南家训以修行女子美德为第一要义，而妇言、妇德、妇容、妇功是所有女性都应该学习的重要德行，典型之作为李晚芳的《女学

---

① 广东省人民政府地方志办公室编：《广东家训选编》，广东人民出版社，2019年，第96页。
② 沈朱坤：《绘画女四书白话解》，中国华侨出版社，2012年，第29页。
③ （明）程敏政：《新安文献志》卷七十六，黄山书社，2004年，第1846页。

091

言行纂》。李晚芳，宋宝历进士忠简公李昂英第十七代孙，出身于儒学世家。李晚芳祖父李兴松，勤奋笃学但不入仕途，以善医名闻于当时。李晚芳父亲李心月秉承家学，成为顺德一位儒医，生有五子二女，五子都从事儒业。李心月长女富于学问，受聘于顺德碧江苏家，然而未嫁夫死，终身守节而获朝廷表彰。次女即李晚芳，将周汉以来名儒淑媛的嘉言善行纂辑成书，取名为"女学言行纂"，希图弥补前代各书的缺憾，以助女性齐家治家。她根据女子一生不同阶段的成长经历和肩负的家庭责任，将女学分为事父母之道、事舅姑之道、事夫子之道、教子女之道四个方面，要求女性自小就要接受教育，才能塑造稳定的品性，才能真正做到恪尽职守，扮演好多种角色。在书内，李晚芳又专门分论妇德、妇言、妇功、妇容四节，每节都以小目的形式进行详细解说。如"妇德"章分为十部分，分别是敬身之道、事亲之德、事夫之德、训子之德、宜家之德、去妒之德、仁厚之德、勤俭之德、后母之德、辟邪之德，如果按此十德内容去教育女性，一定能塑造出成功的贤妻良母。"妇言"章分为七节，分别讲述了谏亲之言、勖夫之言、训子之言、执礼之言、守义之言、排解之言、知几之言，内容涉及生活的各个方面。① 《女学言行纂》成为岭南女性教育之范。

相夫教子。岭南家训要求妇女承担起家中的日常生活，做到孝敬公婆、和睦妯娌、传宗接代。同时对女性行为进行了严格约束，对女性的站立姿势、学习内容、礼节练习等都作了明细的规定，每天从早起庭扫、侍奉父母、事夫训子，到接人待客、和柔守节等都有十分清晰的表述与要求。例如，仁化连氏家训、家规列举妇道十二条："曰承祭祀以严，曰奉翁姑以孝，曰事夫子以礼，曰处妯娌以和，曰待妾婢以恕，曰教子女以道，曰御僮仆以恩，曰接亲戚以敬，曰听言语以正，曰戒邪妄以诚，曰务织纺以勤，曰用财物以俭。教妇之道虽多，然略举其上。凡果能实力行之，则妇道全矣。"② 佛山庞尚鹏专门作《女诫》进行女性教育："男女相维，治家明肃。贞女从夫，世称和淑。事夫如天，倚为钧轴。爱敬舅姑，日祈百福。教子读书，勿如禽犊。"③ 翁源巫氏还在族规中对妇道的修行作了明确规定："夫妇道之造端也，不得戾情，亦未得溺情，而责则专归于夫男。何谓戾情？妇人见理未明，往往狃于一己之偏，而不知自反。惟为夫者，躬先倡率，事事导之以正。"④ 这里主要说明丈夫对妻子的教育义务

① 冼玉清：《广东女子艺文考》，商务印书馆，1984年，第7页。
② 苗仪、黄玉美编著：《韶关族谱家训家规集萃》，暨南大学出版社，2018年，第62页。
③ （明）庞尚鹏：《庞氏家训》，《丛书集成初编》，商务印书馆，1939年，第12页。
④ 苗仪、黄玉美编著：《韶关族谱家训家规集萃》，暨南大学出版社，2018年，第37页。

和责任。

勤俭持家。作为家庭的管理者，妇女不但要相夫教子，还要勤俭持家。更重要的是，要"妇顺母仪，事夫如天"，这对女性提出了更高的要求。庞尚鹏在家训中要求女性勤奋，身体力行："妇主中馈，皆当躬亲为之。凡朝夕柴米蔬菜，逐一磨算稽查，无令太过、不及。若坐受豢养，是以犬豕自待，而败吾家也。"① 东莞邓蓉镜也在家规中要求妇女参与家务事管理，于是他撰写了《家规六则》，要求女性做好贤内助："妇人主中馈，亦当随事检点，庶不愧为内助。早眠晏起，事事付之奴仆，其流弊有不可胜言者矣。昔先祖慈张太夫人，暨先慈何太夫人，皆年逾六旬，犹夕纺绩不辍，中馈事亦莫不身亲料理，故举家咸蒙其福。惜哉汝辈未及！"② 此家训不但指出家庭女主人，"事事付之奴仆"之流弊，还列举了族中人作为榜样。正是在这种家风的陶冶下，邓氏培养出一批优秀之才。邓蓉镜之女邓琼宴（容庚之母），幼读诗书，性格坚韧。丈夫去世后，家庭经济日益困窘，她毅然独立挑起家庭重担，抚育、教养未成年子女。可以说，如果没有母亲的管教，就没有成为金石大家的容庚。

三、寡母抚孤现象

在人类社会发展或家庭发展过程中，女性作为必具其一的部分，在不同的时期都发挥了重要作用。先秦时期，岭南地区还处于"始夷人不识礼义，男女互相奔随，生子不知父"③的社会状态，岭南女性承担着繁衍后代的社会功能。两汉以来，儒家学说成为统治阶级的主导思想，女性以"三从四德"为标准在历朝历代扮演着自己的社会角色。到了明清时期，妇女的生活自由和婚姻自由受到了有史以来最大的限制，《大明律》中还首次明确规定，"若命妇夫亡，再嫁者，罪亦如之，追夺并离异"④，要求女性不能再嫁，否则以犯罪论处，不断强化对妇女守节的推崇和提倡。女性教育读物如《内训》《古今列女传》《规范》等铺天盖地，普及女性守节的观念。民间贞节牌坊和各地方志中守节一生甚至殉夫从死的妇女大量涌现。

仅从女性在家庭教育中的作用来分析，岭南地区出现了大量的"寡母抚孤"现象。一般说来，这些寡母具有共同特点：出身于书香门第，知书

① （明）庞尚鹏：《庞氏家训》，《丛书集成初编》，商务印书馆，1939年，第3页。
② （清）邓蓉镜：《邓蓉镜家规》，东莞市图书馆藏复制本。
③ （明）黄佐：《陶延传》，《广东通志》卷五十四，第1383页。
④ 怀效锋点校：《大明律》，辽沈书社，1990年，第61页。

达理，接受儒家贞节观；然而往往青春丧偶，子女年幼，于是在残破不全的家庭中，凭借自己顽强的意志力和聪明才智，独自把子女抚育成人。

明朝闻名的政治家、理学家、历史学家和经济学家邱浚（又作丘濬1421—1495），由寡母李氏抚养成人。"李氏澄迈易周之女，琼山丘传妻，濬之母也。年二十二守寡，有司表其门。"① 天顺元年（1457），琼山知县陈用己与琼州知府黄瓒共同上奏，而后明英宗赐封邱母为"节妇"。成化三年（1467），明宪宗下令，于琼州府中设立"李氏贞节坊"，大学士彭时撰写碑文《旌表琼山县李节妇碑铭》，大力表扬其感人事迹。成化七年（1471），明宪宗再度下旨，令琼州知府吴琛前去谕祭，而此时邱浚在翰林院担任侍讲一职，位低权微，邱母却能得到如此崇高的赐祭，主要还是朝廷需要在琼州岛树立节妇典型，教化普通老百姓。邱浚担任大学士后，邱母又被追赠为正一品夫人。

邱母所体现出的贤良美德，恰恰是儒家宣扬和提倡的传统道德，既孕育了"中兴贤辅"的邱浚，又逐步造就了邱氏忠孝有节、清贫自守的家风，同时促进了海南朴素民风的形成。史载："吴义姑，琼山民吴俊妹也。俊子诚早孤，贫。姑年二十四，自李寡归，抚鞠如子，教以业儒，至鬻裙珥克供送之费，虽亲父母有不能者。诚果成业，领正德己卯乡荐。姑卒，诚笃恩过毁，服丧三年。乡里两义之。"② 这就是其中一个典型代表。

岭南类似李氏的女性数以百计，现列举典型代表如下：

明代著名的思想家、哲学家、教育家、书法家、诗人、古琴家陈献章，有"圣代真儒""岭南一人"之美誉。陈献章在向朝廷请求归养时，记述了自己的成长环境，他早年丧父，在寡母的抚育下长大成人。"缘臣父陈琼年二十七而弃养，臣母二十四而寡居，臣遗腹之子也。"③ 陈献章体弱多病，"方臣幼时，无岁不病，至于九岁，以乳代哺，非母之仁，臣委于沟壑久矣"④。陈母为了把儿子抚养成才，年二十四岁开始守寡，终生未曾改嫁，后来被朝廷授予贞节牌坊。

明代著名的思想家、哲学家、政治家、教育家、书法家、大儒湛若水（1466—1560），父湛瑛早丧，由母陈氏抚养成长。湛若水不热衷读书入仕，但其母希望他能出人头地，壮大湛氏家族。在广州府金事徐弦再三规劝下，湛若水始奉母之命，北上参加科考，后得到国子监祭酒章懋赏识，

---

① （明）戴璟修，张岳、黄佐等纂修：嘉靖《广东通志初稿·琼州府》，第98页。
② （明）戴璟修，张岳、黄佐等纂修：嘉靖《广东通志初稿·琼州府》，第99页。
③ 黎业明：《陈献章年谱》，上海古籍出版社，2015年，第7页。
④ 黎业明：《陈献章年谱》，上海古籍出版社，2015年，第170页。

有机会留读于南京国子监。

容庚（1894—1983）出身于书宦之家，15 岁丧父，20 岁时弟弟容肇新去世。家庭的系列变故和亲人去世，对容庚产生了巨大的打击，于是他自暴自弃，混迹于市井之间。他在《颂斋吉图录序》里曾极其坦白地承认："弱冠嗜赌博，纸牌、天九、麻雀、骰子、象模之属靡不喜。闲复吸鸦片、饮酒为乐。母知之，辄痛责，责而悔，悔而改。至于再三，余之不终于堕落者，母之教也……"① 赌博、吸鸦片，正是当时世家子弟堕落的标志行为。容庚得到母亲细心教诲，才远离恶习，走上读书求学之正道。为报母恩，容庚潜心治学，终成一代大家。

很明显，在封建礼教"不许再嫁"的引导下，"寡母抚孤"是不合理的婚姻制度的产物，既牺牲了无数女性的青春和幸福，使寡母们付出了惨痛的、沉重的代价，也对幼小的孤儿产生了极大心理压力，单薄的肩膀承担着保家旺族的重任。可以这样说，每一位抚孤的寡母都有自己的一部创巨痛深的辛酸史、苦难史。

第五节　人才培养范本：邱浚家训

邱浚，琼州琼山（今属海南省）人。明朝中期闻名的政治家、理学家、历史学家和经济学家。他于景泰五年（1454）考取进士，一共历经了景泰、天顺、成华、弘治四朝，在从政的 40 多年里，升迁九次，官至户部尚书兼武英殿大学士。邱浚用一生谱写了"修齐治平"的美丽篇章，才智超群，成为明代及后世学习之楷模。明代史家吴伯与赞其为"中兴贤辅"②，与海瑞美誉为"琼州双璧"，与邢郁、海瑞并称为"海南一鼎三足"；在文学方面，他被誉为"当代通儒"③，与王佐、张岳崧、海瑞一起被称为"海南四大才子"；在政事方面，他与余靖、崔与之、张九龄一起被誉为"岭南四杰"④；在理学方面，明孝宗将其追封为太傅，并称其为"理学名臣"，后人对他也是赞誉有加，称其为"有明一代，文臣之宗"⑤。

邱浚对岭南及全国之影响，无人能及。俄国思想家列宁亦誉其为"中

① 容庚：《颂斋吉图录》，台联国风出版社，1978 年，第 5 页。
② （明）吴伯与：《国朝内阁名臣事略》卷首，明崇祯间刻本。
③ （明）凌迪：《国朝名世类苑》卷二，明万历四年刻本。
④ 陈玉益：《烨烨文光千古腾》，朱逸辉：《邱濬海瑞评介集》，海南出版社，2004 年，第 1 页。
⑤ （清）张廷玉：《明史》，中华书局，2000 年，第 4808 页。

国十五世最杰出代表人物""人类中世纪最伟大思想经济家"①。选择邱浚家训作为个案分析，是因为他代表了岭南大部分贫困家庭的教育状况和崛起路径，这些家庭不像世族大家那样有良好的经济基础或社会资源，也没有鸿篇巨制的家训作品，而是在日常生产与生活中通过只言片语、言传身教教育子女，一旦有子弟通过科举获取功名，就改变了整个家庭的命运，有可能发展成地方望族。

一、邱浚幼承祖训，立志济天下

邱浚出生于小医官家庭，其一世祖邱畊食原籍福建晋江县，邱浚对家族源流作了清晰记载："予先世闽人，来居于琼。世数久远，自七世祖学正以公来，代有禄仕。"② 邱氏为何定居海南？"元季有官于琼者，遭乱不能归，遂占籍琼山。"③ 邱氏家族一跃成为海南显族并延绵不息，邱浚在家族发展中发挥了关键作用。

邱浚七岁，父亲邱传英年早逝。其祖父邱普痛定思痛，写下了用来自勉的诗句，即"嗟无一子堪供老，喜有双孙可继宗"，毅然承担起教育孙辈的重任。可续堂是邱普教育孙辈的主要场所，是"琼台邱氏之正寝也"，此处为邱氏建筑的主体部分。之所以名为"可继堂"，是该屋倒塌之后重修，邱浚为纪念先人、勉励后代而命名的，"堂以可继名，摘先祖思贻公所题堂楣对句语也"。

邱浚在《可继堂记》中生动形象地记录了邱普教孙立志的情景："一日，先祖坐堂上，兄与浚偕侍。公谓兄源曰：'尔主宗祀，承吾世业，隐而为良医，以济家乡，可也。'邱浚"生有异质，读书过目成诵，日记数千言，六岁信口为诗"，祖父发现了他的这一特征，于是对他说："尔立门户，拓吾祖业，达而为良相，以济天下，可也。"邱普对家族的发展规划十分明确，邱源继承医学祖业，保证家族发展的基本物质条件。邱浚拓宽祖业，科举入仕，尝试"修齐治平"的儒家之道。对于年纪尚小的邱氏兄弟而言，他们虽然"不知先祖之言为何如？然自是亦知惕厉自持，不敢失坠"，根据祖父训诫，幼小心灵中已立下"以济家乡"或"以济天下"之志，进行了从医或从儒的人生选择。虽然人生道路变幻莫测，邱浚一直铭

---

① 张嵚：《不容青史尽成灰》（明清卷），古吴轩出版社，2011年，第139页。
② （明）邱浚：《学士庄记》，《琼台诗文会稿重编》卷十九，琼山丘尔毅刊本。
③ （明）明谊、张岳崧：《邱浚》，《琼州府志》卷三三。

记祖父教诲，砥砺前行，"如是，庶乎为邱氏之孝子矣乎！不然，则辱祖悖亲，其不孝也莫大焉"①。读《可继堂记》，既可以看到邱浚对祖父充满了思念，也能从中感受到海南邱氏浓郁的"忠孝之风"。

在古代中国，想要实现"齐家治国平天下"的目标，读书修身是每一位儒士的必经之路，邱浚亦不例外。邱父早逝，家庭无人庇护，虽然家中的藏书已破万卷，可是也"多为人取去，其存者盖无几"②。邱浚年少之时酷爱读书，但在藏书相对贫乏的琼州半岛，博览群书实属不易，且因经济状况不佳，邱浚所读之书大多非其所有，要么借读于市肆，要么访求假抄于亲友处。有时为了借到一本书，他"远涉数百里，转浼至数十人。积久至三五年而后得"，甚至于"为人所厌薄，厉声色相拒，其颛笃如此"③。邱浚勤奋好学的精神一直激励着琼州后学。心中怀有"济天下"之宏伟蓝图，邱浚提倡实学，读书必求经世致用："于凡天下户口、边塞、兵马、盐铁之事，无不究诸心，意谓一旦出而见售，于是随所任使，庶几有以藉手致用。"④ 正是这样孜孜不倦的追求，邱浚取得了卓越成就，《四库全书提要》中对其作出这样的评价："浚记诵淹博，冠绝一时，文章尔雅，有明一代，不得不置作者之列。"明代的《本朝分省人物考》之中，也称其"著述甚富，世称博学，为我朝之冠"⑤。

二、邱氏清贫自守家风，子孙甲第延绵

邱浚祖父邱普，担任海南临高医学训科一职，邱普"性有阴德，为良医"，待人宽厚，生活清贫，乐善好施，深为同乡所称颂，有史为证："宣德甲寅，郡大饥，白骨遍野，普有第一水桥地，舍为义冢，躬求全骨比埋之，封茔累累，凡百余所，遇清明节，必洒以杯酒、粝饭，其所行自少至老，多类此。"⑥ 在家庭教育上，邱普言传身教，并将家族发展的希望寄托于邱浚兄弟。邱浚对此铭记于心，晚年依然历历在目，流露于笔端："先祖平生止一子，上无叔伯，旁无兄弟，群从推而远之，亦无宗族，茕茕然

---

① （明）邱浚：《可继堂记》，《琼台诗文会稿重编》卷十九，琼山丘尔毅刊本。
② （明）邱浚：《藏书石室记》，《琼台诗文会稿重编》卷十九，琼山丘尔毅刊本。
③ （明）邱浚：《邱文庄公集》卷首，清同治刻本。
④ （明）邱浚：《愿丰楼记》，《琼台诗文会稿重编》卷十九，琼山丘尔毅刊本。
⑤ 谢越华：《海南文化概论》，中央广播电视大学出版社，2014 年，第 173 页。
⑥ （明）明谊：《张岳崧·人物·名贤》，《琼州府志》卷三十三。

仅二孙存。上系宗枋之重,如一丝之引千钧也。"① 从邱普到邱浚的所作所为,可看出家庭成员对家族发展的努力与贡献。

邱浚"父讳传,早卒",继而祖父辞世。后来他在悼念亡兄时,饱含深情,描写悲惨的家庭生活:"嗟我与兄,少年失怙。赖祖鞠育,未几亦故。母氏寡居,门户单薄。世情浇漓,生理萧索。"慈母之教育,生活之艰辛,让邱浚增强了责任感,更加奋发图强,"宗祀所系,在我二人。"这是宗法制社会中男性的使命。

邱母李氏,出身于书香门第,其父李易周是海南澄迈县国子监贡生,家庭环境的熏陶教育,使得邱母知书达理,贤惠善良。邱传离世后,李氏守寡终生,"守志训之"。对此,焦映汉曾经这样评价:"母李氏守志食贫,顾复教诲,有孟母风。"② 邱浚在京为官时,李氏依然坚持写信慰问和嘱托:"戒谆谆以忠谨,图报国为言。"李氏辛勤的一生是岭南"寡母抚婴"的典型代表,成为海南女性学习的榜样。天顺元年(1457),担任琼山知县的陈用己和琼州知府黄瓒共同上奏朝廷,明英宗赐封李氏为"节妇"。成化三年(1467),明宪宗下令,在琼州府设立"李氏贞节坊",同时大学士彭时为其撰写《旌表琼山县李节妇碑铭》。成化七年(1471),明宪宗再度下旨,令琼州知府吴琛前去谕祭,而此时邱浚在翰林院担任侍讲,并非显官要职,邱母却能得到如此崇高的赐祭,说明了朝廷对李氏行为的肯定。邱浚担任大学士后,李氏又被追赠为正一品夫人。总之,李氏所体现出的贤良美德,恰恰是儒家宣扬和提倡的传统道德,既孕育了"中兴贤辅"的邱浚,又逐步造就了邱氏忠孝有节、清贫自守的家风,同时促进了海南朴素民风的形成,这也是朝廷频频表彰李氏的根本缘由。

邱浚一生勤奋好学,始终保持"介慎、廉静"的人生态度,"为时人之所不可及"。邱浚虽位高权重,但他以天下为已任,为官清廉,倡导简约,身体力行,抑制社会腐败之风,在衣食住行方面,克勤克俭,堪称表率。他节衣缩食,"自处无异韦布",而且居住之所也非常朴素,"第宅不逾齐民……规模卑陋,聊蔽风雨"。在钱财方面,他"所得俸余即充官费,绝无赢余"。邱浚病逝以后,朝廷派官员前往吊唁,并一路护送邱浚灵枢南归,他的遗物之中除了御赐的银钱以外,就只剩下数万卷的书籍。弘治皇帝闻言,嗟叹连连,遂下令"辍视朝一日",以表哀悼,并追封邱浚为

---

① (明)邱浚:《可继堂记》,《琼台诗文会稿重编》卷十九,琼山丘尔毅刊本。
② 张廷玉:《明史》卷一百八十一,中华书局,1974年,第4808页。

太傅和左柱国，谥号文庄。岭南香山的黄瑜对邱浚非常敬仰，称赞道："历官四十年，俸禄所入，惟得指挥张淮一园而已。京师城东私第，始终不易"①，黄瑜的评价，体现了邱浚对岭南后学的影响。

邱氏良好家风的形成，是一代代家族成员共同努力的结果。邱浚的夫人吴氏，端庄贤德，恪守妇道，以严厉之姿治家："夫人持家有条，门户清肃，家庭无敢擅官司、横邻里者，乡人大德之。"邱氏忠孝有节、清贫自守之家风为琼州人民作出了良好榜样。随着邱浚政治地位迁升，吴氏更洁身自爱、处世严谨。史载，夫人携眷前往京城之时，"沿途藩桌郡县饯馈无虚日，锱铢屏弃不受，士夫莫不称叹"②。经过邱浚夫妇和家族成员的共同努力，邱氏家族"忠孝有节、清贫自守"的家风得到继承和发展。在这一优良家风的引导下，邱氏家族人才辈出（见图3-1），经久不息。

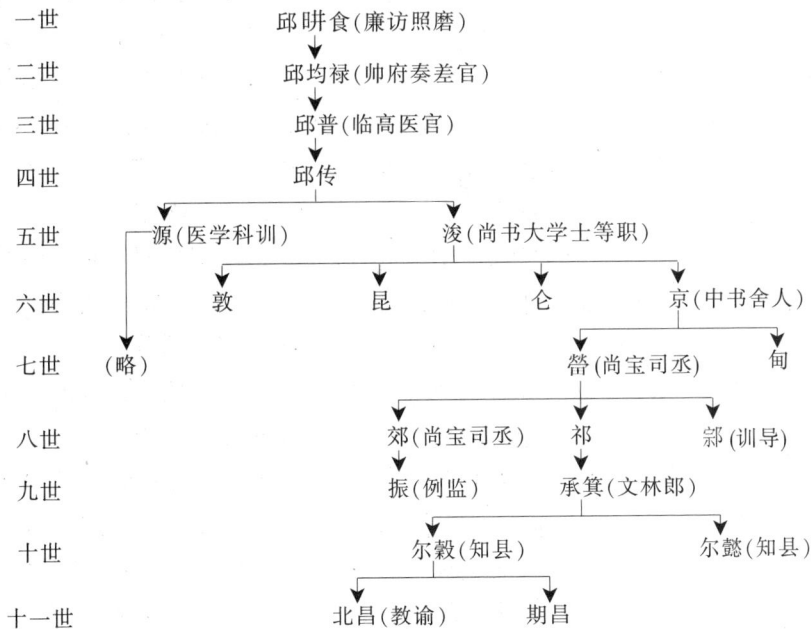

图3-1 明代海南邱氏世系图③

邱浚的长子邱敦，"雅好俭素，虽生长富贵，自奉如寒士……见利顾

---

① （明）黄瑜：《双槐岁钞》，《四斋友丛说》卷七。
② （明）唐胄：《琼台志》卷三十六，正德本。
③ （清）邱作圣等纂修：《邱氏族谱》，清康熙间河南堂抄本。

义，辞受无大小必谨"，入读太学，著有《医史》。季子邱京以父荫补中书舍人，他"性习仁爱，重义乐施。琼州经二大征后，白骨遍野，尽收而瘗之。时疫大行，施良剂以救活者甚众，有曾祖遗风。平居罕至城邑，有司重之。"① 邱京之子邱嶜，以祖荫补尚宝司丞；而邱嶜子邱郊，亦是承袭这一官职，史料中有这样的记载："事祖母及母以孝闻，与弟祁友爱尤笃。祖业有膏沃者让诸弟，祁不肯受，则曰：'我有官矣'，宗党皆多其义。"后来，邱郊之子邱振为例监生，六世孙邱承箕，郡庠生，史料中如此评价："博洽经史，笃于彝伦，事嫡母菽水承欢。"② 直到明代后期，邱浚之七世孙邱尔榖，高中举人，官至琼台县令，为人孝友温恭，博涉经史。他继承先祖之遗训，重编了邱浚的《琼台会稿》。承箕次子尔懿，亦为举人，官至县令，"处家动慑，居官清介，著声有诰封"③。邱氏一族，延绵不息，其后代于清朝仍然大行儒道，清廉自律，明经继起。邱玹，文庄裔孙，保昌训导，徐闻教谕。邱士佳，于清乾隆十七年壬申恩科武举。邱仕琠，县学拔页，议叙灵宝知县。邱宪邦，府学岁贡。邱万邦，署凤台知县。邱士份、邱士健，均为晋州吏目④。

三、邱浚廉静戒慎，德泽后世

明朝学者、刑部尚书何乔新曾经做出过这样的评价，"岭南人物，自张文献公有声于唐，余襄公、崔清献公有声于宋，迨公四人焉"，认为邱浚是唐宋明三代岭南最杰出的四人物之一。邱浚品学兼优，德高望重，在政治、文学、教育和理学等诸多方面都硕果累累，在科考、著书立作和为政利民等层面上，都是琼州人民学习的楷模。邱浚一生清正廉洁，事必躬亲，也受到了后人的高度赞扬，其墓志铭曰："公自少嗜学，博极群书，廉介持正，尝以宽大启上心，忠爱变士习。……晚年左目失明，仍手不释卷，写作不辍，但绝莫为近幸之作。其廉静好学戒慎风范，堪典型于后世矣。"⑤ 这是对邱浚一生中肯的评价。

正统九年（1444），邱浚离开琼州前去广州，乡试中摘得举人头名。三年之后赴京会试，却名落孙山。为了完成祖父之志，担负起振兴家族的

---

① （明）朱为潮、徐淦：《琼山县志》，民国本。
② （明）戴熺：《人物志·乡贤》，万历《琼州府志》卷十。
③ 朱逸辉：《邱浚海瑞评介集》，海南出版社，2004 年，第 199 页。
④ 王国宪：《选举志·贡选》，民国《琼山县志》卷二十二。
⑤ （明）何乔新：《太学士丘文庄公墓志铭》，《何文肃公集》卷三。

使命，邱浚入太学肄业。景泰二年（1451），他再度参与科考，仍然未得功名。翌年再度上京，继续就读于太学之中。直到景泰五年（1454），他"复试于礼部，名列前列，廷试为第二甲第一名"①。经过两度挫折，邱浚终于中第。

连续多年的苦读，邱浚对读书、做学问形成了独特的见解。在读书内容上，他强调精博结合，以精为贵。具体来说，"书不贵多而贵精，学必由约而后可以致于博。精而约之以尽其多与博，则气质由是而变化，心志由是而开朗，德业由是而崇广"。在读书方法上，他提出要与友人进行共同研讨，认为"独学而无友，则孤寡而寡闻"，因此，他"每遇名流，必质问辩难，以求至当，故其书皆足传世"。在读书方式上，他主张劳逸结合，认为"成其功于进德修业之际，养其心于玩物适情之余"②。同时，应当向圣人学习，将其处世、修身、为人和为学之姿奉为典范，不断地完善和丰富自我。如果"践履之间异于操笔，修为之际戾于立言"，"考其所存所行乃至于无一事与所学相当者"③，是不可能实现圣贤之道的。至于读书做学问的目的，邱浚非常明确，就是培养德才兼备的人才来治理国家，因为"为治之道，在于用人；用人之道，在于任官。人君之任官，惟其贤而有德，才而能者则用之"④。邱浚怀揣着济世为民的理想，"自幼有志于学，凡身之所至，耳目之所见闻，心思之所注想，苟有益于斯世斯民者，无一而不究诸心焉"⑤。

明初，朝廷非常重视学校教育，而"英宗天顺以后，非进士不入翰林，非翰林不入内阁。翰林人才亦为科目所限，而教习庶吉士渐渐变成有名无实"⑥，当时的社会上十分流行轻浮之风，对此，翰林院并不重用富有才学之人，而且选拔人才多采用抓阄、置签之法。更有甚者，"自贡举法行，学者知以摘经拟题为志，其所最切者，唯四子一经之笺，是钻是窥，余则漫不加省，与之交谈，两目瞪然视，舌本强不能对"⑦。邱浚忧国忧民，对这种现象进行了严厉批判："士子登名朝列，有不知史册名目、朝

---

① （明）雷礼：《国朝列卿纪》卷十一，明刊本。
② （明）黄瑜：《双槐岁抄》，《四斋友丛说》卷七。
③ （明）邱浚：《陈惟学字说》，《琼台诗文会稿重编》卷二十一，琼山丘尔毅刊本。
④ （明）邱浚：《大学衍义补序》，《琼台诗文会稿重编》卷九，琼山丘尔毅刊本
⑤ （明）邱浚：《送蒋生归省诗序》，《琼台诗文会稿重编》卷十五，琼山丘尔毅刊本。
⑥ 钱穆：《国史大纲》，商务印书馆，1996年，第333页。
⑦ （明）宋濂：《宋濂全集》，《文宪集》，人民文学出版社，2014年。

代先后、字体偏旁者。"① 在成化时期，士风每况愈下，史料中曾经这样描述士子们的状态："群然居学校中，博弈饮酒，议论州县长短官政得失。其稍循理者，亦唯饱食安逸以度岁月……唯积日待时以需次出身而已；其向学者亦多不务正学，而学为异端小术；中有一人焉学正学矣，而又多一曝十寒半途而废。"② 邱浚通过"整顿太学不良士习、扭转士子考试文风、改良历事监生制度等系列改革举措，对明朝中后期学校教育风气的扭转以及社会文化的发展起到了积极作用"③。并且他以身示范，从任庶吉士至户部尚书的九次职位升迁，都是依靠著书立说、真才实学而获得的（图 3 - 2），为琼州文人志士作出了表率，也对改变当时轻浮之风、重用才学之人作了榜样。

邱浚与海瑞被称为"琼州双璧"，海瑞与邱郊的交往充分可见邱浚对世人之影响。明嘉靖二十三年（1544），在邱浚之曾孙邱郊的盛邀之下，海瑞前往乐耕亭谈古论今，并于此时写出了《乐耕亭记》："始予未接西野先生，意一豢养之人云尔。获交数岁，见其诵砥行廉隅之士，欣欣然羡焉。若有企望弗及之意。鸣呼休哉！兹世禄之难也。交益久，见其闻仁笃检约之行，欣欣然羡焉，行且钦崇敕厥躬、诗礼训厥子，败度维欲，败礼维纵，将深愧弗为焉。"海瑞曾经陈述道，在此次交游以前，他觉得如同其他名士之后一般，邱郊也是一个"豢养之人"。日久见人心，海瑞之后改变了原先的看法，他看到的邱郊为人谦逊、品行正直，他有时甚至会自叹不如。海瑞对邱郊由蔑视到敬仰的转变，实则是他对邱氏家族人格学养的认知，更是对邱氏家规庭训、家风文化的推崇。正如海南大学教授张朔人所评："邱浚是海南学士的学习楷模，他引领了当地的士风，后来的王佐和王士衡等为官之人都以其为榜样。"④

---

① （明）邱濬：《邱濬集》，海南出版社，2003 年。

② 郑朝波：《论邱浚的文化教育思想》，《海南广播电视大学学报》，2010 年第 1 期。

③ 王彦飞、宋婷：《明代邱濬学校教育改革践行及其现实意蕴》，《海南广播电视大学学报》，2017 年第 3 期。

④ 尤梦瑜、谭龙圆、陈静：《邱濬：可继堂中承德泽》，《中国纪检监察报》，http://www.twjw.gov.cn/newsshow - 17 - 889 - 1. html，2017 - 12 - 01。

年份	著作名称	官职
1494		户部尚书、武英殿大学士
1491	《宪宗实录》	文渊阁大学士
1488	《大学衍义补》	礼部尚书
1485	《家礼仪节》	
1481	《世史正纲》	
1480		加礼部侍郎
1477		国子监祭酒
1477	《宋元通鉴纲要》	翰林院学士
1467	《英宗实录》	侍讲学士
1464		侍讲官
1463	《朱子学的》	
1458	《大明一统志》	
1457		修编、经筵讲官
1456	《寰宇通志》	
1454		庶吉士

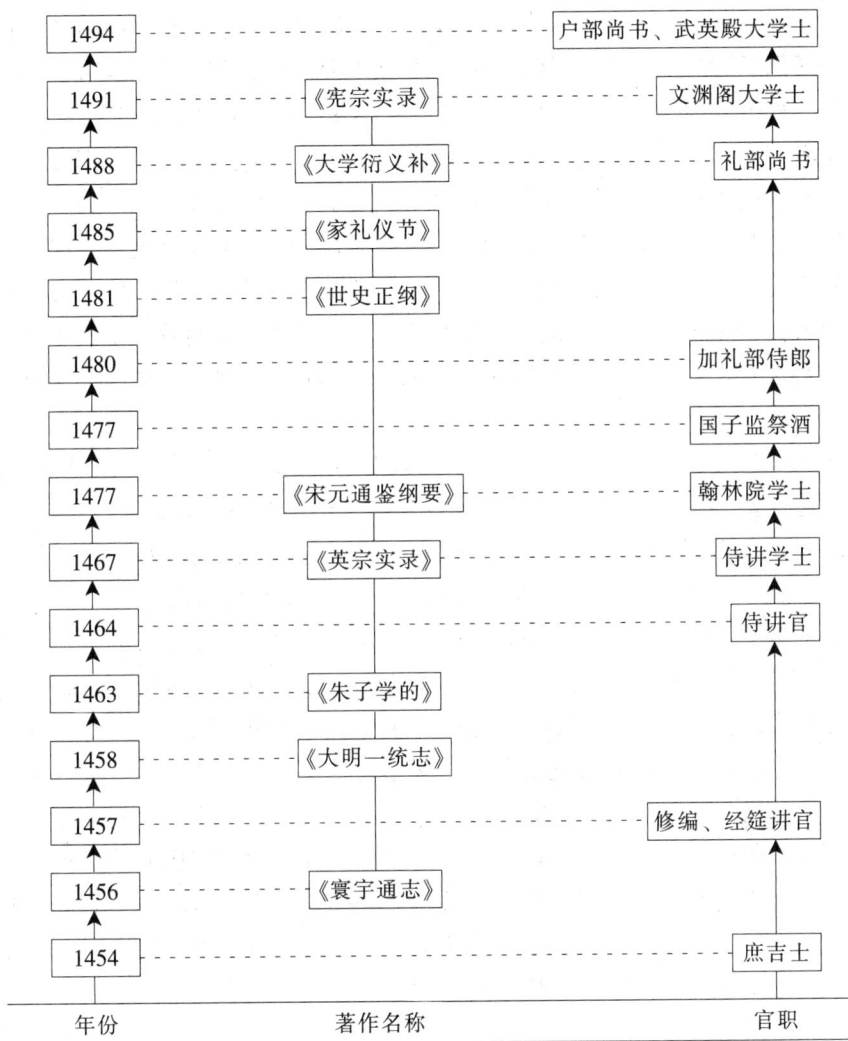

图 3 - 2　邱浚著作与官阶关系图①

四、邱浚撰写《家礼仪节》，进行乡村教化

　　明代以后，"以家达乡"亦成为士大夫实现人生理想的途径之一。目睹家乡与京城的文化差异，邱浚撰写《家礼仪节》，实施乡村教化；花费

---

① 　王万福：《邱文庄公年谱》，《邱海学术研究编绘》，第 136 - 147 页；吴缉华：《明史邱濬传补正》，《大陆杂志》，1967 年第 35 卷，第 9 期，第 273 - 278 页。

自己所有积蓄，新建藏书石屋，购买数千卷书置于其中，供人阅读，并撰写《藏书石屋记》，回忆自己求学读书经历，鼓励家族子弟及琼州青年才俊。

在"兼济天下"的理想中，邱浚一直坚持"以礼治天下"，认为"礼"是人与兽、国与国之根本区别："礼之在天下，不可一日无也，中国之所以异于殊方，人类之所以异于禽兽，以其有礼也。"成化六年（1470），邱母去世，邱浚回琼山守孝三年。守制期间，亲睹琼县乡村不良民俗，礼崩乐坏，"成周以礼持世，上至王朝以至于士庶人之家，莫不有礼，秦火之厄，所余无几，汉魏以来，王朝郡国之礼，虽或有所施行，而民庶之家，则荡然无余矣……"于是，为敦教化、以正礼俗纲，他"窃以《家礼》一书，诚辟邪说，正人心之本也，使天下之人诵此书，家行此礼，慎终追远有仪，儒道岂有不振哉"。但由于南宋朱熹的《家礼》年代较远，文字深奥，有些礼节已无法实行，邱浚博采众长，编成《家礼仪节》。

对于成书的过程，邱浚自己这样陈述道："自少有志于礼学，意谓海内文献所在，其于是礼必能家行而人习之也。出而北仕于中朝，然后知世之行是礼者，盖亦鲜焉。询其所以不行之故，咸曰：'礼文深奥而其事未易以行也。'是以不揆愚陋，窃取文公家礼本注，约为仪节而易以浅近之言，使人易晓而可行。"于是引用了《仪礼》《仪礼注疏》《仪礼经传通解》《礼记》《礼记注疏》《礼记大全》《礼记慕言》《周礼》《春秋左氏公羊传》《白虎通》《汉书》《郭氏葬经》《五礼》《古今家祭礼》《温公书仪》《韩魏公古今祭式》《三家礼》《吕汲公家祭仪》《宋朝文鉴》《程氏遗书》《晁氏客语》《李鹿诗友谈记》《高氏厚经礼》等28本书，著作《家礼仪节》。

《家礼仪节》从创作之初就超越了"范家"，对后世影响很大，明代莫如忠指出："邱文庄《家礼仪节》一编，士大夫家多有之。"[①] 从此之后，琼州的风气发生了巨变，对于此种情况，邱浚在《琼山县学记》中进行了这样的描述："皇朝洪武中，姚江赵谦古则来典教事，一时士类翕然从之，文风用是丕变，至今琼人家尚文公礼，而人读孔子书，洗千古介鳞之陋。"[②] 在稍后的《南溟奇甸赋》中，邱浚记录了人才培养的效果："今则礼义之俗日新矣，弦诵之声相闻矣，衣冠礼乐彬彬然盛矣，北仕于中国，而与四方髦士相后先矣。"[③]《家礼仪节》在全国其他区域也传播广泛，清

---

① 莫如忠：《大明集礼·祠堂制度》卷十七，《崇兰馆集》，四库全书存目丛书本。

② （明）邱浚：《琼山县学记》，《琼台诗文会稿重编》卷十六，琼山丘尔毅刊本。

③ （明）邱浚：《南溟奇甸赋》，《琼台诗文会稿重编》卷二十二，琼山丘尔毅刊本。

人黄虞稷则评价说："本之考亭，参以明制，世多遵行之。"① 明代香山黄佐《泰泉乡礼》的体例及内容，直接受到此作的影响。

五、邱浚撰写《大学衍义补》，实现经国济民宏愿

在我国古代，对于每位儒者来说，"穷则独善其身，达则兼济天下"这是他们坚持的信念。从小就怀有"兼济天下"理想的邱浚在位极人臣之后，廉洁奉公，刚正耿直，素来被誉为"布衣卿相"，同时，他也被奉为琼州乡贤。在晚年时，他虽不幸右眼失明，可是依然笔耕不辍，对治国谋略进行广泛研究，在医学、军事、文学、经济和教育等方面都有涉足。为实现经国济民的宏愿，面对王朝面临的各种问题，邱浚不顾自己日渐衰弱的身体，在50余岁之时，坚持写作，历时10年，创作出洋洋数百万字的理学著述《大学衍义补》，此作对明清两代产生了较大的影响，其中一系列"治国、平天下"的政策建议，得到了皇帝以及学者们的肯定和高度评价。

《大学》是儒学中的纲领性典籍，1 700多字的篇幅，内容丰富。针对"修己治人"方面的内容，宋儒把其划分成三纲八目，分别是亲民、至善、格物、明明德、致知、诚意、齐家、治国、正心、修身、平天下。宋代学者真德秀所作的《大学衍义》，只写了八条目中的"修己"前六条。邱浚继续真氏之作，就"治人"的治国、平天下内容进行演绎、发挥。在"治国平天下之要"这大题目之下，邱浚标举了十二个题目，分别是固邦本、制国用、正朝廷、正百官、明礼乐、秩祭祀、慎刑宪、严武备、崇教化、备规制、驭夷狄和成功化。他立足于外交、经济、军事、政治和文化等多个层面，作了全面系统的论述。每个题目之下，视内容之多寡，又分小目若干，共计设小目119个。《大学衍义补》内容覆盖面之广、资料之丰富，为当时的统治者提供了治理国家所需的方方面面的理论策略和方式方法，实为建立大有为政府之典范②。该书的副名为"治国平天下之要"，比黄宗羲、顾炎武等经世思想家早约二百年；比清朝之经世学派魏源、冯桂芬、郑观应等要早约四百年。

在邱浚的各种著述之中，最受推崇的当属《大学衍义补》。对于该著作，明人何歆曾提到："其考据精详，议论宏博，且为文温润典雅，不怪不华，比之韩柳欧苏，是各自成一家之言……要亦韩柳欧苏之俦，与邱公《大学衍义补》，俱世不可无者也。"清人温汝能这样评价："有明一代，吾

---

① （明）黄虞稷：《千顷堂书目》卷二，文渊阁四库全书本。
② 朱逸辉：《邱浚海瑞评介集》，海南出版社，2004年，第1页。

粤文章昌明博大无逾邱琼台、黄泰泉"，"琼台集及《大学衍义补》，已家有其书。而泰泉集尚未甚显"。在《四库全书》中，清朝纪昀曾经写道，"浚博崇旁搜，补所未备，兼资体用，实足羽翼而行。且浚学本淹贯，又习知旧典，故所条列元元本本，贯串古今，亦复具有根底……其书要不为不用也"，高度评价邱浚学识的渊博，以及其著述《大学衍义补》取材之丰。对此，在国学名家钱穆看来，"憎卓然得学统之正，伟然揽学林之要，全国学者传诵其书，至于清末，历四五百载，弗辍弗衰。盖文庄不仅为琼岛之大人物，乃中国史上第一流人物也"[1]。《四库全书》中，共计收录了12种琼人著述，仅邱浚的作品就达到了5种。

《大学衍义补》受到历代统治者的重视采用。明孝宗对该书加以好评及嘉奖："该书考据精详，论述赅博，有补于政治，朕甚嘉之。赏赐金币，并命刊行。"[2] 明神宗于万历初年梓行，亲为制序："……为孔曾之羽翼，有功于《大学》不浅"。明武宗正德十年（1515），朝廷准巡按御史之奏，以邱浚著垂训有功世道，特旨赐景贤祠奉祀于乡，以风示天下，近世文臣深受影响，形成前所未见之势。

清代顺治时期，"敕是书颁行庠序（地方学校）出论（取以命题）乡会（指乡试会试）圣作物睹，表建景从"，《大学衍义补》发展成全国参与科考者必读之书。对于地方官员来说，他们也将《大学衍义补》视为其执政的指导，比如清代漕抚大中丞蔡士英，出版卢陵聂子《大学衍义补》的删节本，并将之放于案头，以便用于参考。对于这一做法，大儒钱枚表示高度的肯定："药虽进于医手，方多传于古人，是书固且哉。得以此敷于上下，吾道之天不夜，斯文之日再中，余虽老惫，犹将击壤而歌之。"虽然《大学衍义补》当中的某些主张，在明代并未推行，可是于清代却被大量实施。比如政府对粮食加以调控的主张，一直到康熙时期才被实行，保障了粮价的稳定，促进了当时经济的快速发展，利国利民。

明代之后的学者注重对《大学衍义补》的探究，并引用其中的某些观点来提升自己著述的影响力。明末清初，顾炎武就曾借助当中的经济资料，来指出江南的税收问题。而关于经济致用方面的著作，则援引其中的一些文章，比如陈子龙等人的《皇明经世文编》，以及王沂的《续文献通考》等。同时，还有部分学者模仿邱浚的《大学衍义补》而著书。比如在明万历晚期，陈仁锡的《皇明世法录》以及邹观光的《续大学衍义补》便是其中的典型例子，他们都深受《大学衍义补》的影响。

---

① 钱穆：《钱穆先生全集》，九洲出版社，2011年，第366页。
② （明）丘濬：《进大学衍义补奏》，《重编琼台稿》卷七。

在明清时期，《大学衍义补》在全世界范围内盛行，国外对其也给予了高度关注。日本天皇在宽正年间，下令出版该书以便大臣学习，进而达到巩固统治的目的。直到近现代，日本学者依然高度评价邱浚："邱浚纯然是一位朱子学者，特别是对经济策尤为卓越。他是孝宗手里录用的贤相之一""有明一代，多彩多姿的海南人物中，最杰出的就是邱浚和海瑞。然而他们两个人不但使海南人引为荣耀，而且也是中国全土的学者、政治家。所以他们是海南人士中之双璧"。① 明弘治十年（1497），《大学衍义补》在朝鲜盛传，李朝当时也下令印刷，对其中的统治术加以学习与利用。

总之，"邱浚，以他的人品、才华、学识、著述、乡情、官德，为自己在海南文化史上，树立了一座继往开来的丰碑"②。《明名臣录》评赞他说："邱浚为官数十年，高居相位，严于律己，一丝不苟，集好学、介慎、廉静三种美德于一身，因而人称其生平三不及。自少自老，手不释卷，其好学一也；诗文满天下，绝不为近幸之作，其介慎二也；历官四十年，俸禄所入，惟得指挥张淮一园而已。京师城东私第，始终不易，其廉静三也。"③ 邱浚的《朱子学的》《琼台会稿》《家礼仪节》和《世史正纲》等著作在他晚年时已刻印发行，到明末天启、崇祯年间，它们"上已悬之于学宫，次亦供学士家之咀嚼矣"④。可见，他的著作在当时广为流传，并产生了巨大的影响。广东明儒陈白沙云："先生之志，见之于行事，先生之言，见之于著作，行由教宣，言以道传。"⑤ 琼山进士郑廷鹄有文曰："先生之学，以紫阳为宗。读书穷理，以究极圣贤之精蕴，可谓极博矣。然其志以身致太平为己任……其立朝不干名势，介然以清节自励，家庭孝友，乡党服其化，非所谓根本盛大，故文章事业交畅并美耶？至今四方之人，传诵先生之书，敛容起敬，虽牧竖樵叟，罔不知名。"⑥ 可见影响之大。

---

① ［日］小叶田淳著，张迅斋译：《海南岛史》，学海出版社，1979 年，第 183 页。

② 徐清学：《经济一篇留汗简》，朱逸辉主编：《丘濬海瑞评介集》，海南出版社，2004 年，第 14 页。

③ （明）徐纮：《明名臣录》，浙江孙仰曾家藏本。

④ 张瑆：《琼台先生诗话序》，明万历二十六年（1598）刻本。

⑤ 陈泽汉：《丘濬研究文集》，南海出版公司，2010 年，第 180 页。

⑥ （明）郑廷鹄：《重刻琼台会稿后序》，《琼台诗文会稿重编》卷一，琼山丘尔毅刊本。

第四章　明清岭南家训与家庭治理

在"修齐治平"的儒家理想模式中，"齐家"是承前启后之环节，是个人与家族、个人与社会、个人与国家的重要连接点，即"家齐而后国治"，只有做到家庭和谐，治国、平天下才有坚实的基础，而在"齐家"过程中，家训发挥了重要作用。

明清时期，岭南掀起尊祖敬宗的高潮，不论姓氏大小都建立祠堂，都撰写家训规条。在古代家庭治理中，家风与家法是家庭文化的显性因素，家训则是家庭文化的隐性因素，家风的形成、家法的实施依赖家训所定的规则，三者共同构成家庭文化。家法，是家庭或家族在发展过程中累代形成的治家之法、齐家之风等，自诞生开始就具有一定的强制性和惩罚性，对违反家规或家训的行为进行处罚。家风，也称门风，是家庭或家族成员经过一代或几代家训的训诫、家法的维系，逐步形成的修身、治家、为人、为学、处事等品格、风格、风尚及特质等。三者虽侧重点不同，功能有别，但均为治理家庭的重要凭借，也是维护家族声望和门第的重要手段。

第一节　家训：正家而正天下①

在"修齐治平"的儒家人生道路中，"齐家"是"修身"的外化，也是"治国平天下"的基础，单个家庭治理好了，就可以潜移默化地影响其他家庭，从而实现"正家以正天下者也"的功能。唐代宰相崔祐甫认为："乃能广吾君之德，靖人于教化，教化之兴，始于家庭，延于邦国，事之体大。"② 这突出了家训在社会教化、国家治理方面的重要地位，家训关乎国君之德、家庭之兴衰。明太祖洪武元年（1368）三月，命翰林儒臣修

---

① （宋）司马光：《温公家范》，竭宝峰主编：《中华家训》，辽海出版社，2015 年，第 349 页。
② （清）董诰：《全唐文》，中华书局，1983 年，第 4129 页。

《女戒》，谓学士朱升等曰："治天下者，修身为本，正家为先。"① 也将"正家"作为"治天下"的基础。

在明清岭南家训中，治家思想包括两部分：治人思想和治事思想。治人思想，主要是指家庭成员的培养、人际关系的处理；治事思想，主要是指家庭成员的职业选择、账务管理，以及家庭关系的处理。一个家庭保持了和谐及兴旺发达，以点带面，整个社会就会繁荣昌盛。这就是家训对社会发展的现实意义。

一、推动了岭南儒学的普及

《隋书·经籍志》云："儒者，所以助人君明教化者也。圣人之教，非家至而户说，故有儒者宣而明之。"②儒学是我国历代帝王用以统治国家的指导纲领，也是用于教化全国老百姓的思想工具。由于儒学的博大精深以及玄奥缜密，在传播条件还十分落后的时期，儒学只能囿于统治者和读书人的狭小圈子里，无法普及全国，这就和统治者的主导思想相背而驰。而真正让儒学深入家庭，让每位家庭成员接受儒教的工具是家训，因为"儒教的本质就是家庭主义。儒教通过道德教育，以及把家庭排在其他社会关系之上而大大加强了家庭的纽带"。③ 在"家国同构"的社会中，家庭和睦，健康发展，是社会稳定的基础。

家训的"核心思想是仁义孝悌，行为总则是中庸之道。作为儒学民间版本的古代家训，集中地体现了儒学的核心思想和行为总则"。④ 岭南家训产生以后，就为儒学向民间的深入架设了一座桥梁，它结合具体生活情景，以通俗化的形式传播儒学，宣扬儒家伦理道德和行为规范，包括忠孝仁义、勤奋俭朴、立身扬名、治家立业、交友接物等等。

清初，广东著名学者冯成修，世称"潜斋先生"，担任过礼部祠祭司郎中等职务。在二十余年的为政生涯中，他深知士风对国家和社会发展的重要意义，于是他积平生所学与所闻，制定学规训士，讲求实学实务，端正文风和士风。六十一岁，冯成修辞归后掌管广州粤秀书院和越华书院，先后授业数百人，成才者数十，南海学者劳潼即其学生之一。冯成修修撰《养正要规》十二篇，其中九篇为选录，三篇为自著，所选皆与朱熹有关，

---

① （明）程敏政：《新安文献志》卷七十六，黄山书社，2004年，第1846页。

② （唐）魏徵：《隋书·经籍三》，《二十四史》卷三十四，中华书局，1997年。

③ ［美］福山著，彭志华译：《信任——社会美德与创造经济繁荣》，海南出版社，2001年，第89页。

④ 程时用：《〈颜氏家训〉：儒经与儒行的完美结合》，《名作欣赏》，2010年第6期。

不是朱熹所著，就是朱熹后学所著。不过，这些选录养正并不是简单的罗列，而是冯成修根据几十年的训士经历，按照养正所应遵循的顺序来编排的，而且每篇之后都有冯成修的按语。因此，虽然前九篇为选录，但是已经被赋予了全新的治学理念，应该属于冯成修的个人著述。同时期清代著名政治家、学者陈宏谋所编的《五种遗规》与其相似，是陈宏谋以自己的"训俗"理念，对汉代以来的80多种作品加以选择、剪裁和解释，按照一定的主题重新编排起来的，使得《五种遗规》一书成为清代以来最为经典的训蒙、训士、训官、训女之作。

类似作品还有清代佛山《霍氏家训同善录》，它以为政、为商、为农、为士、为学等为主题，每个主题摘录中国古代经典简要精切的部分，分为居官、绅宦、商贾、士行、农家以及心相六部分，每部分列举三十六善，告诫子孙和世人修身、处事所应该遵守的300种善，亦即300种正确的做法。

家训或族规一般是直接引用儒家经典进行子孙教育。如南雄陇西《李氏族谱》先列《太宗圣贤遗训》，集唐太宗百字箴言、百字铭、遗训等，又列《家训十一则》及《古训十条》等，直接将圣王思想推广至黎民百姓。再如，始兴清化天水《官氏族谱》、仁化《丘氏族谱》、始兴济阳《蔡氏族谱》、坪石《薛氏族谱》均引"朱子曰：'国课早完，即囊橐无余，自得至乐'"鼓励子孙及时缴纳公粮，做一个合法守纪的好公民。始兴陇西《李氏族谱》、始兴吴兴《沈氏族谱》、始兴清化天水《官氏族谱》、始兴《田氏族谱》、两岳《朱氏族谱》、始兴陇西《李氏族谱》、新丰秀田《余氏族谱》等均引"朱子训云：'居家戒争讼，讼则终凶'"告诫子孙与人和睦相处，避免争讼，维持了社会的和平稳定。

明清以来，由于交通的便利和印刷技术的快速发展，岭南家训也得以繁盛，它用浅显通俗的语言、生动形象的比喻，向家庭成员灌输儒家的忠孝节义、仁义道德、睦家和邻、执两用中、爱国爱民、交友接物等思想，让岭南大地每个角落都有机会接受儒教思想。如始兴吴兴堂沈氏家训、家规，谱载"孝悌忠信，礼义廉耻"训释，"重斯文：家有斯文犹身有眉目。眉目不具，不得为完人，斯文不重，不称为望族。吾族历朝科第绅衿，代不乏人。族属子孙，皆宜奋志诗书，以绍箕裘。为父兄者亦当隆师重道，培养成才。其名成学优者，族间宜加隆礼珍重，为族之仪表，庶将来弟子知所鼓舞而奋志功名，光大先绪也"[1]。先以"身有眉目"与"家有斯文"

---

① 苗仪、黄玉美编著：《韶关族谱家训家规集萃》，暨南大学出版社，2018年，第90页。

作为比喻，通俗易懂，进而解释人如没有眉目，肯定是一个有缺陷的人，从而告诫子孙，一个家族如果读书人不多，一定不能称为望族。以望族代代有科举的光辉历史，告诉子孙要尊师重道，发奋读书。

岭南家训中有关社会秩序、社会道德及品行的规定，都贯穿了以"忠孝仁义"为核心的儒家伦理思想，经过一代代家庭成员的传承和发展，最终成为岭南地区民众日常行为的准则，有效促进了岭南社会文明的发展，营造了和平稳定的社会环境，促进了岭南经济的发展。

二、促进了良好家风的形成

一般来说，由于受教育的机会有限、物质条件匮乏、生活居所不稳定等，寒门庶族难以形成自己的家风，而在没有形成自己的家训或族规之前，常以地方世族大家为榜样，父母身体力行和言传身教，用以约束和规范家庭成员，慢慢形成自己的家族风尚。所以，在文化进程较晚的岭南地区，一个世家大族的家训，不但有助于陶冶家族内部成员的道德情操，还可以辐射到寒门庶族，推动当地社会的精神文明建设。

对于家风的形成和发展，钱穆关于西方教学和中国家庭的论述可以带来启示，他认为"西方人必须有教堂，教堂为训练人心与上帝接触相通之场所。中国人不必有教堂，而亦必须有一训练人心使其与大群接触相通之场所。此场所便是家庭。中国人乃以家庭培养其良心，如父慈子孝兄友弟恭是也。故中国人的家庭，实即中国人的教堂"①。西方人通过教堂来培养人心，而中国人对家庭成员"良心"的培养，正是以家训为媒介，对家庭成员的道德和行为规范不断强化，日积月累，世代相承。而在一个家庭或家族中，"父慈子孝兄友弟恭"等"良心"的持续外化，历代相承，延绵不绝，这就是家风。可见，家风便是在一个个普通家庭中形成，进而扩大至家族或一村一乡，最终形成社会的某种风气或习性。

南海伦氏始祖伦次陆，宋宝庆乙酉（1225）科举人，丙戌（1226）科进士，官至儒林郎，特授广州府教谕。以此看出，伦氏素有读书传统，可惜家道中衰。伦文叙（1467—1513）出生于南海黎涌村，自幼家贫失学，其父伦显以种菜、卖菜为生。伦显幼年也读过书，只因生活贫困，未能走科举之路。但他一直坚持"勤耕苦读"之祖训，每天劳动之余，便教伦文叙写字、读书、背唐诗宋词。伦文叙从小就养成了勤学好问的好习惯。明孝宗弘治十二年（1499），伦文叙连中会试、殿试第一，考取状元，从此

① 钱穆：《孔子与心教》，《灵魂与心》，广西师范大学出版社，2004 年，第 19 - 20 页。

步入仕途，担任翰林院修撰、翰林侍讲、应天试主考官等职，封妻荫子，提升了伦氏家族在佛山地区的社会地位，成为其他家族学习的榜样。伦文叙有四子：以谅、以训、以诜、以谟。在夫人区氏的训导下，伦氏四兄弟秉承"勤耕苦读"之风，创造出"一门四进士"的佳话。伦文叙连中会元、状元，伦以训连中会元和榜眼，伦以谅为解元和进士，伦以诜为进士，因而又有"父子四元双进士"之誉。伦氏正是经过几代人的共同努力，秉承"勤耕苦读"之家风，才一跃成为佛山显族，这当然也离不开家庭女性的努力。伦文叙的师兄、思想家湛若水曾这样评价区夫人："区氏恭人生而徽柔贞淑，敏慧婉娩。式闲捆范，外阃不逾。父母称其贤女，当配君子。生备人伦，有母仪之恭，有无违之敬，有事公婆之孝，有奉先之恪，有姻党之睦，有逮下之仁，有爱子之慈，有刑于之化……"① 同时，在伦氏的鼓舞下，明清时期佛山读书蔚然成风，科名头角峥嵘，时人赞曰："广郡科第之盛甲于粤中，佛山之科第之盛又甲于南海。"②

在一个个家庭成员的共同努力下，岭南世家大族都形成了自己独特、稳定的家风和门风，主要有三类：一是诗书儒雅之风，如香山黄佐家族、东莞黎氏家族、岭南诗人区氏家族、明末爱国诗人黎遂球家族、明末顺德陈氏文化世家、明清鼎革之际的王氏诗人家族、乾嘉两朝岭南张氏诗画世家、清代顺德龙山温氏望族、清代文人画家谢兰生家族、清代佛山吴氏诗礼簪缨家族、清代爱国诗人张维屏家族、佛山梁氏园林建筑世家、清代文学家招子庸家族；二是清廉仕宦之风，如明代南海陈氏官宦福学家族、清代连平颜氏家族、清代羊城潘氏家族、清代羊城桂氏朴学官宦世家；三是诚信商贾之风，如十三行伍氏家族、卢氏家族。从以上三类家风的家族数量可以看出，世人多推崇道德传家，也证明了古语所云："道德传家，十代以上，耕读传家次之，诗书传家又次之，富贵传家，不过三代。"因此，在岭南世族的流动中，仕宦家族、商贾家族向文学家族转化是主要方向。

第二节　家庭美德教育

关于人才培养，美国心理学家由里·布朗芬布伦纳提出了"四系统观"，认为个体的发展嵌套于微观、中观、外层、宏观四个相互影响的系统中，如果微系统之间有较强的积极的联系，发展可能实现最优化。相

---

① （明）湛若水：《泉翁大全集》卷五十九。
② （清）吴荣光：《佛山忠义乡志·金石下》卷十，道光十年（1830）刻本。

反，微系统间的非积极的联系会产生消极的后果。儿童在家庭中与兄弟姐妹的相处模式会影响到他在学校与同学的相处模式。如果在家庭中儿童处于被溺爱的地位，在玩具和食物的分配上总是优先，那么一旦在学校中享受不到这种待遇则会产生极大的心理落差，就不易于与同学建立和谐、亲密的友谊关系，还会影响到教师对其指导教育的方式。同时，美国学前教育专家埃斯萨提出儿童发展同心圆理论，认为在家庭、学校、社区中，成人与儿童以及成人之间的关系都对儿童的发展起着至关重要的作用，这些理论都无一例外地强调了家庭在美育体系中的重要地位。

中国是世界上最重视家庭教育的国家之一，并始终将德育放在首位。国内较早系统研究古代家训的张岱年先生指出，"整个传统家训贯穿着以道德训诫为中心的主线，其根本宗旨是塑造高尚人格"。[①] 孝、悌、和、勤、俭，是中国几千年以来不败于世的根本，是每个家庭和家族传承下来的优秀品质。纵观我国传统家训中的德育，直接目标是实现家庭的和睦兴旺，间接目标为实现国家的长治久安。不同的家庭和家族，目标也不相同，如明代佛山霍韬将治家目标和要求简洁概括为"三个一、五个家"。"三个一"为做第一等人事、做第一等人物、占第一等地步，"五个家"是指努力成为乡邦称道的忠厚之家、谨慎之家、清白之家、勤俭之家、谦逊之家。[②]

一、忠孝

在中国传统社会，"五伦"基本涵盖了人与人之间的关系，其中父子关系与君臣关系又是最重要的人际关系。调节父子关系的伦理道德为孝，子女要孝顺父母，调节君臣关系的伦理道德为忠，臣子要服从君王。古代社会伦理道德将"忠孝"作为核心思想，并大力推崇。

明太祖朱元璋十分重视"孝文化"教育，并将"社会教化"作为治国要务，他告诫刘基等众臣："不明教化则不知礼义。"[③] 明朝自建立就推行"以孝治天下"，通过"孝文化"教化百姓，构建社会秩序。清王朝的统治者对于孝道也高度重视，康熙皇帝于康熙九年（1670）颁布《圣祖仁皇帝上谕十六条》，"敦孝弟以重人伦，笃宗族以昭雍睦"[④]，通过促进孝道使人们遵守伦常道德，巩固宗族关系使人们和睦相处。在这样的文化背景下，

---

① 张岱年：《中国家训史》，陕西人民出版社，2003 年，第 1 页。

② 赵振：《中国历代家训文献叙录》，齐鲁书社，2014 年，第 170 页。

③ （清）夏燮：《明通鉴》卷一，中华书局，1959 年，第 171 页。

④ （清）托津等：《钦定大清会典事例》卷三百九十七，台湾文海出版社有限公司，1992 年。

全国家训将"孝悌"放在首要位置。岭南家训中，孝的主要层次分为养亲、敬亲、移孝作忠。

"养儿防老"是中国民间俗语，是说赡养长辈是晚辈的家庭义务和道德责任，强调晚辈应报答长辈的养育、教育之恩。《孝经》有云："用天之道，分地之利，谨身节用，以养父母，此庶人之孝也。"① 此句论证了子女赡养父母的合理性，在古代中国，奉养父母或祖父母都会受到社会舆论的表扬。惠来方氏历代祖先沿袭《勉孝诗》："父母生来有此身，怀胎哺乳最艰辛，常忧疾病兼饥冻，更望聪明入缙绅；为子莫将天地悖，养儿当识爹娘恩，要图报答须行孝，古今谁亏孝顺人。"② 肇庆四会东城街道光辉村《苏氏家训》云："缅我父母，生我之身，鞠育劳苦，顾富艰辛，奉养宜厚，爱敬宜真，稍有所缺，曷克为人。"③ 以上两则家训描述了为人父母之辛苦，也表达了长辈的期望，教育子孙要顾念父母，用心侍奉赡养，如果没有尽心尽力，就不配为人子女。潮汕黄氏家训有"敦孝悌"条，曰："孝悌为百行之道，凡为人子弟者，当尽孝悌之道，不可忍灭天性，吾族香公纯孝，为继远祖美德，兹惟望吾族子孙，宜敦孝悌于家。"④《戴鸿惠自省语》首条为"首尽孝道"，"孝之大端，曰立德、曰承家、曰保身、曰养志"。如"孝箴"条："羊有跪乳，鸦则反哺。受气成形，谁无父母？长养婚读，劬劳辛苦。尔孝尔亲，子无尔忤。天道循环，历历可数。扬名显亲，身列华育。随身致养，瀡瀡是辅。委曲承顺，首镌箴语。"⑤ 几乎所有的家训都将"忠孝"作为首要内容进行子孙教育。

孝悌是儒家伦理道德的内核，其外在表现是孝顺父母、尊敬长辈、尊重兄长。

对于赡养父母不力者，家训中也作了明确规定。光绪十七年（1891）《南村乡规禁约》明确规定，对于忤逆父母、殴打尊长者，一经查实，即将其先行通乡游刑，对再横抗者，则由阖乡耆者联名送官究治。⑥ 韶关仁化周田渤海堂《吴氏族谱》中强调："孝事父母：敬事长上，和睦乡里……毋为不孝、不悌、不义、不仁。"吴氏子弟必须遵循"孝道"，如果有家庭子弟虐待父母、虐待妇女和婴儿，则"经教育无效者，任何公叔乡

① 张善辉主编：《孝经》，沈阳出版社，2007年，第56页。

② 刘琴想、徐光华编：《潮汕家族文化丛谈（家训荟萃）》，潮汕历史文化中心揭阳研究会，2001年，第5页。

③ 广东南雄苏氏后裔联谊会：《南雄珠玑巷苏氏源流》，2002年。

④ 黄氏周山修谱委员会：《潮汕黄氏族谱》，1997年。

⑤ 苗仪、黄玉美编著：《韶关族谱家训家规集萃》，暨南大学出版社，2018年，第77页。

⑥ 顾作义主编：《岭南乡规》，南方日报出版社，2017年，第13页。

里都有权，也有责代受害者申诉"。① 从以上可以看出，家训与法律已结合在一起，共同维护着当地社会的秩序。何昌禄《何德盛堂家规》要求："各子侄如有性情暴戾，或染颠狂，外而伤毙人命，内而殴打父之母，各兄弟即禀明家内绅耆，将凶手抓拿送官，切勿瞻徇情面，致受官司之累。该人父母，亦不得自顾私恩，多方扰阻"。②

"养可能也，敬为难"。如果说"养亲"是在物质层面为父母提供给养，那么"敬亲"则是从精神层面对父母的敬仰。孔子曾大力批评当时的"能养为孝"观点，认为："今之孝者，是谓能养。至于犬马，皆能有养。不敬，何以别乎?"③ 要求做到养与敬的统一。肇庆端州宾日村《杨氏族谱》云："忠：上而事君，下而交友，此心不亏，终能长久。孝：敬父如天，敬母如地，汝之子孙，亦复如是。"强调事君及交友都要"忠诚"对待，对于父母孝敬，自身为儿女树立了良好榜样，子孙也会孝敬自己，从而形成"忠孝"之门风。韶关曲江江湾《涂氏族谱》云："人伦不孝敬父母，即为天地之间罪人，是为忘本，与禽兽何异? 羊有跪乳之恩，鸦有反哺之义。人而不孝，则禽兽不如矣，可不勉哉!"④ 告诫子孙若不敬父母，就是罪人，就是忘本，并且以羊和乌鸦报恩为例，劝诫子孙不能做忘恩负义之人。

明代庞尚鹏的《庞氏家训》认为"孝、友、勤、俭四字，最为立身第一义"，此四字为子孙修身处事基本原则。霍韬则在家训中设立"会膳以教敬"，要求"男女具服谒祠堂"，进入祠堂后，按"男东女西或男外女内"站立，再"谒家长"，然后"男女、长幼交参拜"，最后开始用膳。座次要按辈分、年龄、主次、尊卑来安排："凡会膳以教敬，同祖自为一聚，同父自为一聚，同兄自为一聚，同子孙自为一聚，同曾玄自为一聚，各以齿让，妇齿从其夫。""礼生禀家长，告于祠堂，跪之堂下，膳毕乃退。"⑤ 这些环节看似复杂，实则有培养子孙"敬畏"之意。

对于大多数普通家庭成员来说，无法通过科举入仕来实现人生抱负，"移孝事国"只能从维护家族发展体现，所以岭南家训大多有孝亲的内容，而无事君条例，充分体现了岭南文化中的务实精神。如河源邓姓家训"孝敬父母，和睦兄弟，联亲联谊，培育后代"⑥，用朴实的语言劝诫子孙遵守

---

① 苗仪、黄玉美编著：《韶关族谱家训家规集萃》，暨南大学出版社，2018年，第67－68页。
② 陈恩维、吴劲雄编著：《佛山家训》，广东人民出版社，2016年，第207页。
③ 李学勤主编：《十三经注疏》，北京大学出版社，1999年，第17页。
④ 苗仪、黄玉美编著：《韶关族谱家训家规集萃》，暨南大学出版社，2018年，第147页。
⑤ （明）霍韬：《霍渭厓家训》，（清）孙毓修编：《涵芬楼秘笈》，汲古阁精钞本。
⑥ 吴善平主编：《客家古邑家训》，华南理工大学出版社，2014年，第6页。

五常思想,维护家族向前发展。河源叶氏家训"百行之本,首在伦常。孝亲事长,必敬必庄。互相亲爱,视同一堂",告诉子孙始终依据"伦常"规范自己的行为。河源李氏家训强调"敦孝弟以重人伦,笃宗族以昭雍睦。和乡亲以息争论",以"孝、敬、和"来处理人情世故。河源刘氏、杨氏、黄氏以直白的言语告诉子孙:"敦孝弟,睦亲族,和乡邻。"杨氏家训云:"孝父母,敦人伦。睦宗族,明尊卑。敬长上,亲手足。和邻里,避是非。"黄氏家训云:"敬祖宗,重本源;孝父母,乐庭帏;循礼让,和宗族;笃兄弟,联友恭。"①

孝的第三个层次便是移孝作忠,这一点在岭南家训中也十分突出。岭南人自古就有精忠报国的爱国情怀,每遇民族危难,总有人挺身而出,"巾帼第一英雄"冼太夫人、民族英雄袁崇焕、"近代中国走向世界第一人"黄遵宪、立志"振兴中华"的孙中山,都用实际行动诠释了对家国的忠爱之心。"忠爱家国"构成了客家家规家训的重要内容。茂名高要夏氏族谱《笃宗族以敦雍睦遗训》云:"孝始于事亲,忠始于报国,移孝以作忠,即显亲以全孝,此谓之大孝。"高要金利《朱氏族谱之朱子家训》云:"君之所贵者,仁也。臣之所贵者,忠也。"怀集冷坑岗脚《钟氏族谱》云:"于家孝子,于国忠臣,忠孝为本,诗书传家。"这些家训都要求子孙做孝敬父母的儿子,做忠诚国家之人,以忠孝为做人的根本,以读书明理流传后人。

当然,更多家训是将"孝悌"作为整体观念对子孙进行教育。潮州饶平新丰溪溪谢氏家训:"孝父母,友兄弟,敬长上,和邻里,安本业,尚勤俭。"肇庆龙氏,出于湖南武陵,宋代入粤,明朝分支肇庆封开,自此定居立业。千百年来其传承的家训为:"夫子忠孝为本,为吾族者,父勉其子,兄勉其弟,族之人交互劝勉。"② 肇庆《赵氏家训》曰:"孝悌者,百行之原也。孩提知爱本诸良能,稍长知敬原于善,何以狃于习俗,顿失初心……。则一门之内,和顺雍容,孝悌敦,而人伦斯重矣。"③ 认为小孩天生就有"爱、善"的本能,只是受世俗所影响,而有不孝不悌子弟出现。所以不知孝者,当想念父母的养育之情,不知友悌者,当想念兄长的友爱之心。肇庆高新区长岸范家村的范氏族谱,至今还传承着"处世行八

---

① 刘琴想、徐光华编:《潮汕家族文化丛谈(家训荟萃)》,潮汕历史文化中心揭阳研究会,2001 年。
② 肇庆封开莲都华兰村《龙氏族谱》,手抄本。
③ 肇庆高要莲塘《赵氏族谱》,手写本。

德，修身率祖神；儿孙坚心守，成家种义根"①的祖训。肇庆麦氏，历史悠久，世代谨记先祖铁杖公"勤俭持家之本，忠孝立国之基。唯诚与孝，尔其勉之"②的遗训，麦氏宗族枝繁叶茂，人才辈出。

《何德盛堂家规》反复申明"追忆先考临终遗言，嘱予兄弟持身处世，孝友为先"。南海《老氏家训》单列"孝友训、耕读训"两则。《霍氏家训同善录》载"孝友二伦立脚跟"。在朝廷的提倡或表彰下，佛山家庭培养出一批忠义之士。如景泰三年（1452），二十二位乡老齐心协力，抵御黄萧养起义，保卫了佛山，明朝统治者封佛山为"忠义乡"，"旌赏忠义士梁广等二十二人"。这二十二人来自佛山各大家族，朝廷的旌表，将"忠义"思想辐射到每一个古老的村落，强化了社会成员的孝行。

清代东莞学者邓蓉镜（1832—1900），官至江西按察使。《家规六则》分为孝友、俭、勤、遵守本分、勿占便宜、早完国课等六条，每一条皆其切身体会所得，深切教导立身处世之道。"孝友"条开篇强调孝友对于人的意义，即"孝友为人生大本，不孝不友，与禽兽何异！"他认为"欲尽孝友之道，当自返求诸心始"，③即孝友之道须从自己的内心开始修炼。邓蓉镜《家规六则》确实富有成效，培养出邓尔雅、容庚（邓蓉镜外甥）、容肇祖（容庚之弟）等著名学者。

潮汕第二大姓林氏家族的家训第一条就是"崇孝道"："教始于事亲，终于报国。移孝以作忠，即显亲以全孝，此谓之大孝。"④揭阳北坑侨乡刘氏家族也将"敦孝弟"作为家训第一条，曰"孝弟为百行之首，凡为人子弟者，不可忍灭天性，兹我族子孙，宜敦孝弟于一家"⑤，以非常强硬的语气告诉子弟，必须孝悌于家。惠来方氏家族将"训孝"置于家训首位："大哉孝之为德也，天之经，地之义，人之行也。"⑥揭阳刘氏家族同样将"慎宗孝"作为其家训的第一条。潮汕黄氏家族的家训，对"孝双亲"做出训诫："父母于子，怀妊十月，长而教养婚配……人而不孝，鸦羊不如，猪狗何异？"⑦以动物作类比，希望子弟孝顺。澄海东陇徐氏家族教育后人

117

① 肇庆高新区《范氏族谱》，手抄本。
② 肇庆高要白诸自沙村《麦氏族谱》，手抄本。
③ 广东省人民政府地方志办公室编：《广东家训选编》，广东人民出版社，2019年，第83页。
④ 陈氏有庆堂族谱理事会编：《陈氏有庆堂族谱》，2006年，第1183页。
⑤ 刘琴想、徐光华编：《潮汕家族文化丛谈（家训荟萃）》，潮汕历史文化中心揭阳研究会，2001年，第99页。
⑥ 刘琴想、徐光华编：《潮汕家族文化丛谈（家训荟萃）》，潮汕历史文化中心揭阳研究会，2001年，第3页。
⑦ 刘琴想、徐光华编：《潮汕家族文化丛谈（家训荟萃）》，潮汕历史文化中心揭阳研究会，2001年，第143页。

"孝敬父母"①；潮汕翁氏家族教育族人"奉养双亲必须敬"②；普宁龙田蔡氏家族以"孝慈为本"③；揭阳余氏家族强调孝顺是"齐家之本"④。

"孝道"被湛江雷州程氏列为《程氏家训》第一条，并直接引用《朱子家训》原语，教育子孙，遵守"五常"规范，保家旺族："父之贵者，慈也；子之贵者，孝也；弟之贵者，恭也；夫之贵者，和也；妇之贵者，贤也。"据《程氏族谱》记载，为了表示对长者的敬爱和尊重，每年在祭祀祖宗时，对年满六十岁以上的长者均要分发"养老肉"，满六十岁可分得胙肉八两，七十岁、八十岁、九十岁、一百岁，分别可分得一斤、二斤、三斤、四斤。程氏非常重视子孙品德和积善教育，告诉子孙："诗书不可不学，礼仪不可不知，子孙不可不教，宗族不可不和，斯文不可不敬，患难不可不扶。"南宋程雷发育有五子，长子程原道和次子程宣义均为岁进士，敕授修职郎，程宣义任琼州府琼山县训导，程氏"三代四进士"传为闾里美谈。

在琼州岛，王进庆、林茂森等人的事迹广为流传，受到世人高度赞扬。据清代《澄迈县志》载，王进庆，澄迈人，"性至孝。绍兴间，其母陈氏病瞽而疾且殆。进庆割股为粥奉母，疾愈，瞽复明"⑤。王进庆割股为母治病，成为人们学习的榜样。临高人林茂森的事迹也受到一致颂扬，林茂森"少孤，事母性至孝"，尽管家庭环境贫寒，他"甘贫力学，博极群书"，担任教谕之职，成绩优异，"以《春秋》领永乐辛卯乡荐，仕武宣教谕。勤于课士，及乡试，中式者五人"，"藩臬诸司异之，上其事，尝擢用，以母老辞归养家"。自古忠孝两难全，为了孝敬母亲，林茂森并未离家步入仕途，而是"居以孝弟勤俭迪训家塾及乡人子弟"，⑥成为世人学习之楷模。

二、和顺

"家和万事兴"，和顺是治家之道，是家庭关系融洽的基本要求。明仁

---

① 潮汕翁氏联谊会：《潮汕翁氏族谱》，1996 年，第 394 页。

② 刘琴想、徐光华编：《潮汕家族文化丛谈（家训荟萃）》，潮汕历史文化中心揭阳研究会，2001 年，第 106 页。

③ 刘琴想、徐光华编：《潮汕家族文化丛谈（家训荟萃）》，潮汕历史文化中心揭阳研究会，2001 年，第 156 页。

④ 刘琴想、徐光华编：《潮汕家族文化丛谈（家训荟萃）》，潮汕历史文化中心揭阳研究会，2001 年，第 135 页。

⑤ （明）戴璟修、张岳、黄佐等纂修：嘉靖《广东通志初稿·琼州府》，第 463 页。

⑥ （明）戴璟修、张岳、黄佐等纂修：嘉靖《广东通志初稿·琼州府》，第 470 页。

孝文皇后曾经说过"内和而外和，一家和而一国和，一国和而天下和矣"①，以其特殊地位和身份道出了家和的重要意义。一个家庭中的人际关系几乎涉及所有与血缘有关的亲属关系，包括夫妇、父子、兄弟、祖孙、叔侄、婆媳、妯娌、堂兄弟等，古人在处理这些关系时，尤其强调夫妇、父子及兄弟之间关系和顺的重要性。中国古代家训主要将夫妻、亲子、兄弟间的和谐关系作为家庭和谐的中心思想。中国古代文学家、教育家颜之推说过："父不慈则子不孝，兄不友则弟不恭，夫不义则妇不顺。"岭南传统家训中不乏对处理以上关系的精辟见解。

一是夫妻和睦。夫妻和睦要"夫义妇顺"，家庭以夫妻为核心，夫妻关系是家庭最基本的关系，夫妻关系自古被视为"纲纪之首、王教之端正"②，夫妻关系和谐稳定与否，会影响家庭的其他关系，甚至是整个家庭发展态势的决定性因素。韶关曲江江湾《涂氏族谱》认为"夫妇为人伦之始"，夫妻和睦的状态是"夫和其妇，妇敬其夫"，夫妻还需要分工协作，男主外女主内，"夫以修身齐家之事为本，妇以人伦道德之事为重"，才能实现"夫妻和睦，万事兴矣"。③ 始兴宝树堂《谢氏家训》认为："夫妇为人伦之始，闺门乃起化之原。阴阳和而后雨泽降，夫妇和而后家道成。礼曰：'夫义妇顺，家之肥也。'若琴瑟不调，祸将立待。"④ 河源紫金《卢氏家训》对丈夫和妻子均有训诫，"夫训"为"男位乎外，为妻之纲……晏安动静，容止必庄。寄以中馈，劳以蚕桑。……自古佳偶，岂尽姬姜。"告诉丈夫需举止庄严，以农为重。"妇训"为"无非无议，以相长子。孝事舅姑，和同娣姒。罔拥厚赀，而薄宗里；罔厌糟糠，而存愠耻。富戒守财，贫唯克己。夫有淑行，殚心佐理。夫有凉德，婉言劝止。内助得人，家声日起。"⑤ 教育女性少言多行，友善家人，节俭生活等，教子相夫，让家庭和谐发达。韶关《唐氏族谱》规定，"夫妇宜和：夫妇为人伦之始……阴阳和而雨泽降，夫妇和而后家道成。……不然夫妇反目，萧墙之祸可立而待，非其明验乎"⑥，从正反两方面告诉子孙，夫妻和睦决定家庭兴衰成败。

二是父子和睦。父子和睦即做到"父慈子孝"，为人父母者要慈爱子

① （明）仁孝文皇后：《皇后内训》，《中华大方略全书》，内蒙古人民出版社，2005年，第19页。

② （宋）朱熹集注：《诗集传》卷一，上海古籍出版社，1980年，第2页。

③ 苗仪、黄玉美编著：《韶关族谱家训家规集萃》，暨南大学出版社，2018年，第147页。

④ 苗仪、黄玉美编著：《韶关族谱家训家规集萃》，暨南大学出版社，2018年，第185页。

⑤ 吴善平主编：《客家古邑家训书法石刻》，中国文联出版社，2014年，第19页。

⑥ 苗仪、黄玉美编著：《韶关族谱家训家规集萃》，暨南大学出版社，2018年，第145页。

女，作为子女者要孝敬父母。在处理父子关系上，中国古代家庭多强调"顺"，即子辈要绝对顺从父辈。但岭南历代家训不仅强调子对父的孝顺，也要求父辈在不失权威的情况下要宽容对待子女，父子之间是双向互动的关系。河源紫金《卢氏家训》"父训"条曰："庭帏之内，父也如天……慈非溺爱，教以身先；务成其美，罔顺其愆。秀者就塾，朴者耕田。纵之游手，岂曰能贤。矫轻警惰，父道斯全。"① 即告诉子孙，"父慈"不是"溺爱"，而是要严格要求子孙做个"贤人"，根据个体情况，"秀者就塾，朴者耕田"。韶关乐昌《黄氏族谱》曰："父慈、子孝、兄友、弟恭，夫妇有恩，男女有别，朋友有信义，亲族有款洽。"② 黄氏亦有《文汉公家训》，要求"父之于子，宜慈；子之于父，宜孝；兄之于弟，宜友；弟之于兄，宜恭。夫之于妇，宜和；妇之于夫，宜顺"③。一般说来，家训是长辈或父兄对子弟的训诫，岭南家训中还涉及子弟对父兄的辅佐义务。父兄作为家庭关系中的主宰与权威，对家务的处理起着主导作用，但庞尚鹏认为，"若父兄以为难，则贤子弟羽翼而佐之"④，而父兄对子弟的辅佐帮协也要积极采纳，切不可刚愎自用，盲目抵制。

三是兄弟和睦。兄弟和睦指"兄友弟恭"，颜之推提出兄弟是"分形连气之人"⑤，兄与弟虽然形体分离，但气血相连，存在着割舍不断的天然血缘关系，长兄必须爱护弟弟，弟弟必须恭敬其兄。这种观点普遍为岭南家训所接受。清代南海县的何昌禄与兄弟在美国经商发迹，后著《何德盛堂家规》，其中就有："各款章程，条分缕析，事似涉于琐碎，但自古及今，兄弟争夺，出于贫穷者少，出于富厚者多，盖兄弟本无不和，往往因财产含混不清，因利生嫌，遂至争夺，是遗之以利，适足贻之以害。"⑥ 将"兄弟要和，数目要清"作为处理家产分配的基本原则。韶关曲江江湾《涂氏族谱》曰："兄弟者，分形连气之人也。方其幼也，父母左提右挈，前襟后裾，并食传衣，亲爱无间，且一本所生，薄待兄弟则薄待父母矣，又当以兄弟为心焉。"⑦ 明代著名理学家湛若水在《推爱》中引经据典，针对社会上的"吾爱妻薄兄弟"现象，指出二兄弟乃父母一体之分"，若兄弟明白其中道理，便不会"私财私妻子，必视兄弟如妻子，必能公财，可

① 吴善平主编：《客家古邑家训书法石刻》，中国文联出版社，2014年，第19页。
② 苗仪、黄玉美编著：《韶关族谱家训家规集萃》，暨南大学出版社，2018年，第149页。
③ 苗仪、黄玉美编著：《韶关族谱家训家规集萃》，暨南大学出版社，2018年，第152页。
④ （明）庞尚鹏：《庞氏家训》，《丛书集成初编》，商务印书馆，1939年，第1页。
⑤ 王利器：《颜氏家训集解》，中华书局，2014年，第22页。
⑥ 陈恩维、吴劲雄编著：《佛山家训》，广东人民出版社，2016年，第207页。
⑦ 苗仪、黄玉美编著：《韶关族谱家训家规集萃》，暨南大学出版社，2018年，第147页。

以长保富也"，① 兄弟友爱，家族就可以得到长久发展。

为了家族延绵不息，许多家训用强调的语气或手段，要求兄弟和睦相处。崇祯四年《花都区杨村乡规训示》曰："为高之后者，务期父慈子教，兄友弟恭。"② 惠来方氏历代祖先沿袭《勉悌诗》曰："长幼原来系五伦，尊卑次序理当循，温恭事长诚谦德，退让和顺得令名；隔坐随行为本分，欺凌傲辱祸非轻，试看飞雁不先后，祇事人灵不如禽。"③ 始兴宝树堂《谢氏家训》"尽悌道"条曰："凡今之人，莫如兄弟。诗云之矣，弟固当恭，兄亦宜友。须敦同气之爱，勿伤手足之雅。纵能如古人之大被同眠，灼艾分痛，而侮慢凌竟之习，可勿除欤！"④ 南海《戴氏家训格言》为戴鸿慈及其弟戴鸿惠等纂修，其中收有旧谱的训言、戴鸿慈之父戴其芬告诫三个儿子的训语和戴鸿惠的自省语，道出了许多其他家训未能论及之处。戴鸿惠别出心裁地指出"时加教导，勉以谦和"，以温和的态度对兄弟不时劝导、告诫。再如许多大道理说来容易做来难，戴鸿惠又进一步指出，这不过是"人自难之"而已，只要自己真心想做，又何难之有？这些，多数都是伴随清军机大臣戴鸿慈成长的格言训语，富有实践意义。

如何真正做到和顺？郑观应在给儿子润男写家书时，专门论及"和谐"之法。先明"不和之因"："多由于不遂所求，各执一理，均意气用事，甚至一朝之忿，亡其身，以及其亲。"再述"换位思考之法"："凡事理应推己度人，易地而思，须降心息气，互相研究，方知他人难处。"然后，道出"和谐之方"："其所求与不能应所求者，两难之中权衡其利害轻重，以利多合理者为重；如仍不能决，即请亲族中老成明理者公决，何庸争执以伤和气？"这种提出问题、分析问题、解决问题的思路给世人以深刻启示。

三、勤奋

早期岭南自然环境险恶、经济发展缓慢，岭南人便在贫瘠的山地中、汹涌的江河边生存下来，家训中保留着人们勤奋的轨迹，主要体现在学习与职业两方面。

"勤"在传统农业社会首先指勤于农事生产和相关管理。庞尚鹏（广

---

① 广东省人民政府地方志办公室编：《广东家训选编》，广东人民出版社，2019 年，第 14 页。
② 顾作义主编：《岭南乡规》，南方日报出版社，2017 年，第 15 页。
③ 刘琴想、徐光华编：《潮汕家族文化丛谈（家训荟萃）》，潮汕历史文化中心揭阳研究会，2001 年，第 7 页。
④ 苗仪、黄玉美编著：《韶关族谱家训家规集萃》，暨南大学出版社，2018 年，第 185 页。

东南海人）为了培养子孙自食其力、热爱劳动的美德，将自己的亲身经历记录下来，让子孙了解先辈的生活状态。《庞氏家训》载"少时秉耒躬耕，不辞劳役，昼习章句，暮归灌园"，耐心教导后人"思祖宗之勤苦，知稼穑之艰难"，从小养成勤劳的良好习惯。同时劝诫子孙在日常生活中保持节俭的作风，"子孙各要布衣蔬食，惟祭祀宾客之会，方许饮酒食肉，暂穿新衣。幸免饥寒足矣。敢以恶衣恶食为耻乎？"① 霍韬教诫子弟要"力农作"，让子侄在辛苦劳作中培养善良、俭朴之美德，认为"幼事农业，则习恒敦实，不生邪心；幼事农业，力涉勤苦，能兴起善心，以免于罪庾"，还指出社学要将"务本力农"作为一项重要的内容来考查学生，对于那些"入社学耻力田"的子弟，"初犯责二十，再犯责三十，三犯斥出，不许入社学"。② 这些措施对读书子弟有一定的督促和鞭策作用。

除了勤作外，子孙还要勤管理。土地买卖在明清两代极为频繁，由于田地界不明确导致的纷争不断，因此，田产"明立界限"就成为明清家训中经常强调的训示之一。为了防止因田地界不明确而引起土地所有权方面的争执，家训的作者认为家长应该"勤于管理"，以熟悉并明确田地界为重要职责，如庞尚鹏将"田地十名丘段，俱要亲身踏勘耕管"写进家训，要求子侄遵守。

"勤"在耕读传家的乡村社会还指勤奋读书。

唐上元三年（676），为了笼络天下人才和推动荒蛮之地发展，唐高宗置南选使，简补广、交、黔等州官吏，为贫寒家族的发展提供了一条通道，这一点在家训中得到详细的体现。顺德刘氏家训云："知教养子孙，诚人生急务，而读书尤属第一着。""如教之成材，则送之进学，以取科目之荣；如不成材，亦学乎诗歌，以接儒林之雅。"③ 南海桂士杞著《有山诫子录》，全书主旨为"读书为善"四个字。南海商人梁大铺，也以自己亦商亦儒的经验告诫子孙，读书是人生修行的基础，即使无机会考取功名，也应该勤奋读书："谕子若孙，无论为士为商，均宜多读书，用大义，敦品勖学。愿后子孙连登科甲，得名于时，皆公训也。"④ 即使是经济基础良好的世家大族对子孙读书的劝诫也一直没有松懈。从世族大家社会流动的规律来分析，商贾家族和世宦家族最终都发展为诗书家族，从而确保家族的长远发展。

① （明）庞尚鹏：《庞氏家训》，《丛书集成初编》，商务印书馆，1939年，第5页。
② （明）霍韬：《霍渭厓家训·子侄》，（清）孙毓修编：《涵芬楼秘笈》，汲古阁精钞本。
③ 陈恩维、吴劲雄编著：《佛山家训》，广东人民出版社，2016年，第220页。
④ 《家传》，《南海芦排梁氏家谱》卷三，清宣统金壁斋刻本。

122

明代顺德人黄士俊在治家格言中，以"燕山家庭有法，五子俱登；孟母庭主有方，一儿亚圣"的成功来激励子孙，同时批判"不读诗书，纵富万金"为"愚人之论"，再三强调："勤能补拙，俭可助贫。"①庞尚鹏也明示子弟："童子年五岁诵《训蒙歌》，不许纵容骄惰；女子年六岁诵《女诫》，不许出闺口。若常唉以果饼恣其欲，娱以戏谑荡其性，长而凶狠，皆从此始。当早禁而预防之……子孙各安分循理，不许博弈、斗殴、健讼及看鸭、私贩盐铁，自取覆亡之祸。"②

楹联体家训是岭南家训的显著形态特征，根据陈平的《中国客家对联大典》分析，在收录的3 568副对联中，有1 325副楹联含有"书""耕""读""士"等字眼，通过耳濡目染的方式劝诫子孙勤奋好学，耕读传家。譬如，刘氏平远县坝头镇东片孝友堂的堂联为"敦仁爱，聿修祖德尽孝友；本信义，诏厥孙谋垂诗书"。大埔百候镇杨氏孝祀堂不仅用堂号点明孝悌家风，还在堂联中重点阐明耕读孝悌的重要性，"同榜题名十秀七魁三进士，阖门著节一廉二孝三忠臣"③，以激励子弟奋发图强，延续家族的发展。

四、积善

积德修善是传统家训极力倡导的为人处世哲学，家训中多倡导"积善之家，必有余庆；积不善之家，必有余殃"④，"作善降之百祥，作不善降之百殃"，认为人的善恶行为关乎家族的荣辱声望和后代的福祸报应，强调积德胜于积财，以财产传家不如以德传子孙。清代政治家林则徐作教子联曰："子孙若如我，留钱做什么？贤而多财，则损其志。子孙不如我，留钱做什么？愚而多财，益增其过。"⑤发人深省。

"积善成德"中的"善"包含两方面的含义，即"善心"和"善行"。韶关曲江江湾《涂氏族谱》有"仗义"条："济困扶危，乃仁人之本念；解纷排难，大丈夫之殷怀。情联宗党，当切同体之恫瘝；宜本宗枝，尤深休戚于痛痒。倘能缓急相需，乃称仁慈克殚。"⑥河源《龚氏家训》有"扬善行"条："周人急，扶人危。疏财仗和义，公益要常为。多行慈善获

---

① 广东省人民政府地方志办公室编：《广东家训选编》，广东人民出版社，2019年，第39页。
② （明）庞尚鹏：《庞氏家训》，《丛书集成初编》，商务印书馆，1939年，第12页。
③ 陈平主编：《中国客家对联大典》，广西师范大学出版社，2015年，第183页。
④ 李学勤主编：《十三经注疏》，北京大学出版社，1999年，第31页。
⑤ 方建新：《中国家风　家训　家规》，中国书店，2018年，第276页。
⑥ 苗仪、黄玉美编著：《韶关族谱家训家规集萃》，暨南大学出版社，2018年，第147页。

善报，泽被苍生德永垂。行善非徒得旌奖，大众称扬载口碑。"① 韶关乐昌《黄氏族谱》中有《文汉公家训》中的要求："勿以善小为无益而不为，勿以恶小为无防而为之。"② 都要求子孙帮助他人。花县洪氏《原谱祖训续训》认为，"子弟之行不谨，皆父兄之教不严"，教育的方法就是言传身教，"为父兄者，朝夕教训子弟，使其以良善存心，以礼义侍身"，让子弟心存良善，身怀礼仪；如果父兄没有尽力教育子弟，则"不率教者，鸣族公责。又不听者，鸣官究治。若父兄容纵，许族人一同究论"，③ 将德行教育提升到了法律的高度。

《南海金鱼堂陈氏族谱族规》除祖先坟墓、祖产等项与今时相隔较远外，其他各项皆劝善惩恶，可引领子孙修身养德、持家传世。当中有些条款十分特别，为佛山其他家训所未涉及，如奖赏一项，除平常的颁胙肉、奖花红外，那些遵守族规的"认真尽善""善行可嘉"的族众，可获得被载入族谱、流传后世的资格，这种对善言、善行的特别奖赏，极大地鼓励了族众行善尽善。明代中期，霍韬在家训就设立了"记过旌善簿"，对家庭成员的日常行为规范和功过善恶进行记录，"虽家长有过皆书"④，在家庭管理中实行公平原则，这也更加要求长辈以身作则，做好榜样。

南海桂士杞继承父亲桂鸿之志，注重对儿孙的教育，培养出清代广东大儒桂文灿、桂站，成就了一族书香。《有山诫子录》不分卷，由桂士杞所编、桂文灿所刻，主要为历代名人典故、格言警句的摘抄（部分内容之后有桂士杞的分析评论），以及他自己的治学、读史、观世等心得。全书基本上以"读书为善"为中心，劝诫子孙做好人、勤读书、守礼节、正风俗，以冀讲求实学，造福苍生。此书虽然为晚清时期的作品，但是文字典雅、征引广博、道理渊深，读来颇有韵味，可以从中获益不少。而且桂士杞比较关注当时岭南的各种社会风气，如针对婚嫁趋于奢靡之风气，桂士杞广寻理据，力为破之，颇有功于当时，亦可借鉴于当代。"粤东风俗侈靡，婚嫁尤甚，凡衣裳、被褥、簪珥之多寡，迎导、鼓乐、执事之数目，已莫遵定制矣。至女子许嫁后三日归宁，向用烧猪以遗戚友，其始不过一二头，迩来夸多斗靡，竟有用十头八头以至二三十头、四五十头者。"⑤ 桂士杞对不良世风一针见血的批判，对优良世风的形成意义重大。

---

① 吴善平主编：《客家古邑家训书法石刻》，中国文联出版社，2014 年，第 132 页。

② 苗仪、黄玉美编著：《韶关族谱家训家规集萃》，暨南大学出版社，2018 年，第 152 页。

③ 广东省人民政府地方志办公室编：《广东家训选编》，广东人民出版社，2019 年，第 154 页。

④ （明）霍韬：《霍渭厓家训》，（清）孙毓修编：《涵芬楼秘笈》，北京图书馆出版社，2000 年，第 436 页。

⑤ （清）桂士杞《有山诫子录》，同治六年（1867）南海桂氏家塾刻本。

　　在岭南家训中，对于"善"的全面解释首推《霍氏家训同善录》。霍春洲根据先正格言，录其简要精切的部分，以某种"善"为主题，从居官、绅宦、商贾、士行、农家以及心相等方面总结善行，详列子孙修身、处事所应该遵守的 300 种善，即 300 种正确的做法，对后世产生了深远影响，不仅能帮助个体提升修为，也兼具教化社会风气的作用。不少家训提出"禁赌博"，因为赌博本是公开攫取不义之财，且索取的对象多是至亲世交，常致人夫妻反目，倾家荡产，同室操戈，造成极大的社会危害。"戒讼"在一些家训中也是重要内容，争讼会导致家人反目，奸诈之徒凭借口舌攫利，忠信者也会因此变得狡猾，这不利于淳厚民风的养成。此外，家训中对戒醉、戒淫、戒怒、戒听谗、戒入异端、戒戏谑、禁弃五谷、禁弃字亵书等均有所体现，这些戒禁虽是对家族成员做出约束，但无疑对净化整个社会风气都产生了积极影响。

　　明清统治者都非常重视道德教化。清太祖努尔哈赤说过："为国之道，以教化为本，移风易俗实为要务。诚乱者辑之，强者驯之，相观而善，奸慝何自而逞？"① 显然，施行道德教化的目的是使百姓由"强"变"驯"。本着这一方针，清初的社会教育是以道德教化为主的。入关以后，清世祖继续执行道德教化，于顺治九年（1652）颁布《六谕卧碑文》，其文曰："孝顺父母，恭敬长上，和睦乡里，教训子孙，各安生理，毋作非为。"② 这成为当时社会教育的基本内容，直到清末，这些内容还在家训中得到体现。如林则徐在《训次儿聪彝》中强调为人处世应遵守五件事："一须勤读敬师，二须孝顺奉母，三须友于爱弟，四须和睦亲戚，五须爱惜光阴。"③ 这五件事，将传统"仁义礼智信"的精神演绎得淋漓尽致。

　　晚清时期，社会动荡不安，但岭南社会对道德教化、对家庭成员美好品德的培养并未放松，以郑观应家训说明之。中国近代最早具有完整维新思想体系的理论家郑观应出自香山县（现广东省中山市）的书香世家郑氏家族，其祖父郑鸣岐是一位儒士，将"德行为上，慈善为怀"作为教诲儿孙的首要一条，奉行"积金玉以遗子孙，子孙未必能守；积诗书以遗子孙，子孙未必能读；不如积德以遗子孙"④ 的准则。郑观应的家训有家书、嘱书、诗歌、散文、匾额、楹联等多种形式，总计超过26 000字。郑观应

125

　　① 《太祖高皇帝圣训》卷三，清乾隆四年刊本，中华书局，1986 年。

　　② （清）林则徐：《林则徐家书》，广东省人民政府地方志办公室编：《广东家训选编》，广东人民出版社，2019 年，第 81 页。

　　③ 《风教·讲约一》，《清会典事例》卷三百九十七，中华书局，1991 年。

　　④ （清）郑观应：《香山郑慎余堂待鹤老人嘱书》，华东师范大学出版社，1994 年，第 437 页。

《训次儿润潮书》曰："清、慎、勤三字，古之循吏垂为官箴，余谓此三字不特为官宜守之，即作商亦宜奉作金科玉律。"① 在这样的家训指导下，郑氏子弟品行端正，生活勤俭、洁身自爱，无论是交友用人还是婚姻择偶都十分谨慎。郑氏家族成为清末以来岭南家族之翘首。

第三节　家庭事务管理

从现代管理观点来看，管理就是组织中的领导通过计划、组织、领导和控制等职能实现组织的目标。在家庭事务中，管理就是家长通过成员分工、财产管理、勤俭持家、睦邻济贫等方式，重点管理好人、财、物三个基本要素，协调家庭成员关系，以实现家庭兴旺发达。

岭南家训在明清时期大批产生，与国内其他区域家训相比，其主要特点是有大量的关于家庭治理、家庭财务管理等方面的记载，如《庞氏家训》几乎全篇都在讲述家庭事务管理。究其原因，主要有两点：一是明清时期岭南经济水平快速提升，手工业、农业、工业、商业等各方面发展迅速，直接促进了家庭生产和消费水平的提高，因此家务管理多以财产分配为主。二是随着家庭人口不断繁衍增多，家庭经营等业务日益繁缛，如果缺少系统的管理策略，家庭成员之间的财物分配和分工协作就会受到影响，由此关系到家族的命运兴衰，所以，家庭管理越来越受到重视。

一、人生在世，会当有业

人是家庭的核心要素，家庭是社会的一个缩影。中国古代家庭成员的分工反映出当时社会的基本情况。岭南家训中偶尔涉及"男主外，女主内"的家庭分工模式，几乎所有的家训都有"士农工商各居一艺"的多元化职业选择内容。明代岭南家训中关于家庭成员的职业选择大致有以下三种观点：

其一，明代前期，大多家庭坚持"不仕则农"的职业选择。如农民出身的庞尚鹏曰："子弟以儒书为世业，毕力从之。力不能，则必亲农事，劳其身，食其力，乃能立其家。"② 儒业为第一选择，如果无法实现儒业，

① （清）郑观应：《训次儿润潮书》，夏东元编：《郑观应集·下册》，上海人民出版社，1988 年，第 1208 页。

② （明）庞尚鹏：《庞氏家训·务正业》，杨威：《中华传统家训精粹》，教育科学出版社，2020 年，第 161 页。

则需要认真从事农业。而对于从未产生"仕宦"子孙的家族来说，仍然坚持"以农为本"的选择，如河源客家李姓"……重农桑以足衣食。高节俭以异财用，隆学校以端士习。……训子弟以禁非为，息诬告以全善良。"①

其二，明代中后期，部分人虽强调农业为本，但也认可其他行业的选择。正如明人所云："古者四民异业，至于后世，而士与农商常相混。"②譬如，韶关仁化周田渤海堂《吴氏族谱》："士农工商，各守一业，皆需努力精进，可以百学多艺长，亦可精深一门专，以正当职业道德，克胜前人，以振家声。在家务须勤奋耕读，谚云：有田不耕仓廪虚，有书不读子孙愚。此语足为后裔针砭。"③乐昌寨背张氏《家规十劝》："劝勤执事：士农工商，业虽不同，皆有常识。勤则业修，惰则业毁。为士者，须修德，行习文艺，科第为重；务农者，须勤耕种以备养家；为工者，须勤工作，不可伪弄；至商不论大小，日近街市，须省费钱财，不可浪荡江湖。解决诸弊胥捐，不惟姻里钦仰，家可以恒保。"④河源客家叶氏家训认为："文明进化，诗书农桑。各执一业，毋怠毋荒。矢勤矢俭，力图自强。"⑤郑观应认为"各执一艺，勤俭治家，素位而行，又何患乎贫贱？"他再三强调："善耕者不必善织，能读者不必能商。但求一艺之精，可为世用，足矣。"咸丰八年（1858），郑观应年方十七便"小试不售，即奉严命，赴沪学贾"。1914年，73岁的郑观应自感身体状况不佳，便预先立下遗嘱，将财物在妻妾子女间做出分配，并特别叮嘱子女们："我知二十世纪觅食艰难，故定家规，甚望我子孙各精一艺，凡子孙读书毕业后及二十一岁后，不愿入专门学校读书者，应令自谋生路，父母不再资助。"这一说法与传统观念中对技艺的轻视大不相同，充满了现代气息。他曾作诗寄长子郑润林说："欲作人间大丈夫，必须立志勿糊涂。专门望习农工矿，先哲辛劳记得无。"他认为精于农工、商贾也能够自立，不单纯要求儿子们习举业，走仕途。在父亲的安排下，郑润林赴日本留学并毕业于法政高等警察学校，次子郑润潮入读北京的税务学校，三子郑润燊、四子郑景康均就读于商业专科学校。郑观应劝诫几个儿子都要熟练掌握一门知识技能，并作比喻："小如蜘蛛尚能结网，蜂能酿蜜，蚁能聚粮，人为万物之灵反不

---

①　吴善平主编：《客家古邑家训》，华南理工大学出版社，2014年，第32页。

②　（明）归有光：《白巷程翁八十寿序》，《震川先生集》卷十三，上海古籍出版社，1981年。

③　苗仪、黄玉美编著：《韶关族谱家训家规集萃》，暨南大学出版社，2018年，第68页。

④　苗仪、黄玉美编著：《韶关族谱家训家规集萃》，暨南大学出版社，2018年，第99页。

⑤　吴善平主编：《客家古邑家训》，华南理工大学出版社，2014年，第23页。

如物，能无愧乎?"① 这也是古代"积财万千，不如薄技在身"家训思想的体现。

其三，完全扬弃了"治生之道，不仕则农"的传统观点，主张农林牧渔百业并举，职业选择的范围进一步扩大。岭南人训导子弟通过学习获取谋生的各种技能，姚氏家训云："人须各务一职业，第一品格是读书，第一本等是务农，外此为工为商，皆可以治生，可以定志，终身可以免祸。唯游手放闲，便要走到非僻处所去，自罹于法网，大是可畏。劝我后人，毋为游手，毋交游手，毋收养游手之徒。"② 这些要求，看似是个人职业选择，实则事关家庭和社会。一个人是否有固定职业、是否有益于社会，不但影响个人在社会中的生存发展，也影响家庭、家族在社会中的声誉。

"人生在世，会当有业"，这是中国古代家训规劝家庭成员职业选择的基调。明清时期，岭南商品经济比较发达，商人竞争亦比较激烈，岭南家训不仅对择业观的多样性做了各种记载，也对职业技能和职业态度做出了鲜明强调。如袁了凡之父袁仁要求儿子要勤习职业技能："而业在是，则习在是，如承蜩、如贯虱，毫无外慕，所谓专也。"③ 河源客家杨姓家训："专习业，务求精。崇勤劳，尚节俭。恪职守，讲奉献。倡义举，爱公益。"④ 同时，商场如战场，商人要在竞争中立于不败之地，也必须提高自身的文化水平和文化素质。佛山商人梁定荣说："读书在明理，识世务。无论士商，均当自力学，亦籍为道德之基。"⑤ 南海县商人梁大镛，也以自己亦商亦儒的经验告诫子孙必须努力读书："谕子若孙，无论为士为商，均宜多读书，用大义，敦品学。愿后子孙连登科甲，得名于时，皆公训也。"⑥ 肇庆《赵氏家训》有"禁非为"条："人生斯世须趋正道，始为正人。乃有一等丑类，学习法打，包抢包牵，外逞豪强，心怀狡诈，每每恃能挟制，藉径刁唆，坏名分而不辞，犯王章而不顾。此等败行，大辱宗亲。凡我族人，均宜惕戒，毋游手好闲，而失本业；毋博弈饮酒，以废居诸；毋身陷不法，以身罹于刑章；毋肆态胡行，而见憎于乡党。修其身，安其分，勤其业，不居然秩秩之佳子弟哉。"⑦ 这些家训都要求子孙根据自

① （清）郑观应：《致天津翼之五弟书》，广东省人民政府地方志办公室编：《广东家训选编》，广东人民出版社，2019 年，第 92 页。

② 吴善平主编：《客家古邑家训》，华南理工大学出版社，2014 年，第 104 页。

③ （明）袁衷：《庭帏杂录》，《丛书集成初编》本。

④ 吴善平主编：《客家古邑家训》，华南理工大学出版社，2014 年，第 58 页。

⑤ 汪宗淮、冼宝干：《人物八》，民国《佛山忠义乡志》卷十四。

⑥ 《家传》，《南海芦排梁氏家谱》，清宣统金壁斋刻本。

⑦ 肇庆高要莲塘《赵氏族谱》，手写本。

己的兴趣和能力，选择适合自己的职业，实现自我人生价值。

二、量入为出，统筹管理

古代家庭的收入途径一般十分有限，要照顾众多家庭成员的生计，就必须提前做好统筹规划，根据储蓄的水平，综合考虑备荒成本、上缴税务和意外开支等条目，一般情况下"入"应大于"出"，以确保特殊情况下，"出"能够大于"入"。"量入为出"的理财观念，通俗易懂，且符合当时农业社会以自然经济为主导的具体情况，同时契合儒家文化的价值观、财富观、义利观，成为历代家庭财物管理的核心原则。

"量入为出"的理财方法在明代中期著名经济改革家庞尚鹏的《庞氏家训》、明代名臣姚舜牧的《药言》以及霍韬的《霍渭厓家训》等多部家训中都有详细的记录。《霍渭厓家训》对家族的经济生产和经营管理尤为重视，文曰："居家生理，财货为急。聚百口以联居，仰赀于人岂可也。"一方面，强调对家庭成员进行有序管理，"凡居家卑幼须统于尊，故立宗子一人，家长一人"；另一方面，强调要管理好家庭的生产物资和农田，"凡石湾窑冶，佛山炭铁，登州木植，可以便民同利者，司货者掌之……凡耕田三十亩，岁收，亩入十石为上功，七石为中功，五石为下功，灾不在此限"。此外，还通过指定奖赏制度，鼓励族人积极参加生产劳动，从事耕种，"报田十亩，以五亩为正绩。余五亩，赏五分"。[1] 又如《庞氏家训》对家庭生产资料的管理规定为："女子六岁以上，岁给吉贝十斤，麻一斤……丈夫岁用麻布衣服，皆取给于其妻。吉贝于麻，各计每年给若干，皆令身自为之，不许雇人纺绩。"对粮食的管理方法则为："每年计合家大小人口若干，总计食谷若干，预备宾客谷若干，每月一次照数支出，各另收贮。"[2]

明清时期，岭南家训中诸如此类的家庭财物管理例子不胜枚举。明朝进士程钫的家训中详细规范了家族管理人员的产生、任职及交接等事宜，"管理众事，每年五房各一人轮值，一年事完，先期邀下年接管人明算，将所领家议手册填注明白，复别具一册"。乐昌寨背张氏《家规十劝》借鉴南海老氏家训思想，对家庭开支作了非常详细的规定："劝尚节俭：俭者，君子之德。世俗以俭为鄙，非远识也。俭则足用，俭则寡求，俭则可以成家。故老氏三宝，俭居一焉。夫俭，非吝啬之谓也，但用之有节。

---

① （明）霍韬：《霍渭厓家训》，陈建华、曹淳亮主编：《广州大典·子部儒家类·家训》，广州出版社，2015 年。

② （明）庞尚鹏：《庞氏家训》，《丛书集成初编》，商务印书馆，1939 年，第 3 页。

冠、婚、丧、祭，原有定式，贵循乎分。若好门面，总要胜人卖产借债，全不顾虑。此风一倡，何以裕后？即设法应用，犹如剜肉补疮，所损日甚。吾愿宗族人，等量入而出。斯耕三可以余一，耕九可以余三。男子服用，固宜俭素，妇人尤戒华饰。若金珠绮罗，求其所欲，则冶容诲淫，慢藏诲盗。一事两害，莫甚于此。况妇识无他，只宜勤纺织，供馈食，簪珥衣裳，简质而已。内外合德，其家未有不丰。"①张氏这条家规，既向子孙说明节俭之由，又告诉子孙节俭之方，在韶关府得以推广。

清代南海县何昌禄与兄弟在美国经商发迹，为了保持家族发展，专作《何德盛堂家规》，要求子孙传承节俭家风："我家积世勤俭，谨厚诚朴，汝曹日后无所创立者，固宜恪守家风。"即使子孙有机会创业而取得成功，也需要保持节俭："即幸而经营富厚，亦不可稍事奢华，务宜男勤事业，女勤操作，以节俭持家，以谦恭处世。"并且在细节方面进行了详尽规定："所有一切日用、饮食、衣服、器物，亲戚往来，朋友交际，诸从俭约，务以真意相与，勿以浮华相尚。用度量入为出，日给之外留有余，以为意外之需；遇有吉凶事，宜加意撙节，切勿奢侈效富豪大家风气，切不可装大门户，只可人笑我鄙陋，不可人羡我豪华。门户大则应酬日多，最难收窄；用度奢则事物日益，最难返俭；作事华则家庭日习，最难返朴。即使十分富厚，终必至于贫乏。若系中等之家，饥寒立至。"这些内容亦是以情动人，深入浅出，教诲子孙。当然，崇尚节俭与"乐善好施"并不矛盾。"至若乡内无益之事，切不可出资帮助，更不得将尝项捐签；若乡族兴修庙宇、祖祠，及一切兴礼施教、奉上急公、济人利物、救急扶危、修桥整路、保全良善、成人美举，与夫周恤亲戚之饥寒困苦，自己固当量力勉为，即和同会商，在尝项余资捐签帮助，亦可随时办理。"②

对于家庭财产的收入和分配，岭南家训也有涉及。清代学者邓蓉镜告诫子孙"勿占便宜"，"凡产业来历不甚分明者，价虽极廉，亦不宜买。我既便宜，他人必不免于吃亏，放利多怨，子孙当永戒之。更有欲占便宜而受人所愚，反致自己吃亏者，尤当戒也！"③要求子孙诚实经营，获取正当收益，以全身保家。在财产分配处理上，岭南家训追求公平公正之原则，对子弟一视同仁，如庞尚鹏认为："嫡庶不同出，兄弟不同母，其间抵牾难尽言。若用情少偏，则是非蜂起，其流祸蔓延于子孙，或因而荡覆其家

---

① 苗仪、黄玉美编著：《韶关族谱家训家规集萃》，暨南大学出版社，2018年，第98页。
② 陈恩维、吴劲雄编著：《佛山家训》，广东人民出版社，2016年，第209页。
③ （清）邓蓉镜：《邓蓉镜家规》，东莞市图书馆藏复制本。

者，亦多有之，此不可不慎图也。"① 因此，财产分配应公平公正，以利于家庭成员和睦相处、社会和谐发展。

三、勤俭持家

勤俭持家是中华民族的传统美德。古往今来，所有圣哲先贤均主张勤俭的美德，《论语·述而》中明确阐述了孔子对于节俭的态度："奢则不孙，俭则固，与其不孙也，宁固。"② 墨子也说过："俭节则昌，淫佚则亡。"这些都是我国传统道德中所提倡的"唯俭养德"的道德思想。如果说修身是立身之本，那么治家则是立身的外在表现。勤俭节约是一个家族兴盛的基础，"家业之成，难如升天，当以俭素是绳是准"③，强调家业成就不易，必须以勤俭朴素作为准绳。只有在家庭中形成勤劳、节俭的风气，以"勤"为治家之基，以"俭"为守家之本，家族乃至国家才可能繁荣昌盛。

从家庭经济管理角度来讲，如果说"勤"是获取财富，那么"俭"就是对财富的支配，主要体现在衣、食、住、待客、婚葬、节庆等方面。近代维新思想家、洋务实业家郑观应在家训中重点论述了家庭的主要开支项目："家庭经济之重盖有三，即俗所谓食、着、住也。一曰食不必山珍海味也……二曰着不必蜀锦吴绫也……三曰住不必高楼广厦也。"④ 郑观应虽然腰缠万贯，但在生活中保持了"俭朴"之风，这对于营造清廉俭朴的社会风气有很好的示范意义。

俭以养德，人们还将"勤劳"与道德品性相连，认为节俭是君子应当具有的品德，是立身、保家、传子孙的宝贵品质。康熙在《庭训格言》中指出："若俭约不贪，则可以养福，亦可以致寿。"⑤ 节俭、不贪心是传统家训在道德品质方面对子女的共性要求，认为一个人若能具有节俭和不贪心的品德，不仅可以颐养福气，还能够延年益寿，因为"人生享福，皆有分数，惜福之人，福尝有余；暴殄之人，易至罄竭"⑥，这对于子孙正确看待功名利禄有重要的指导作用。"俭者君子之德，世俗以俭为鄙，非远识

---

① （明）庞尚鹏：《庞氏家训》，《丛书集成初编》，商务印书馆，1939年，第10页。

② 李学勤主编：《十三经注疏》，北京大学出版社，1999年，第98页。

③ 郑文融：《郑氏规范》，《丛书集成初编》，中华书局，1985年，第17页。

④ 广东省人民政府地方志办公室编：《广东家训选编》，广东人民出版社，2019年，第91页。

⑤ （清）康熙：《庭训格言》，成晓军、李茂旭主编：《帝王家训》，湖北人民出版社，1994年，第263页。

⑥ （清）张英：《聪训斋语》，郭齐家、李茂旭主编：《中国传世家训经典》第四卷，人民日报出版社，2009年，第1540页。

也。俭则足用，俭则寡求，俭则可以成家，俭则可以立身，俭则可以传子孙。"① 俭，可以立身，可以成家，可以传子孙。"一身能勤能敬，虽愚人亦有贤智风味。"② 曾国藩认为，勤劳是治家之道，而懒惰和奢侈是国破家亡的罪魁祸首。

郑观应在《训长男润林书》中要求儿子践行"清、慎、勤"三字，因为"自天子以至于庶民，一是皆以修身为本。其本乱而末治者否矣"③。在《致月岩四弟书并寄示次儿润潮》中曰："至于勤俭，尤处家第一要义。无论贫富，若怠惰自甘，则家道难成。盖大富由天，小富由勤，勤而不俭，终难积蓄。"他在《读寒山诗自励并训后人》中曰："心以静而专，学以勤为美。"④ 郑氏家族成员恪守"清、慎、勤"行为准则，很快将家族推到清末"岭南家族翘首"之地位。

在社会风气的形成中，士大夫或政府官员具有明显的示范作用。明代南海人庞尚鹏，官至正四品右佥都御史，一生清正廉洁，《庞氏家训》要求子孙后代将"孝、友、勤、俭"作为安身立命之本，要求子女朴素着装，"子孙各要布衣蔬食，惟祭祀宾客之会，方许饮酒食肉，暂穿新衣"。在亲戚往来中以俭约为原则，"亲戚每年馈问，多不过二次。每次用银，多不过一钱。彼此相期，皆以俭约为贵，过此者，拒勿受"，若有亲戚不按规矩行事，可以拒绝接受。在接待客人方面也有明确要求："如亲友常往来，即一鱼一菜，亦可相留。"⑤ 明代礼部尚书黄士俊，顺德人，以"勤能补拙，俭可助贫"为治家原则，要求后人"或劳心，或劳力，人世间食无闲饭；或采薪，或钓鱼，天涯外何处无财？"⑥ 清代刑部尚书、军机大臣戴鸿慈，南海人，告诫子孙不管从事何种职业，务必量入为出，戒奢以俭，"人生不可游手好闲，无论士农工商，各执一艺。尤当节俭，量入为出，俗尚奢靡，不可效尤"，对家中女性也提出了要求，"妇女亦须勤纺绩，省闲费"。⑦

在士大夫或政府官员的引领下，岭南各地世族亦保持勤俭之风。肇庆府第一世族赵氏家族在《赵氏家训》中有"尚勤俭"条目，曰："勤俭乃

① （宋）倪思：《经锄堂杂志》，陈宏谋辑：《五种遗规》，线装书局，2015 年，第 170 页。
② （清）曾国藩：《家书》，北岳文艺出版社，1994 年，第 411 页。
③ 广东省人民政府地方志办公室编：《广东家训选编》，广东人民出版社，2019 年，第 96 – 97 页。
④ （清）郑观应：《香山郑慎余堂待鹤老人嘱书》，华东师范大学出版社，1994 年，第 443 页。
⑤ （明）庞尚鹏：《庞氏家训》，《丛书集成初编》，商务印书馆，1939 年，第 6 页。
⑥ 广东省人民政府地方志办公室编：《广东家训选编》，广东人民出版社，2019 年，第 40 页。
⑦ 广东省人民政府地方志办公室编：《广东家训选编》，广东人民出版社，2019 年，第 122 页。

居家之本。勤者财之来，俭者财之蓄。常见好闲之辈，似乎惰气天成，稍盈余，即喜丰而好胜。不思一时侈欲转囊空，悔何及哉。故不勤不得以成家，即不俭亦不可以守家也。"语云："一勤天下无难事。"又曰："有钱不可使尽。愿后人其敬听之。"① 以怀集县梁村镇何屋村、鼎湖沙浦镇桃溪村作为标识的肇庆何氏大家族，全族人严守何氏祖训："勤为无价宝，俭乃护身符。"肇庆黎氏大家族家训为："古有明训，士不勤，则学不精，农不勤，则田不治，工不勤，则觅食艰，商不勤，则谋利难。"② 肇庆广宁沙心岜罗氏家族于雍正丁未年（1727）迁居，分别居住于十几个村庄，但他们共同坚守祖上训诫："俭可助廉，勤能补拙。开财之源，非勤莫克。节财之流，惟俭是则。士、农、工、商，各精其业。怠惰奢华，切宜刻责。休待老年，徒伤落魄。克勤克俭，是为美德。"③ 肇庆戴氏是戴元佐后人，在明代入居肇庆，后转居德庆，家族成员恪守家训："衣食足而后礼义兴。男耕女织，及时勤力，制节谨度，量入乃出，自有余饶。"④ 并逐渐成为当地颇有影响的文化世家。

在世家大族的引领下，其他小家族纷纷效仿，倡导勤俭之风。肇庆高要新江一村（百丈村）邓氏宗祠第二进大厅左侧墙壁至今仍挂着明代邓斌关于子孙教育的名言："勤奋志坚为本，克己俭欲为目，以智胜力为标。志各图宜，必争图首，握机鸿图。忠耿勿愚，色财勿贪，处事勿厌。"⑤ 清代端州长砦街周家大屋刻家训，引用了朱熹的名句："一粥一饭，当思来处不易。半丝半缕，恒念物力维艰。器具质而洁，瓦缶胜金玉。饮食约而精，园蔬愈珍馐。勿营华屋，勿谋良田。"肇庆黄姓四十八字祖训："官不忘民，民不忘本。贫不失志，富不忘贫。堂正诚实，廉洁清贫。勤劳俭朴，诸事严谨。孝敬父母，善待他人。自强不息，造福子孙。"南雄陇西堂李氏规定："崇节俭以惜财用：人必留有余之财，而后可以供不时之用。凡我子孙，无论冠婚丧葬，皆宜量入为出，使祖父终岁勤砺，日积月累，为子孙者，或任意奢华，夸耀里党，曾不转盼，遗产立尽，无以自存，不甘流于不肖，上必辱夫祖宗，合族共责成之。"⑥

诸如迎来送往、接人待物等方面，家训也都有详细规定。如安葬问题，清代胡方专门写《遗嘱》，要求做到"殓葬俱要极薄，棺不可过三金，

① 肇庆高要莲塘《赵氏族谱》，手写本。
② 肇庆高要《黎氏族谱》，手写本。
③ 四会威整镇甜竹坑村《罗氏家谱·家训》，手写本。
④ 德庆回龙镇大塘村《戴氏家训》，手写本。
⑤ 肇庆高要《邓氏族谱》，手写本。
⑥ 苗仪、黄玉美编著：《韶关族谱家训家规集萃》，暨南大学出版社，2018年，第47页。

当时以贫俭吾亲，今如是乃安也；违我必为厉鬼！""亲友远来，领一揖，炷香杯茗，不受临莫。此二十余年之志也，仁人当勿违之，使魂魄得安。"① 这对社会提倡薄葬具有积极意义。

四、睦邻济贫

社会是由若干个家庭组成的，如果仅仅是家庭内部关系和睦，还远不能达到整个家族、村落、国家的和谐。岭南家训多处告诉子孙，平时要善待乡邻，与邻里相互照应，建立和睦融洽的邻里关系。

岭南的先民部分来自中原，经过数度迁徙在广东、福建、江西等地的崇山峻岭间定居下来，只有通过团结互助，才能与恶劣的自然环境相抗衡，才能生存。因此，岭南人将这种团结互助的精神作为行为规范写入族谱中，成为世代相传并遵循的祖训。潮汕黄氏家训"睦宗族"："宗亲有万年所同，虽支分派别，则源同一脉，不可相视为秦越。兹惟吾族务宜敦一本之祖，共成宗亲之道。"② 韶关曲江江湾《涂氏族谱》："居必择邻，智在处仁。……故德不孤而有邻，邻居和而安居。德业辅成，过失规诫。倘恃意气以嚣凌，将必孑处而寂寞。"③ 潮州鹤巢李氏家训："慈善商贾，泽被桑梓，敦亲睦族，厚待邻里。"潮州家富公祠家训："九族既睦，必笃情谊，欣戚相关，共保公利。"《庞氏家训》要求："处宗族、乡党、亲友，须言顺而气和。非意相干，可以理遣；人有不及，可以情恕。若子弟僮仆与人相忤，皆当反躬自责，宁人负我，无我负人。"④ 花县洪氏在清末出过太平天国首领洪秀全，其《原谱祖训续训》"谕族人"条："子必孝亲，弟必敬兄，幼必顺长，卑必承尊，处宗族以和敬为先，处乡党以忠厚为本，凡我族人，尚其勉诸！"⑤ 肇庆《赵氏家训》要求"睦宗族"："自古乡田同井，出入相友，守望相助，疾病相扶持。……庆吊必互相往来，缓急必互为通义。鳏寡孤独，必为之哀矜；困苦颠连，必为之照顾。能与祖宗济一日子孙，即能与祖宗免一日忧虑。若乃各顾身家，视同宗如秦越，甚则每因小事，辄起纷争，则怨积日深，其不视如仇敌者几希矣。"⑥

邻里和睦，就要避免诉讼。岭南家训中有禁止诉讼的记载。花县洪氏

---

① （清）胡方：《遗嘱》，陈建华、曹淳亮主编：《广州大典·鸿桷堂文钞》，广州出版社，2015 年。

② 黄氏周山修谱委员会：《潮汕黄氏族谱》，1997 年。

③ 苗仪、黄玉美编著：《韶关族谱家训家规集萃》，暨南大学出版社，2018 年，第 147 页。

④ （明）庞尚鹏：《庞氏家训》，《丛书集成初编》，商务印书馆，1939 年，第 9 页。

⑤ 广东省人民政府地方志办公室编：《广东家训选编》，广东人民出版社，第 154 页。

⑥ 肇庆高要莲塘《赵氏族谱》，手写本。

《原谱祖训续训》"戒族人"条："毋以强凌弱，毋以众暴寡，毋以富欺贫，毋以尊欺卑，毋以少陵长，毋用诈伪以弄忠厚，毋事诡谲以坏公正。"① 河源《龚氏家训》有"息讼斗"条："和邻里，莫逞强。息讼方为美，好斗便非良。世间万事凭公理，讼斗双方定受伤。冤仇宜解不宜结，让他一着有何妨。"② 河源客家黄姓家训："禁械斗，息事讼。……教子弟，革非为；禁下贱，振家声。……黜浮华，尚俭朴。"③ 河源客家刘姓家训："隆师道，戒争讼，戒赌博，戒淫恶，戒犯上。"④ 从这里可知，明清时期岭南乡村社会的治理与家训关系密切，乡村社会的秩序基本依靠家训或乡规来维持。

邻里和睦，还要贫富相济，互帮互助。《潮汕邹氏族谱·家训》强调："和邻睦族，邻里和谐，社会安定，出入相友，礼仪相待。守望相助，疾病相扶，贫富相济，互相关怀。忍让为本，宽大为怀，严于律己，宽以待人，团结友爱，切忌以强凌弱，以众暴寡，以壮欺老。"岭南家训还注重培育子孙的同情心，不能视乡邻疾苦于不顾，而要尽己所能提供帮助。如揭阳、汕尾的《张氏统宗世谱·张氏家训九则》记载："古来仁人恤孤，君子济急，此处已有阴德，彼处或有阳报未可知也。倘不知阴德阳报为人应当以仁善待人，矜怜孤寡济困扶危，应尽能力之负也。"⑤ 高要马安《蒙氏族谱》要求："我子孙者，于其所居闾里，无论疏戚、尊卑、长幼或敬之爱之。"强调家族的经营一定要"便民同利"，不可恃势凌弱，损人利己。蒙氏以亲身经历告诫子孙"敬之爱之"的重要性，切忌以学问、富贵欺压他人，应戒骄戒躁，谦逊为人。沈以成是清朝年间潮州杰出的商人，发达之后谨记家训"事亲不可不孝"，广施善财眷顾家族，荣亲显亲；因"育婴、惜字、捐田、掩骼、排难、睦邻"等诸多善举获封赠，可惜因受赠的官阶太低，无法貤赠父母而抱憾终生。沈以成的儿子沈绍远兄弟秉承父志，为祖父兴建"孟洞公祠"，赈济山西灾荒、直隶水灾，声明是恪守祖训，奏请朝廷批准他们为公祖建"急公好义"坊，后蒙朝廷恩赐，为其父母在潮安华美尾亭桥边建"乐善好施"坊，以示旌表。

对于破坏睦邻济贫的行为，岭南家训也有惩罚措施。《庞氏家训》要求：在每月初十和二十五，家族所有成员聚集在一起开会，"或善恶之当

① 广东省人民政府地方志办公室编：《广东家训选编》，广东人民出版社，第154页。
② 吴善平主编：《客家古邑家训书法石刻》，中国文联出版社，2014年，第132页。
③ 吴善平主编：《客家古邑家训》，华南理工大学出版社，2014年，第128页。
④ 吴善平主编：《客家古邑家训》，华南理工大学出版社，2014年，第37页。
⑤ 《潮汕家训句句藏智慧》，《汕头日报》，2020年8月16日。

鉴戒，或勤惰之当劝勉，或义所当为，或事所当己者，彼此据己见，次第言之。各倾耳而听，就事反观，勉加检点"，把自律和他律结合起来以达到修身齐家。韶关曲江江湾《涂氏族谱》曰："睦族：一本相敷，张氏九世尚且同居；五服同根，姜家大被犹然共宿。若重富轻贫，趋贵眇贱，意气傲慢，刚强凌犯，既无敦睦之情，宜严惩戒之罚。"①

在众多岭南家训中，清代南海《潘氏家训》的教育方式值得重视。以潘进家书编成的《潘氏家训》，叙述的都是家庭平常事，使用的都是家乡交际语，事事亲切，句句平易，读之不费工夫。不过，《潘氏家训》却在平常家事、柴米油盐之中，运用先贤的名言至理，结合自己的一生阅历，针对不同的个体、事情，随时加以教训，分析里面的是非，指明个中的因由，提出解决的办法，教导子孙立身处世，劝导子孙为善远恶。潘进是一个善于教诲子孙的人，他懂得"教训之道由渐而成"并非一日之功，因此反复详言，使子孙知所戒慎；也懂得"我教尔等，不能逐事指训"，因此"必因一事然后可以引而伸之"。潘进同时也是一个持家有道之人，懂得"作事当就自己土风门户，且必令后来可继方可为之"，因此时常"示子孙以节俭可继之事"，使子孙知所遵守，得以光大家门。所以，潘进之后，潘家培养出了家族的第一位进士潘斯濂，他是潘进的亲孙子；潘斯濂的儿子潘誉征，也考中举人，使潘家成为真正意义上的诗书望族。《潘氏家训》刊行之后，影响范围已经超出南海西部的西樵，到达了南海东部的罗村。何昌禄成书于光绪二十二年（1896）的《何德盛堂家规》最后一条规章，与潘进第一封家书的内容几乎一样，只不过将潘进的"置有沙坦"改为"置有田铺"，又把潘进的家语进行删改而已。

第四节　家庭管理范本：《庞氏家训》

据庞尚鹏称，其远祖无考，庞氏家族"自成周以来毕公之子封于庞，其后遂以国为姓。自是而下，代有显人；世远无征，不敢强附"，南海庞氏始祖庞晏，自宋祥兴间由南雄珠玑避乱迁居南海，谱自南雄之上不可考。②庞氏作为南迁庶族，经历了几代人艰难发展的过程，乾隆《南海县志》卷十七载庞尚鹏父亲"赋性孝发勤俭，早岁读书通大义，以家贫丧父，遂弃举子业，贩木为生"。直至庞尚鹏高中进士为仕，其祖及其父才

---

① 苗仪、黄玉美编著：《韶关族谱家训家规集萃》，暨南大学出版社，2018年，第147页。
② （明）庞尚鹏：《庞氏族语·序》，道光《南海县志》卷二十五，中华书局，2000年。

得以封官："庞弼以孙尚鹏赠副都御史；庞宪以子尚鹏封御史，赠右副都御史。"① 这是庞氏由寒门发展成旺族的基本轨迹。

庞尚鹏（1524—1580），广东南海人，嘉靖三十二年（1553）进士，历任江西乐平知县、山东三运司盐务、福建巡抚等职。史称其"自负经济才，慷慨任事"，"所至搏击豪强，吏民震慑"。② 其中，"一条鞭法"改革切实明确政府的财政收支项目，并使其对应之项目金额定额化，为便于征收，又对项目进行了合并，简化了征收手续，实行财政包干，降低了财政运行成本，也使得官民两便，百姓"皆欣欣然向臣称便"。③ 这说明庞尚鹏的经济改革适应社会经济的发展需求，利国利民。

隆庆三年（1569）十二月，庞尚鹏被罢官回家，次年六月，又被贬斥为民，直到万历四年（1576）十二月才官复原职。在南海六年的士绅兼平民的乡居生活中，庞尚鹏积极关注南海乡村社会民情，积极参与南海乡村社会建设，积极进行宗族建设，并以实际行动教化乡村，先后撰写了《行边漫纪》《庞氏家谱》《庞氏家训》《殷鉴录》等一系列著作，传播儒学文化。在这些著作中，又以《庞氏家训》最为有名，对岭南的社会经济建设和家庭建设都产生了积极影响。

关于《庞氏家训》的撰写目的，庞尚鹏在序言中描述了这样一个情景："予作家训成，或谓予曰：'有治人无治法，子孙贤恶用是哉。如有不肖，虽耳提面命，且奈何？'"面对当时子女教育的困惑，庞尚鹏进行了耐心回答："家有贤子孙，因吾言而益思树立，何嫌于费辞？如其不贤，即吾成法具存，父兄因而督责之，使勉就绳束，犹可冀其改图也。……今就其日用必不可废者，授以绳尺，非有甚高难行之事，正欲其易而易知，简而易能。故语多朴直，使愚夫赤子皆晓然无疑。古称成立之难如升天，覆坠之易如燎毛。我祖宗既身任其难，为后世计，咨尔子孙，毋蹈其易，为先人羞。"不难看出，庞尚鹏编家训的目的是训导教化族人，若子孙俊贤，家训则会让子孙更为优秀；若子孙不肖，则父兄可以用家训来进行教育。因此家训选择"日用必不可废"的十款六十九条内容，包括务本业、考岁用、遵礼度、禁奢靡、严约束、崇厚德、慎典守、端好尚、训蒙歌及女诫等章，用"朴直"之语，从小开始教育子孙，"易而易知，简而易能"。在庞尚鹏看来，家训不仅是子孙立身之本，也可以保家旺族，使其不为先人

---

① 道光《南海县志》卷二十，选举表一，中华书局，2000 年。

② （清）张廷玉等：《庞尚鹏传》，《明史》卷一百三十九。

③ （明）陈子龙等：《明经世文编》卷三百五十八，中华书局，1962 年。

之羞。①

一、立身之本：孝友勤俭

家训的首要任务是培养德才兼备之子弟，若没有优秀子弟，家庭和家族就无法兴旺发达，因此培养具有优秀品德的子弟是庞尚鹏非常重视的问题，他在首篇"务本业"中就明确地说："孝、友、勤、俭四字，最为立身第一义。"要求子孙将"孝和友"作为修德之本、"勤和俭"作为立身之方，并且必须善于向他人学习，"必真知力行，奉此为严师，就事质成，反躬体验，考古人前言往行，而审其所从，必思有所持循，无为流俗而蔽"。②

为了从小进行教育，他还专门撰写了通俗易懂的《训蒙歌》以教育儿童："幼儿曹，听教诲。勤读书，要孝弟。学谦恭，循礼义。节饮食，戒游戏。毋诳言，毋贪利。毋任情，毋斗气。毋责人，但自治。能下人，是有志。能容人，是大器。凡做人，在心地。心地好，是良士。心地恶，是凶类。譬树果，心是蒂。蒂若坏，果必坠。吾教汝，全在是。汝谛听，勿轻弃。"③ 此歌谣对儿童进行了全方位的教育，以下从孝友、勤俭两个层面进行分析。

西汉以来，"以孝治天下"是历代统治者奉行的治国策略。传统的"孝"要求在家"孝亲"，可保证家庭和睦，这是社会的根基。移孝作忠，在朝廷要做到"忠君"，这是统治者对下属的基本要求。明清家训一直强调"孝友一体"，扩大了传统"孝"的范围。王植在家训中说："孝友本只一事，不友即其不孝。"④ 所以，在伦理上"孝"主要针对一个人的双亲，延伸至祖父母及先辈，同时也将"孝"扩展至兄弟和姊妹。岭南家训奉行"以孝治家"，不但要求子弟孝顺父母和先辈，也暗含子弟对长辈的辅佐和帮助。《庞氏家训》分析了父母在家唯我独尊之因："盖父母视家人，势分本为独尊事权得以专制，使其纲领，内外肃然，谁敢不从令？"父母在家中的权威是宗法制社会赋予的，神圣不可侵犯，但岭南家训更为"务实"："若父兄以为难，则贤子弟羽翼而佐之。"⑤

当然，在日常言行举止中，父母必须以身作则，做好榜样，严明家

① （明）庞尚鹏：《庞氏家训》，《丛书集成初编》，商务印书馆，1939 年，序。
② （明）庞尚鹏：《庞氏家训》，《丛书集成初编》，商务印书馆，1939 年，第 1 页。
③ （明）庞尚鹏：《庞氏家训》，《丛书集成初编》，商务印书馆，1939 年，第 11－12 页。
④ （清）王植：《崇德堂稿》，《家训》，乾隆二十一年（1757）刻本，第 26 页。
⑤ （明）庞尚鹏：《庞氏家训》，《丛书集成初编》，商务印书馆，1939 年，第 1 页。

规，让子孙在学习、生活中常怀一颗敬畏之心。具体要做到：

一是心地善良。对于善良的论述，庞尚鹏在家训中要求子孙取财有道，以义字取财，即"田地财物，得之以不义，子孙必不能享"。又以古人造"钱"为例，以字释义，非常有见地地指出："一金二戈，盖言利少而害多，旁有劫夺之祸。其聚也，未必皆以善得之，故其散也，奔溃四出，亦岂能以善去，殃其身及子孙。"① 若是不义之财，取之必不得好结果。二是遵守礼仪。通过礼仪来约束子孙的行为，从而让子孙言行符合"孝行"。如"生日不为乐，自古称为美谈。除六十以上，子孙为其父祖称觞、礼不可废，其余不可借此豪饮。若非具庆而宴乐忘亲，尤为不孝"②。三是安分守己。坚守自己的职业，即"士农工商，各居一艺，士为贵，农次之，工商又次之。量力勉图，各审所尚，皆存乎其人耳"③，因此不许通过投机或赌博的方式来获取财富，如"不许博弈、斗殴、健讼及看鸭、私贩盐铁，自取覆亡之祸"④。准予在社会中"放债"以获得财富，但不可以丧失良心，"放债切不可违例深求，或准折人子女田地，及利中展利"。四是和睦相处。如"兄弟骨肉天亲，同枝连气，凡利害休戚，当死生相维持"。若因财产相争而反目，则"祖宗有灵，岂忍见此？"对待宗族、乡党、亲友等，"须言顺而气和，非意相干，可以理遣"，即使"人有不及，可以情恕"。在人际交往中，对人的评价要遵循"论人惟称其所长，略其所短，切不可扬人之过，非惟自处其厚，亦所以寡怨而弭祸也"的原则，即使对人有批评和责怪，也应"若有责善之义，则委曲道之，无为已甚"，不应有过激行为。⑤

如果说"孝"和"友"是家庭成员、社会成员之间处理人际关系的根本法则，那么"勤"和"俭"则是家庭成员个体的日常修身准则，是家庭乃至国家兴盛的最重要条件。庞尚鹏再三教育后代要以"孝友勤俭"四字为立身第一义，要"真知力行，奉此为严师"。明代以来，在商品货币经济繁荣的刺激下，人们对职业的选择多元化，商业成为许多岭南人喜爱的职业，于是岭南地区的人们日益追逐名利，逐渐不遵守传统儒家道德规范，导致人情伦理败坏，奢靡成风。

庞尚鹏批评了这种时弊，为了教育子孙保持"勤俭"之风，将庞氏家

① （明）庞尚鹏：《庞氏家训》，《丛书集成初编》，商务印书馆，1939 年，第 6 页。
② （明）庞尚鹏：《庞氏家训》，《丛书集成初编》，商务印书馆，1939 年，第 5 页。
③ （明）庞尚鹏：《庞氏家训》，《丛书集成初编》，商务印书馆，1939 年，第 10 页。
④ （明）庞尚鹏：《庞氏家训》，《丛书集成初编》，商务印书馆，1939 年，第 6 页。
⑤ （明）庞尚鹏：《庞氏家训》，《丛书集成初编》，商务印书馆，1939 年，第 9 页。

族辛酸的发展史载入家训，饱含深情地记载了其父奋斗历程，勉励子孙："（庞宪）少孤，数岁时，曾与家人负贩，及壮为木商，虽寒暑风雨不避劳。会海贼发，有司造战船，坐名督责，几于破家。比予人黄宫，喜动颜色而垂橐萧然，寻矢力经营，家渐饶而去世。"这一段突出了庞宪为了家庭的发展，几番沉浮，辛劳付出。庞尚鹏本人也是"少时秉耒躬耕，不辞劳役，昼习章句，暮归灌园"。历经两代人的艰苦努力，庞尚鹏终一举成名，庞氏家族在当地一跃成为望族。庞尚鹏要求子孙"思祖宗之勤苦，知稼穑之艰难，必不甘为人下"①，珍惜现有生活，从小培养艰苦奋斗的精神和勤俭节约的习惯。

对于家庭成员的职业行为，庞尚鹏从多方面作了具体规定，一是要求家庭成员严格遵守休息时间，因为"观人家起卧之早晚，而知其兴衰"，所以"凡男女必须未明而起，一更后方许宴息，无得苟安放逸，终受饥寒"。二是对于男女分别作了细致要求。对于男人，田地土名等"俱要亲身踏勘耕管""某人种某处，某人种某物，随是加察，以验勤惰"；对于女人，应"妇主中馈，皆当躬亲为之"，若妇不主中馈则是"坐受豢养，是以犬豕食待，而败吾家也"。并且规定，衣服要"亲自纺织，不许雇人纺织"。对于小孩，"童子年五岁诵训蒙歌，……女子六岁诵《女诫》"，并且"大小童仆，俱先一夕派定，明日某干某事，该某日完，每夕各令回报，以考勤惰"②，建立了严格的考核制度，具有现代企业的管理思想。

面对社会的奢靡之风，庞尚鹏再三告诫家庭成员应保持艰苦节约之风，并在衣、食、住、交往等方面都作了明确规定。在穿着方面，"女子六岁以上，岁给吉贝十斤，麻一斤；八岁以上岁给吉贝二十斤，麻二斤；十岁以上给吉贝三十斤，麻五斤。听其贮为嫁衣。妇初归，每岁吉贝三十斤，麻五斤，俱令亲自纺绩不许雇人。丈夫岁用麻布衣服，皆取给于其妻。吉贝与麻，各计每年给若干，皆令身自为之，不许雇人纺绩"，并要求子孙平时布衣粗食，唯祭祖、会宾客之时，才饮酒食肉、暂时穿上新衣服。③ 在饮食方面，亲友往来用一鱼一菜也可以相待，待客之肴不超过五种、汤果不超过两种，酒饭随宜，"肴不必求备，酒不必强劝，淡薄能久，宾主相欢，但求适情而已"。在亲友来往方面，庞尚鹏极力提倡"彼此相期，皆以俭约为贵"，并且规定每年馈亲戚不超过两次，每次用银不超过一钱。而且客至后，"听临时轮流请陪，以省繁费"。亲友往来，拜帖、礼

① （明）庞尚鹏：《庞氏家训》，《丛书集成初编》，商务印书馆，1939年，第2页。
② （明）庞尚鹏：《庞氏家训》，《丛书集成初编》，商务印书馆，1939年，第3页。
③ （明）庞尚鹏：《庞氏家训》，《丛书集成初编》，商务印书馆，1939年，第5页。

帖、谢帖、请帖，都用价贱的单束，而不用价贵的封筒。在住方面，禁止子孙长期居住在省城，"累世乡居悉有定业，子孙不许移家"。若长期在省城，受省城奢侈生活影响，子孙就会"住城三年后，不知有农桑，十年后不知有宗族"。① 这些生活准则的实施，使子孙"尺帛、半钱，不敢浪用"②，较好地培养了节俭的美德。

庞尚鹏生活在"奢侈之费甚于天灾"的明代，他本人官居御史，家饶产业，物质条件优裕，但他以节俭持家训诫子孙，家庭生活勤俭朴素，特撰写《女诫》："家累千金，毋忘稠粥。虽有千仓，毋轻半菽。"这是十分难能可贵的，也是《庞氏家训》得到大众认可的重要原因之一。

二、传家之方：耕读立家

在宋代，"中上之户，稍有衣食，即读书应举，或入学校"③，这表明了富民对文化教育的追求。明清以来，朝廷推行免除力役等政策，推动了文化教育的发展。纵观中国家族发展史，一个家族通过几代人的努力，或从事农业生产，或从事商业贸易，具备了一定的经济基础后，几乎所有家训都要求子孙读书，顺应"学而优则仕"的儒家思潮，这是家庭或家族内部发展的需要，同时为了确立家庭或家族在乡村社会的地位，赢得社会的公认和尊重，家庭或家族需要具有良好的文化教育背景。这也是庞氏家庭"耕读立家"的生存之计。

庞尚鹏通过努力而中举，最终让庞氏家族由寒门上升为世族，这一点直接展现了读书对家族的重大意义。对于读书的目的，庞尚鹏有着独特的见解："学贵变化气质，岂为猎章句，干利禄哉？"这句话指出了读书的根本目的在于获取知识，祛邪扶正，提高自身修养，成为德才兼备的君子，而不仅仅是入仕。读书贵在通达，不能死读书。对于从师问业的子弟，要不时加以考察，以免懈怠，并且要不时激励子弟，使其成才。在"学而优则仕"的科举时代，一个朝廷重臣能独具慧眼，去除教育的功利化，不从世俗，是非常难得的。当然，从历朝历代家族的长远发展来看，庞尚鹏也认为只有读书才是正途，"子孙以儒书为世业，毕力从之"，并且提倡早教，"教子婴孩，教妇初来，言当防之于早也"，④ 要求"童子年五岁诵训歌，不许纵容骄惰。女子年六岁诵女诫，不许出闺门。若常啖以果饼恣其

---

① （明）庞尚鹏：《庞氏家训》，《丛书集成初编》，商务印书馆，1939 年，第 8 页。

② （明）庞尚鹏：《庞氏家训》，《丛书集成初编》，商务印书馆，1939 年，第 5 页。

③ （宋）张守：《论措置民兵利害札子》，《毗陵集》，四库全书，1736 年，第 36 页。

④ （明）庞尚鹏：《庞氏家训》，《丛书集成初编》，商务印书馆，1939 年，第 7 页。

欲，娱以戏谑荡其性，长而凶狠，皆从此始、当早禁而预防之"①。

到了明代，通过科举取士改变命运的机会相当渺茫，大批读书人滞留在官场之外，如何谋生成为重要议题。庞尚鹏结合自身"半耕半读"的人生经历，鲜明地提出了自己的见解，如果不能科举出仕，要么去务农，要么去经商。对于职业的选择，庞尚鹏还是首推读书入仕："士为贵，农次之，工商又次之……予家训首著士行，余多食货农商语，皆就人日用之常，而开示途辙，使各有所持循。"在整部家训中，庞尚鹏对经济生计作了很多规定，告诉子孙如何勤俭持家。如果子孙在读书上没有天分，则要亲自从事农事活动，"力不能，则必亲农事，劳其身，食其力，乃能立其家。否则束手就困，独不患冻馁乎？"②即教导子孙各依所长，择其业，食其力。

庞氏"耕读立家"的传家方式为岭南人树立了一种模范。"耕"与"读"二者在物质和精神上必须进行高度融会，"耕"为家庭成员准备了一定的物质基础，是"读"的物质条件，正所谓"仓廪实而知荣辱"，有了"耕"的保障基础，家庭成员不必为"五斗米折腰"，"读"就可以做到明心见性，有"耕"之"读"就可以让家庭成员做到格物致知、洞察世事，实现"修身、齐家、治国"之人生理想。因此，对于古代家庭来说，"耕"与"读"是扎根于农耕社会的一种生存状态，对耕或读的选择，并不意味着是对另一种选择的放弃。同时，耕读也是士大夫借以养其浩然之气、进退有度、保持人生气节的一种生活方式，当有机会实现自己的人生理想时，则大展宏图，为国为民；当时运不济时则退而过着"悠然见南山"的村居生活。在这种"半耕半读"的生活模式中，许多人形成了忠孝仁义、报国入世的人生抱负，体现了穷则独善其身、达则兼济天下的思想。

三、齐家之道：规矩育人

在家庭管理中，庞尚鹏重视德育，也非常重视制度管理。《庞氏家训》语言简单易懂，直指人心，刚一问世，其中的"遵礼度"就被乡约纳入，通行于地方。地方上一些士绅在修家训时，多以此为蓝本参考。现对《庞氏家训》家庭管理的内容进行简述。

对于家庭卫生的管理，庞尚鹏的要求具体到了每一个生活细节，在他看来，"若门庭芜秽，几案纵横，此衰家之兆也"，所以他特别重视在细节上锻炼家庭成员，要求"内外房堂门巷及椅桌，俱每日黎明扫除拂拭……

---

① （明）庞尚鹏：《庞氏家训》，《丛书集成初编》，商务印书馆，1939年，第5页。
② （明）庞尚鹏：《庞氏家训》，《丛书集成初编》，商务印书馆，1939年，第1页。

各令轮流打扫，不许推托有辞"，"每晚先将铁锅及合用器具，逐一洗涤收置，次早黎明而起，即点茶炊饭，不觉烦难，乃能及期而举"。①

对于婚礼、冠礼、丧礼、祭礼等家礼杂仪，庞尚鹏结合社会现状，进行了大胆改革："冠礼婚礼，各量力举行，丧葬送终为大事，礼宜从厚，亦当称家有无，一切繁文及礼所不载者，通行裁革。"要求"量力举行""通行裁革"，这是庞尚鹏改革思想的体现，对于岭南勤俭社会风气的形成具有重要意义。具体说来，在订婚时间上要求"男女议婚，必待十三岁以上方许行聘礼，恐时事变更，终有后悔"；婚嫁物品要求从简，"嫁娶不用糖梅。女受聘、出嫁，子弟行聘礼，俱不贺"。提倡简葬，"安葬惟附棺之物，务求坚久，若修坟限于力，不必强也"，"墓祭皆当于清明、重阳日举行，但各山远近不同，势难兼举，须分日致祭"，"吊丧只用香纸，不用面巾果酒，吊客一茶而退，服内不具请，不送胙"。② 以上家礼杂仪是人生必不可少的礼度，反映出敬老、不忘祖宗，以及节俭处理家庭礼仪的美德。

对于家庭财产管理，庞尚鹏做出了详细的规定，特别注重开支细节，指出"置岁入簿一扇，凡岁中收受钱谷，挨顺月日，逐项明开，每两月结一总数，终年经费，量入为出，务存盈余，不许妄用"，"置岁出簿两扇，一扇为公费簿，凡百费皆书。一扇为礼仪簿，书往来庆吊、祭祀、宾客之费。每月结一总数于左方，不许涂改及窜落"。池塘田地、房屋之类的固定资产，"不许分析及变卖"；如果有变卖者，则"声大义攻之，摈斥不许入祠堂"，即要加以声讨，此后不准其进入宗族祠堂。家中女眷，对于柴米油盐之类，要注意盘算，不能使用太过，如果日用无度，则会败家。对于家庭经济的管理，除了精心做好开支外，更重要的是家庭财富的获取。因此，庞尚鹏根据家庭成员的才干，做好人尽其才，或读书，或农作，或从商，分别分配任务，每年考核其是否称职。

经过全体家庭成员的共同努力，庞尚鹏希望形成"忠孝"的家风，在家庭风气管理上，他要求族人尚厚德，不要迷信鬼神之说，至于"修斋、诵经、供佛、饭僧"等是荒诞之事。针对明代流行的崇佛现象，他特别要求"凡僧道师巫，一切谢绝"。家族中子孙要循规蹈矩，不许赌博、斗殴，不许打官司，不许私下贩卖盐铁。至于结交狐朋狗友，沉溺于古玩字画、歌舞棋琴，并自以为是、放荡清流，更为庞尚鹏所深恶痛绝，他严禁子孙有此类癖好。若有子孙违反家训规定，则严肃处理："子孙故违家训，会众拘至祠堂，告于祖宗，重加责治，谕其省改。若抗拒不服，及累犯不悛，是自贼其身也。"

143

---

① （明）庞尚鹏：《庞氏家训》，《丛书集成初编》，商务印书馆，1939 年，第 8 页。
② （明）庞尚鹏：《庞氏家训》，《丛书集成初编》，商务印书馆，1939 年，第 5 页。

四、教育之径：家庭民主生活会制度

庞尚鹏在家训中创设了一种新颖的家族聚谈制度，这种制度非常类似于今天的民主生活会。《庞氏家训》对这种"家庭民主生活会"的举行时间、内容等做了规定："每月初十、二十五二日，凡本房尊长卑幼，俱于日入时为会，各述所闻。或善恶之当鉴戒，或勤惰之当劝勉，或义所当为，或事所当己者，彼此据己见，次第言之。各倾耳而听，就事反观，勉加点检，此即德业相劝、过失相规之意。其会轮流主之。先派定日期，某系某日，如遇有事，请以次日代之。主会者之用点茶，不得置酒。若本日有祭祀宾客之会及有他冗，或遇大寒暑、大风雨，则暂免。其无事不赴会，此即自暴自弃之人，会所不拘，惟便于聚谈为贵。会必薄暮，谓其时多暇也，且不可夜深，久坐恐有不虞。"① 从这些对于聚会的详细规定来看，每个人都要叙述自己半个月来的见闻与经历，反省自己的一切所作所为，同时从别人的经验教训中吸取对自己有益的东西。此种聚会显然对每个家庭成员的道德修养、立身处世起着非常有效的作用。另外，家训中对聚会时间、地点的安排又是灵活的，只求有效果，不拘形式。

总之，《庞氏家训》在当时及后世备受推崇。其中"遵礼度"篇中有四条在刊行后"已入乡约通行"②，并且"乡间咸以为式"③，成为乡间通行的自治准则，不少名门望族也纷纷以此为参考蓝本撰写家训，教育子弟。清朝伍崇曜出资重印，使《庞氏家训》再次名扬天下，并广为流传。清人霍殿邦更是在"家箴附引"中指出："自来说家训者，必曰庞公。夫惺庵庞公之作家训也，大而纲常伦理，小而事物世故，靡不有训。理有大而必明，事虽小而必悉；根乎人情，允宜土俗；孝子慈孙，率履不越；是以世泽维新，家声丕振，在南海遂称右族。"④ 常见的版本有《岭南遗书》本和《丛书集成初编》本。清末南海伍元薇、伍崇曜辑《岭南遗书》共6集61种，其中在道光三十年（1850）刊行的第3集中收有《庞氏家训》一卷。1935年，商务印书馆编印《丛书集成初编》，对《庞氏家训》作了点校，其所据版本即来自《岭南遗书》。1985年，中华书局重新影印了《丛书集成初编》。从清末《岭南遗书》的收录，到商务印书馆及中华书局的出版，可知世人对《庞氏家训》的高度认可，当今学者认为它与《颜氏

144

---

① （明）庞尚鹏：《庞氏家训》，《丛书集成初编》，商务印书馆，1939年，第8页。

② （明）庞尚鹏：《庞氏家训》，《丛书集成初编》，商务印书馆，1939年，第5页。

③ （明）郭棐：《都察院左副都御史惺庵庞公行状》，《明文海》卷四百五十，中华书局，1987年。

④ 《太原霍氏崇本堂族谱》卷三，康熙六十一年（1722）木活字印本。

家训》齐名："《庞氏家训》一书，世人认为可与《颜氏家训》齐名。可说是一部在中国古代有关家庭教育的重要著作，因而为后人所重视"。① 嘉靖丙午科（1546）举人，海南云海在广东的十一世孙云上行，就很推崇《庞氏家训》，后来对其进行删减，取其精华，演绎为本族"家训"，还自撰"家劝"16 条，更加贴近和契合当时的社情和民风。《庞氏家训》中的"放债切不可违例深求，或准折人子女田地，及利中展利"，后来为清代同县的《老氏家训》所吸收，这表明《庞氏家训》对南海后世社会的发展有着深远的影响。

直到今日，专家学者对《庞氏家训》的评价都很高，《广州日报》刊文称《庞氏家训》为岭南家教宝典，"在 500 多年前，咱们广州城曾出过一本与《颜氏家训》齐名的家教宝典——由岭南名宦庞尚鹏撰写的《庞氏家训》。由于庞尚鹏一直奋斗在明代经济改革的第一线，因此《庞氏家训》除了关注品格教育外，还格外注意培养子孙后代的财商，其中的诸多教诲，今天读来都不过时"②。

---

① 黄君萍、余三乐：《论明代中期著名经济改革家庞尚鹏》，《广州大学学报》，2002 年第 2 期，第 30 页。

② 王月华：《岭南家教宝典　德行财商并重》，《广州日报》，2014 年 7 月 1 日。

第五章　明清岭南家训与家族发展

我国古代社会以"家国同构、家国一体"为基本特征，家族是社会的缩影，是传统社会的基本社群和最稳定的单位。"家族实为政治、法律的单位，政治、法律组织只是这单位的组织而已。这是家族本位政治理论的前提，也是齐家治国一套理论基础"。因此，由一个个普通家庭组成的家族，也是按照"修齐治平"的儒家理论来构建和运行的，如果"每个家族能维持其单位之秩序而对国家负责，整个社会的秩序自可维持"。① 这说明家族是国家秩序稳定和可持续发展的基础。而在家族稳定和发展中，家训（或家规或族规）的意义不容忽视，不同家族拥有不同的家训（或家规或族规），形成家族内部自我运行和管理的机制，维系着每个家族的发展。

从岭南社会的发展来看，不论是诗书家族、仕宦家族还是商贾家族，他们都以科举出仕，以政绩成名，在获取一定的社会地位和政治资源后，通过政治联姻、师学传承等方式，世家大族之间相连成势，相互提携，因而有机会参与制定国典国策，在一定程度上影响着国家的发展。如以湛若水、方献夫、霍韬为核心的南海士大夫集团参与了朝廷"大礼议"事件的决策，促进了岭南乃至全国宗族制度的建设。经济上，世家大族把握经济命脉并实施重大经济改革措施，如佛山地区一直是几个大家族主宰行业和经济的发展，对岭南社会产生过重大影响。在不可抗拒的自然灾害面前，这些世家大族都会慷慨解囊，赈灾济民。再如，鸦片战争失败，丧权辱国的《南京条约》里的赔款近三千万两白银，其中近两千万两白银就是由号称"中国首富"的岭南伍秉鉴家族支出。

第一节　家训：家族一切行为的宪章②

中国古代是农耕社会，"男耕女织"的自给自足型经济发展模式，直

---

① 瞿同祖：《中国法律与中国社会》，中华书局，2003 年，第 28 页。
② 张文德：《江南第一家》，浙江古籍出版社，1996 年，第 76 页。

接导致"重农抑商"观念的产生和朝廷相关政策的出台，并由此形成了"士农工商"的职业分化，书香门第、官宦之家、商贾世家、平民家族等也便应运而生。在平民家族向社会上层流动的过程中，家训的作用非常大。王永芳、王珉、程文艳根据"家训阅读所产生的同期群效应模型"作出了结论："有家训传承的宗族，宗族势力和实力更为强大，无家训传承的宗族子孙成才的概率普遍低于有家训传承的宗族。此外，无家训传承的宗族，其宗族绵延的代际要低于有家训传承的宗族。"① 此模型从数理的角度证明了家训对家族发展的作用。笔者在调研岭南家族发展过程中发现，一个家族若无历史文化积淀，在教子和治家等方面就缺乏文化传承，家族成员和后代就无法形成对家族的高度认同和较强的宗族归属感，所以凡是世家大族都会以家训作为蓝本，来规范家族成员的行为，凝聚人心。

明代中叶以来，"随着谱学的进步与发展，家训成为谱书汇中重要的部分，好的谱书必有家训"②。在修谱过程中，很多家族将"家训""族规"放在族谱的卷首，或将族规雕刻于祠堂的醒目位置，使其成为家族安身立命的共同精神支持，家族成员的一言一行都紧紧围绕家训或族规精神，不得越雷池半步。霍韬在《霍渭厓家训》中明确规定："子侄入社学、小学既熟，兼读家训。"③ 各家族将家训视为其家族文化的内核。因此，"家规是家族一切行为的宪章"，维护着家族内外事务的正常运行。

一、家训是家学和家风的基础

家学，指"家族世代相传之术"成为学术规范，即一个家族世代相传的、具有传承性和发展性的学问，包含经学、史学、文学、医学、艺术等内容。不同的家族起源不同，家族发迹路径不同，家族发展史上关键人物的观念不同，家族文化底蕴也就不同，形成了经、史、诗、艺、文等不同类别的家族文化。在家训的启发与劝诫作用下，各大家族形成了自己独特的家学门风，家族历代相传，接受家学教育，这种家族文化成为家族核心的竞争力和家族发展经久不衰的秘诀。明清时期，广州府、惠州府、潮州府、江门府、南雄府、韶州府经济发展迅速，世家大族和家训作品基本上产生于以上六府，家族成员总体上呈现出文化修养较高的特点。而高州府、雷州府、廉州府、罗定州、连州府处于岭南偏僻之处，经济未能及时

---

　　① 王永芳、王珉、程文艳：《家训文化与社会主流文化的相互影响——基于同期群效应模型的分析》，《燕山大学学报（哲学社会科学版）》，2016 年第 6 期。

　　② 陈捷先：《清代族谱家训与儒家伦理》，台湾联经出版社，1985 年，第 161－162 页。

　　③ （明）霍韬：《霍渭厓家训·汇训》，（清）孙毓修编：《涵芬楼秘笈》，汲古阁精钞本。

发展，文化也没有太大发展。

家风的形成也需要以家训为基础，一个家族先有核心的家训观念，在世代的传承中才会形成各自的家风。家风是一个家族代代传承下来的、由家庭成员的行为表现出来的家族的整体风貌，如耕读传家、诗书传家、商贾传家，这是一个家族的生存风貌。在一个家族中，先祖的榜样作用非常突出，先祖的嘉言懿行都是后代学习的典范，规范和修正着后代的行为举止。家训对于家族成员的教化作用有利于激发家族成员的自觉意识，形成家族成员的人格根基，成为家族的精神原动力。

"教妇初来，教儿婴孩"，家训主张对小孩生活、读书、处世等方面从小就开始立体化教育，甚至许多家训都提倡早教，所以没有家训，家学、家风就失去了依托的基础。反过来，有了良好的家训会促进家学和家风的发展，独特的家学又与家风和家训相得益彰。因此，早在唐代，名门望族就把制定家训作为培养子女的前提条件，"家法备，然后可以言养人"①。明清时代，不管是世家大族还是寒门庶族，"实施家庭教育的途径就是通过家训训诫家人子弟"②。对于家训保家旺族的意义，岭南家训也有十分明确的认识，很多族训、族规都有详细的记载。

海南澄迈县大美村王氏家训开门见山地强调了家训对家风形成、家族发展的意义："俗话说族之大者，其人品必不齐，品即不齐，则其设心也必各异。不有家训，何以昭一道同风之盛哉？故家训之书，实本祖宗之至意，以训迪乎一家，使其品虽不齐而其心则齐，诚齐家之要道也。"家训的主要目的是让子孙传承优良家族传统，保证子孙人品健全，这是家族发展的首要任务。

明清以来，随着社会转型的深入，岭南所有家族不论大小，都进行以敬宗收族为主的家族建设，纷纷撰写家训或族规，"家训者，所以一族人之尽归良善也"，通过家训的撰写，对家风进行修正或强化，更好地传承家学。如梅州市辖区县各个姓氏的族谱都会针对孝道制定自身的家训，有的相对温和地规劝族人尊老，有的则以严厉的语气直接对不孝者提出警告并列举惩戒的措施。平远县徐氏家训则在首条就提出孝敬父母的原则："父生我母鞠我，教读婚配，百计经营，无非为其子谋，少时咸知依慕，比长受室，每厚枕边、薄堂上，父母愈老，子情愈薄，以致父母忍气吞声，时时抱恨者，是得罪父母即得罪天地也，天地岂能容乎！凡我族人急

---

① （宋）欧阳修等：《新唐书》，中华书局，1975 年，第 5027 页。
② 王俞：《明清绅士家训研究（1368—1840）》，华中师范大学博士学位论文，2007 年，第 1 页。

宜猛省，毋遭天谴，毋干族惩，幸甚。"① 又如，梅州黄氏族谱专作《最要家训》，内容包括"敦孝悌、睦宗族、和乡邻、明礼让、务本业、端士品、隆师道、修坟墓、戒犯讳、戒争讼、戒非为、戒犯上、戒异端、畏法律、戒轻谱"②，共十五条，教育子孙如何进行品德修养，如何安身立命，如何保家旺族。

二、家训是家族发展的重要因素

对于家族的盛衰，社会环境是否稳定是一个重要的外在因素，一定的经济基础也是家族发展的保障条件，但影响家族兴衰的主要因素是家族文化。而家族文化的形成和发展，主要依靠家训。

家训文化是由诸多相互联系、相互制约的要素构成的立体文化系统，从衣、食、住、行到职业、婚姻、处世都对家族个体产生影响，而且这种影响从母体就开始，是潜移默化、深远持久的。因而，家族成员对于家训系统中各个要素的实践，共同努力形成的合力是影响家族盛衰的重要因素。虽然每个家族选择的发展道路不同，不同家族的家训文化具有不同的表征，但是不同家族的家训文化的构成要素始终围绕着立志、为学、修身、处世、治家等方面而展开。

岭南家训往往第一条就强调"孝悌"或"忠孝"，这是个体进行修身的前提条件，也是"孝治天下"的社会必然要求，若一个家族的家训与"孝治"相违背，必然无法生存和发展。比如，梅县石坑镇澄坑村康熙年版《温氏族谱》有二十四字，内容为"孝顺父母、和睦兄弟、严端品行、崇俭戒奢、公明息讼、积德绵后"③，对个体修身、家庭维护、社会关系处理及家族发展都有明确要求。花都乡贤黄皞作《黄皞家规》："孝专宜敦，乡党宜睦。礼让宜明，廉耻宜正。习读宜勤，农桑宜重。节俭宜崇，非为宜戒。"④ 此家规篇幅短小，通俗易懂，为家族成员的言行设立了行动准则。岭南许多世家大族，秉持家族祖辈的家训，薪火相传，代代守护，久久为功，以避免家族衰败。

以封开莫宣卿家族为例。莫宣卿于唐宣宗大中五年（851）中状元，是当时文化落后的岭南地区的第一个状元，确可称为"甲第开南国了"⑤。

---

① 梅县《桑氏族谱》，1998年，第123页。

② 房学嘉、肖文评、周建新：《客家文化导论》，嘉应大学客家研究所，2001年，第164页。

③ 温氏良善园理事会：《康熙温氏族谱》，手写本。

④ 李远主编：《花都名人家风家训》，湖南师范大学出版社，2018年，第6页。

⑤ 《广东风物志》，花城出版社，1985年，第264页。

以中国之大，中状元确实不容易，历史上两广状元只有 18 人。莫宣卿之所以成为岭南第一位状元，除了自身天赋以外，与家庭教育和外部环境的影响亦密不可分。莫宣卿子孙后代众多，在整个宋代，今封开地区先后共有莫宗尧、莫宗舜、莫天佑三名进士，全部出自莫氏家族。可以说莫氏一门引领了有宋一代整个封开地区文化，为封开文化史上的一大奇迹。在"莫氏三杰"中，莫天佑对社会影响较大，"莫天佑，字均祚，封开人，嘉定四年进士及第，任连州司法参军，改知道州宁远县。子侄俱领乡荐，郡人荣之"①。道光《封川县志·列传》卷七："莫天佑，字均祚，励志读书。嘉定间廷试进士及第。任连州司法参军。改知道州宁远县。一门群从，以儒业著。"直到宋代，莫氏依然继承"励志读书""以儒业著"的优良传统，莫氏家风门风激励着乡人，发挥着示范作用，对封开地区影响较大。时至今日，莫氏村民自豪地说："这些状元的家训家风，教育子孙后代如何读书、做人、做事。这些族规祖训，培育了一代一代的精英明贤，这就是状元祖训族规的强大魅力。"②

另外，家训是社会阶层流动的重要条件。明清时期，家族要振兴，跻身上流社会的主要途径是科举，而要取得科举成功，关键在于家庭和家族教育。"区域、家族文化的积累，是造就进士的直接因素。"③ 对一个家族来说，"是否兴旺的标志首先是经济实力，其次是有没有宗族子弟出入官场文坛，获取社会声望"④。为此，一个家族只要具备了良好的经济基础，就会开始兴办族学，让家族子弟有机会享受良好的教育，通过族田、族产等方式筹集物质基础，为子弟读书提供物质保障，并千方百计地实施种种奖励措施，激励和督促子孙勤奋好学，以期金榜题名，从而提升家族的社会地位。同时，将这些奖励措施载入家训或族规，作为一项固定制度，促使子孙代代沿袭，从而保证家族兴盛不衰。

从庶族到望族的跨越，良好的家训是基本条件。只有从小饱读诗书，树立远大的理想，才能在科场夺魁，在这一漫长的过程中，家训发挥的作用不言而喻。如最早迁入佛山的东头冼氏，本是南北朝时期谯国夫人冼氏之后，明中叶之前，冼氏家族无人中举，直到冼效取得科举功名，冼氏一族才有资格进行大宗祠堂的修建和家族文化的建设。再如显赫一时的庞氏

---

① 雍正《广东通志·人物》卷四十四，第 1081 - 1103 页。
② 《封开：状元故里颂家训 传播文明启后昆》，http：//www.ifengkai.net/thread - 51017 - 1 - 1.html。
③ 钱茂伟：《明代的家族文化积累与科举中式率》，《社会科学》，2011 年第 6 期。
④ 胡青：《书院的社会功能及其文化特色》，湖北教育出版社，1996 年，第 17 页。

原为南迁庶族，庞尚鹏高中入仕，其祖父及其父才得以封赠："庞弼，以孙尚鹏赠副都御史；庞宪以子尚鹏封御史，赠右副都御史。"[1] 庞氏从此跻身望族之列。又如，石头霍氏属于庶族，自霍韬开始科举成功，霍氏便一跃成为佛山显族，23 个子侄中 11 人拥有官职。再如明宣德年间迁入佛山的李氏，世代以冶铁为业，八世李壮为了改变屡受豪邻欺压的局面，设法让其子李畅为掾吏，并严格要求子孙读书。九、十世时，李氏科名鹊起，仕宦成群。明代佛山社会的控制权自然而然地转移到李氏家族手中。

从经济望族到文化望族的转变，也是明清时期家族转型的一种途径。这一成功转型，家训所起的作用非常大。明末崇祯年间，吴氏迁入佛山，以盐商为业，家世豪富。在吴氏家族转向文化世家的过程中，吴荣光是关键人物。嘉庆三年（1798），吴荣光中举，平步青云，官至湖南巡抚、福建布政司，先后修建"翰林家庙""方伯家庙"等祭祀先人，并大修住宅，住宅内分十区，一区一条巷。吴氏当时显赫如是。再如，梁氏于乾隆年间始迁至佛山。一世梁国雄以卖香为业，二世梁玉成经营珠宝，"数年积资累巨万"。梁玉成将财产与弟弟平分，并勉励他说："吾营产业，汝勤学业，各肩厥任，以承考志，勉矣。"其弟梁蔼果不负重托，一举成名，梁氏一族从此显于佛山。到了第三代和第四代，梁氏子弟个个以儒为业，有的以功名出仕，有的以文学显扬，有的以艺术留芳，《佛山忠义乡志》有传者 14 人，为佛山历代显族所载人物数量最多。[2]

三、家国同构，家齐而后国治

梁启超先生在研究社会组织与中国社会发展时曾这样说："吾中国社会之组织，以家族为单位，不以个人为单位，所谓家齐而后国治是也。"这里的"家"，就是由十几个甚至几十个、几百个"小家"组成的大家族，这些大家族构成了古代中国的乡村。

众所周知，中国传统的世家大族都是合爨共居，数世同堂，每一个大家族的人口数量从几十人到几百人不等。在这样的集体中，受个体性格特点、努力程度、价值取向、利益倾向等因素的影响，家庭内部的成员关系十分复杂。加之传统大家庭资产雄厚，拥有众多山林、田地、房屋、水产等，为了调动家庭成员的积极性并保证家庭正常运转，有关家务管理和财产分配的制度就显得十分重要。如若对家庭成员管理不当，对工商农等工

---

① （清）潘尚辑主修：道光《南海县志》卷二十，1869 年，选举表一。

② 南海佛山《十七祖乡进士阳春教谕春洲公寒传》，引自《明清佛山碑刻文献经济资料》，广东人民出版社，1987 年。

作安排不妥当，对家庭财产分配不均，不但会使家人之间产生矛盾，无法团结协作，甚至还有可能导致家道衰败。因此，制定一套较为完备的家训是保证家族延绵发展的必要措施。这些家训以血缘关系为基础，家族子弟从小就接受儒家"五常"等思想的熏陶，从而形成了良好的家庭内部成员关系、邻里家族间关系，代代相传，便自然沉淀为家风。如果世家大族的家风，在地方社会赢得了乡亲的认可，并以之为学习榜样，那么一个家族的家风将横向扩大到乡村社会，以此一村一乡慢慢扩大至全国，就达到了"家齐而后国治"的效果。之所以能取得"家齐而后国治"的效果，是由"家国同构"的社会特征所决定的。

首先，从构成要素来看，帝王家族与其他家族具有共同的特征：一是不论是帝王家族还是其他社会家族，都是以血缘为纽带构成的家族关系，都是血缘共同体；二是受儒家传统的"男尊女卑""长幼有序"等思想影响，不管是帝王家族还是其他家族，家族成员间存在鲜明的等级差别，这是家族实施管理功能的前提条件。

其次，从家训文化的产生和发展来看，家训文化是统治阶级儒家思想文化的衍生品，家训是儒家思想从等级森严的宫廷走向普通百姓家庭的桥梁。一般来说，帝王家族的家训文化催生并引导了士大夫家族的家训文化，士大夫家族的家训多源于对帝王家训的效仿，普通家庭的家训多源于对士大夫家族家训的模仿。同时，在朝廷领导下的所有家族都有着共同的愿望，即希望该王朝繁荣昌盛和国泰民安，因而通过士大夫家族家训的传递，普通家庭的家训也都是以朝廷倡导的内容为基础，因此岭南大部分家训都直接引用《圣谕六条》教育子孙。

最后，从家族管理模式来看，家庭管理和国家管理有相同之处。梁漱溟在谈到"中国文化个性极强"时说："中国人原来个个都是顺民，同时也个个都是皇帝。当他在家里关起门来，对于老婆孩子，他便是皇帝。"[①]在传统社会中，帝王与臣民的关系就如父兄与子弟的关系，维系他们之间关系的是儒家的三纲五常和伦理道德；臣民对于帝王的忠诚就如同子弟对于父兄的孝悌，捆绑他们的是儒家的"忠孝"伦理；而国家的法律就如同家族中的家法族规。因此，帝王家族内部与臣民家族内部，其管理模式也具有一致性。在此，笔者试图通过建构中国传统社会家国同构模型来分析家族的管理模式（见图5-1）。

---

① 梁漱溟：《中国文化要义》，上海人民出版社，2011年，第50页。

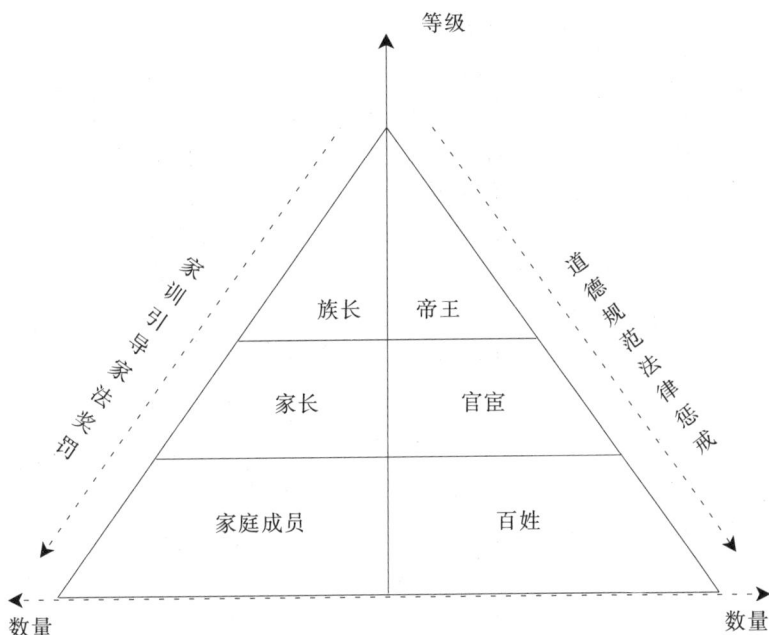

图 5-1　"家国同构"背景下的家族管理

图 5-1 中，纵轴从下而上代表从低至高的等级，横轴左侧是家族治理模式，横轴右侧为国家管理模式。传统社会的等级模式为"帝王—官宦—百姓"，家族的等级模式为"族长—家长—家庭成员"，这两种等级模式均根据尊卑有别、长幼有序的原则进行内部等级划分。在这种治理模式中，帝王和族长的等级及权力最高，官宦和家长处于中间等级，百姓和家庭成员处于最低等级。在家族治理中，族长利用道德规范和族规，通过口头或书面的形式对家族成员进行引导与约束。在国家管理中，帝王借助社会道德规范和法律对官宦、百姓加以引导与惩戒。基于以上论述可发现，"家国同构"这一基本特征是使王朝兴亡与家族盛衰具有本质共通性的根本原因。

所以，家庭作为社会的"细胞"，并非彼此孤立而存在，一个个普通的"小家"之间常因血缘关系结合为"族"，而由于生存和发展的需要，"聚族而居"是我国古代乡村最为常见的居住形态。明清以来，这些家族通过祠堂、族规、族产等媒介结合起来，根据家族在社会中所处地位的高低，形成规模和紧密程度不一的宗族组织。在社会管理不发达的传统社会，宗族在地方生活和国家稳定中具有不可忽视的作用。正如吴大琨指出，"在中国的历史上，家族一直在社会的发展中占着非常重要的地位，要弄清楚某一地区的文化发展情况，就必须弄清楚这一地区的一些代表性

家族的情况，两者是分不开的"①。

第二节 家训与诗书家族

在传统社会中，家族是由若干个家庭组成的社会的基本单位。正如钱穆所指出："家族是中国文化一个最重要的柱石。我们几乎可以说，中国文化全部都从家族观念上筑起，先有家族乃有人道观念，先有人道观念乃有其他的一切。"② 由于岭南生活条件恶劣，同一家族人员必须抱团才能生存，因而具有较强的家族观念，在长期的沉淀中形成良好的家风，并将这种家族观念写成家训或家规，贯穿于日常对家族成员的教化过程，要求每一位家族成员自觉地躬行与内省。

诗书家族是以文学积累为主要家学特征并且持续数代而不衰的世家大族。岭南典型的诗书家族有：盛唐贤相张九龄家族、明代岭南进士世家伦氏家族、岭南世儒香山黄氏家族、岭南诗人雅材黎氏家族、明代岭南诗人区氏家族、明代南海官宦陈氏家族、明末爱国诗人黎遂球家族、明末顺德陈氏家族、清代羊城潘氏官商家族、乾嘉两朝岭南张氏诗画家族、清代顺德龙山温氏望族、清代文人画家谢兰生家族、清代佛山吴氏诗礼簪缨家族、清代爱国诗人张维屏家族、佛山梁氏园林建筑家族、清代俗文学家招子庸家族、清末藏书世家谭氏家族、清代羊城朴学官宦桂氏家族、清代岭南居氏书画家族、清末番禺叶氏词学家族、清末岭南藏书家丁氏家族等。

一、文学相传，儒雅为业

钱穆先生在《国史大纲》中指出："一个大门第，绝非全赖于外在权势与财力，而能保泰持盈达于数百年之久；更非清虚与奢汰，所以能使闺门雍睦，子弟循谨，维护此门户于不衰。当时极重家教门风，孝弟妇德，皆从西汉传来。"③ 可见，世家大族要使家族经久不衰、维持优越的地位，既不能单纯依靠政治权力和雄厚的物质条件，也不能单纯依靠清虚淡泊或挥霍无度，而要依靠以文化为底蕴的"家教门风"。对于这种家教门风，钱穆先生作了十分详尽的解说，即"当时门第传统共同理想，所希望于门第中人，上自贤父兄，下至佳子弟，不外两大要目：一则希望其能具孝友

---

① 吴大琨：《笔谈吴文化》，《文史知识》，1990 年第 11 期，第 10 页。
② 钱穆：《中国文化史导论》，商务印书馆，1998 年，第 205 页。
③ 钱穆：《国史大纲》，商务印书馆，1996 年，第 309－310 页。

之内行，一则希望能有经籍文史学业之修养，此两种希望，并合成当时共同之家教。其前一项之表现，则成为家风，后一项之表现，则成为家学"①。从此处可知，家风是家庭成员仁、义、礼、智、信等品德的综合体现，而家学则侧重于家庭成员文学、绘画、建筑、经商等技能的提升，诗书家族就是以文学为家学，通过科举考试获得政治资源，从而保证家族代代相传。

　　一般来说，有家就有训，这是不争的事实。但从现存的家训文献和家族发展史来看，平常老百姓家庭训诫的内容只是一些零星的生活经验或生活技巧，最终所形成的往往也是一些俗语与俚语，与诗书家族背景下产生的家训有天壤之别。诗书家族往往以诗书训导子弟，在科举取士中有一定的优势，以儒雅之风延绵传家，成为当地其他家族学习或追赶的榜样。岭南地区自唐代莫宣卿高中状元后，涌现了一大批诗书家族，引领着岭南文学的发展。如从化有"一门三进士，四代九乡贤"的黎氏家族②，佛山有"父子四元双进士"的伦氏家族③和"一门七进士，四代五乡贤"④的陈氏家族，还有文学家方茂夫、方献夫、方蕘兄弟父子，文学家霍韬、霍与瑕父子，文献学家温法能、诗人温法适，等等。

　　读书是诗书家族传承之秘法，其家训中对读书和写文章都作了非常详尽的指导。如清代学者胡方，广东新会人，著有《信天翁家训》一卷，分为《诫子》《训子》《训孙》《训女》《遗嘱》等篇，训诫内容各有侧重，训子与训女不同，讲明为人处世的各种道理。不过，胡方家训的重点其实不在这方面，而更多在读书作文的训导上，教导子孙读什么书、按什么步骤读书，作文、写诗应该遵循什么原则、避免怎样的文病等，其实是一种非常有特色的"文训"之作。胡方在《训子》中指出，文法"即讲话之势，总要明达而已"，讲话之势"不外一顺字，然非从头序到尾即是顺也"，读文"须虚心敛气，除了自己聪明格调，使文章悟我，乃为有益；不可我悟文章，以失他面目"。⑤ 在《训孙》篇中，他明确规定不同年龄读

155

---

　　① 钱穆：《略论魏晋南北朝学术文化与当时门第之关系》，《新亚学报》，1963年第2期。

　　② 三进士是黎贯、黎民衷、黎邦琰，九乡贤里除三进士以外，还有黎民表与其祖父黎元昌、其弟黎民衷等人。

　　③ 伦文叙一家父子四人，文叙连捷会元、状元，以训连捷会元、榜眼，以琼为解元、进士，以亦为进士。

　　④ 南海沙贝陈氏家族从南宋入粤至明末，名儒显宦层出不穷，陈门中共有七位进士，"五乡贤"谓陈氏家族中有不少贤者，虽未任官职，但誉满乡里。

　　⑤ （清）胡方：《训子》，陈建华、曹淳亮主编：《广州大典·鸿桷堂文钞》，广州出版社，2015年。

不同的书："初学一年，读《孝经》《小学》……明年读《仪礼》，一年未毕，则二年；二年未毕，则三年。已毕，又复终身不可离，以《孝经》《小学》作倍读。……十一岁讲解四书……十四五，《仪礼》、四书已熟，可读《礼记》《书经》《诗经》……十六岁以后，前书已毕，可看朱子《纲目》及读诸古文；又功毕读诸子……二十一史浩博难穷，看朱子《纲目》亦了。"①

岭南家训中，即使是普通的家规或族规，关于"诗书传家"的训诫也比比皆是。潮州《洪氏族谱》感叹"人家子孙，乃好读书；吾家子孙，不好读书。好读书者，为礼义称贤哲；不读书者，不知不识"②，要子孙牢记读书使命，勤奋读书。从这份族谱的内容还可以看出，洪氏家族观念中的"礼义贤哲"，是以"好读书"为前提的。再如，乐昌寨背张氏《家规十劝》专设"劝敦诗书"条，要求子孙读书："圣贤以所知所行，垂之诗书，后知人道其义，则可以修身，齐家，敦伦治国。古者，八岁入小学，无论敏钝俱就塾，使知义理。至十五六，然后观其质之所近，为农、为士，始分其业。夫士列四民之首，固宜务实，行实，学不可浮。文资进取，要思父兄志念，深体师长立教。一旦游庠登科，仍以举业者，训子弟则诗书世守。人多俊肖，祖宗有不含笑默佑哉。"③此家训讲明读书可以修身、齐家和治国，不论孩童资质如何，都要认真读书。无论将来从事何种职业，读书对每个人都具有十分重要的作用。

诗书家族以科举入仕，光耀门楣，家运亨通，对乡邻产生了潜移默化的影响。乡里多效仿诗书家族重文教兴科举，从而形成了崇儒尚学的社会风气。明代增城湛若水家训是典型代表，家训被弟子广泛传播，如弟子洪垣认为，"吾师甘泉先生，具明德新民之学，既尝以其齐家者，推之于国与天下矣。天德王道有疏矣，乃于致政之后，立为合族之典，又演其合族与齐家者立为家训，以示子孙"。弟子潘洋认为，"斯训也，虽以训天下后世焉可矣，岂特乎湛氏尔也"。弟子曾贯将家训直接用于子孙的教育，"吾师泉翁家训成，不以贯为弗类也，授而观之，予受之弗忍释手，以携于家"。弟子应良直接将家训带回浙江老家，进行"由家达乡"的传授，"人人亲其亲，长其长而天下平。观家训者，当以是求之，吾将奉以训吾家，推之乡党邦国。湛氏子孙尚恪遵而世守之，厥嗣人将有如方、霍、伦、薛

① （清）胡方：《训孙》，陈建华、曹淳亮主编：《广州大典·鸿桷堂文钞》，广州出版社，2015年。

② 洪己任编：《洪氏族谱》，1922年名利轩印务局铅印本，第17页。

③ 苗仪、黄玉美编著：《韶关族谱家训家规集萃》，暨南大学出版社，2018年，第98页。

者，兴以昭仁者之有后，曲江、菊坡不专美于前"①，他相信方、霍、伦、薛四大家族的兴旺发达也是良好的家训教育的结果，这对世人有极强的鼓舞作用。

二、代相蝉联，文人辈出

陈寅恪曾说"学术文化与大族盛门常不可分离"②，这个规律同样适合岭南诗书家族。岭南诗书家族具有浓郁而持久的文化传承，以诗礼传家，把文章写作视为家族成员必须拥有的重要技能，把道德视为家族成员立身处世的基本条件。

广州大学曾大兴教授对明清时期广州府的 105 个文学家族进行了考察，发现这些家族基本上是科举起家、科举传家，③ 且往往一门风雅，代相蝉联，文人辈出，有的历明清两代不衰，文运绵长。笔者在此基础上，选择了 5 个佛山诗书家族，也发现这 5 个诗书家族都有自己的家训流传至今（见表 5－1）。

表 5－1　明清佛山诗书家族与家训对照表

1. 南海桂鸿家族							
姓名	时代	籍贯	今地	代表作	功名或学历	血缘关系	家训名称
桂鸿	清	南海	广州	《渐斋诗钞》	乾隆举人		《有山诫子录》
桂文耀	清	南海	广州	《清芬小草》	道光进士	桂鸿之孙	
桂文灿	清	南海	广州	《潜心堂诗集》	道光举人	桂文耀之弟	
桂文炽	清	南海	广州	《鹿鸣山馆稿》	补博士弟子员	桂文耀之弟	
桂坛	民国	南海	广州	《晦木轩稿》	光绪举人	桂文灿之子	
桂站	民国	南海	广州	《晋砖宋瓦实类稿》	光绪进士	桂文灿之侄	

① （明）湛若水著，（民国）湛锡高修：《增城沙堤湛氏族谱》卷二十四，佛山华文局铅印，1926 年。

② 陈寅恪：《金明馆丛稿初编》，上海古籍出版社，1980 年，第 329 页。

③ 曾大兴：《岭南文化的真相：岭南文化与文学地理之考察》，社会科学文献出版社，2016 年，第 235－261 页。

（续上表）

2. 南海方献夫家族							
方茂夫	明	南海	佛山南海	《狎鸥亭集》	正德举人		《方氏家训》
方献夫	明	南海	佛山南海	《西樵遗稿》	弘治进士	方茂夫之弟	
方菓	明	南海	佛山南海	《龙井集》		方献夫次子	
3. 新会陈献章家族							
陈献章	明	新会	江门新会	《白沙全集》	正统举人		《陈白沙家训》
陈上国	明	新会	江门新会	《环泗亭诗略》		陈献章族孙	
4. 新会梁启超家族							
梁启超	民国	新会	江门新会	《饮冰室合集》	光绪举人		《梁启超家书》
梁启勋	民国	新会	江门新会	《词学》		梁启超之弟	
5. 南海霍韬家族							
霍韬	明	南海	佛山南海	《渭厓集》	正德进士		《霍渭厓家训》
霍与瑕	明	南海	佛山南海	《勉斋集》	嘉靖进士	霍韬次子	

158

从表5-1可以看出，诗书家族都有家训，但家训到底发挥了多大作用，无法考量，可以肯定的是，科举世家存在和发展的一个重要因素是家族进行的文化教育。诗书家族世代相传，本质上是文学的沿袭，这与家训密不可分。余秋雨也有这样一个观点："科举以诗赋文章作试题，并不是测试应试者的特殊文学天才，而是测试他们的一般文化修养。"[①] 而这些文化修养的获得需要靠子孙从小积累和锻炼，这就与家学、家风、家训密切相关。更何况家训中极其重要的一部分就是科举考试的内容。一方面，由于岭南没有持久、稳定的学校教育，科举考试的内容无法在学校教育中获取，科举入仕技能无法在学校教育中提升，所以原本属于学校教育的内容就只得移到家庭教育中来；另一方面，也是最根本的原因在于"学而优则仕"，世家大族的家庭教育内容多样化、个性化，家族子弟在不同的年龄阶段可以学习到儒学、玄学、道教、佛教、文学、艺术、科技、史学、天文、历算等内容，凡是一技之长都可以成为家学并世代相授，远比官学的内容广泛而实际。

---

① 余秋雨：《十万进士》，《山居笔记》，文汇出版社，1998年，第232页。

以番禺屈氏家族和潘氏家族为例，分析诗书家族的传承。

关于番禺屈氏的起源，屈大均作过详细的描述："传至有唐，吾屈有节度使讳政者，自关中来，始居梅岭之南。南宋时，其孙迪功郎诚斋又迁于番禺沙亭，今子姓千有余人，辄称三闾大夫之裔，复号为南屈，以别于关中之西屈。"① 可以得知，在唐代，节度使屈政带领家族成员从中原迁至梅岭南关；到了宋代，屈诚斋带领家族成员定居番禺沙亭。屈氏子弟一直以诗人屈原为先祖，以诗书传家，"其祖多寿人、诗人"，屈大均十五世祖、十四世祖、十二世祖均有文集传世（见表 5-2）。十三世伯祖博翁"省年硕学，高旷绝伦"，"陈白沙尝过其家"，湛甘泉"想慕其风"。② 足见屈氏文学在当时岭南社会影响之深远。

屈大均的父亲屈宜遇一生悬壶济世，关爱穷苦人民，教导屈大均说："吾以书为田，将以遗汝。吾家可无田，不可无书。"屈宜遇家教十分严格，亲自为屈大均讲解学业，屈大均每夜"就母黄氏纺织灯下，读新书三十页，晨起父前背诵，不遗一字"。屈大均在家风的熏陶下，勤奋好学，敏学强记，少有诗名。屈宜遇还是一位抱持民族气节和反清复明思想的知识分子，当清兵攻陷广州时，他告诫屈大均"自今以后，汝以田为书，日事藕耕，无所庸其弦诵也……昔之时，不仕无义，今之时，龙荒之有，神夏之亡，有甚于春秋之世者，仕则无义。洁其身，所以存大伦也，小子勉之"③。屈大均在年近花甲之时怀悼先父，吟道"父书难再读，最是《教忠篇》"④，可见，父训对他的人生价值取向产生了深刻的影响。

表 5-2　番禺屈氏文学传承表

姓名	时代	籍贯	代表作	功名或学历	血缘关系
屈群策	明	番禺沙亭	《来熏书院集》		屈大均十五世伯祖
屈青野	明	番禺沙亭	《交翠轩集》		屈群策之子

① （清）屈大均：《翁山文外·西屈族祖姑韩安人遗诗序》卷二，欧初、王贵忱主编：《屈大均全集》，人民文学出版社，1996 年，第 82 页。

② 汪宗衍：《屈大均年谱》，欧初、王贵忱主编：《屈大均全集》，人民文学出版社，1996年，第 1852 页。

③ （清）屈大均：《先考澹足公处士四松阡表》，欧初、王贵忱主编：《屈大均全集》，人民文学出版社，1996 年，第 137 页。

④ （清）屈大均：《先君澹足公忌日作》，欧初、王贵忱主编：《屈大均全集》，人民文学出版社，1996 年，第 656 页。

（续上表）

姓名	时代	籍贯	代表作	功名或学历	血缘关系
屈瑛	明	番禺沙亭	《草虫鸣砌集》		屈大均十二世祖
屈士燝	明	番禺沙亭	《显晦草》《食薇草》	举人、礼部员外郎	
屈士煌	明	番禺沙亭	《屈泰士遗诗》	隆庆补诸生	屈士燝之弟
屈大均	清	番禺沙亭	《广东新语》《翁山诗集》	县学生员、"岭南三大家"之一	屈士燝从弟
黎静卿	清	东莞	《道香楼集》		屈大均继室

　　屈大均非常敬仰屈原，"学其人，又学其文，以大均为名者，思光大其能兼风雅之辞，与争光日月之志也"①。又言："吾宗本楚人，宜以《楚辞》为专家，世相传授。"② 其言行及诗歌创作均效仿屈原，晚年修筑了祖香园，将屈原的画像供奉其中。屈大均平生著作丰富，有《翁山文外》《翁山文钞》《翁山诗外》《翁山易外》《广东新语》《皇明四朝成仁录》等著作。有诗赞曰"岭南三子承先泽，长安二屈启后人"，正是对屈大均家族文学传承的准确总结。

　　在清代，番禺又出现了一大诗书家族——潘氏家族。清末岭南著名诗人张维屏在其《听松庐诗话》中说："吾粤士大夫一门有集者，推南海吴氏（吴荣光家族）、番禺潘氏……潘氏五世工诗，世之不多睹也。"③ 潘氏家族以经商起家，在清末对外贸易史上有着十分重要的位置。同时，在传播文化、诗词创作等方面也有一定贡献，是岭南的科第名家。图5-2可以清晰地看到潘氏家族的文学传承。

---

　　① （清）屈大均：《自字泠君说》，欧初、王贵忱主编：《屈大均全集》，人民文学出版社，1996年，第127页。

　　② （清）屈大均：《三闾大夫祠碑》，欧初、王贵忱主编：《屈大均全集》，人民文学出版社，1996年，第329页。

　　③ 张新民主编：《中国文化世家》岭南卷，湖北教育出版社，2004年，第382页。

一代　　　　　潘振承 (入粤始祖，巨富)

二代　潘有为 (进士，校《四库全书》)　潘有度 (十三行总商，著《义松堂遗稿》)　潘有原 (著《常荫堂遗诗》)　潘有科 (从商)

三代　潘正衡 (著《黎斋诗草》)　潘正绵 (举人，著《逗圃诗存》)　潘正亨 (从商)　潘正纲　潘正炜 (继承家业，甲于粤东)　潘正常 (著《丽泽轩诗钞》)　潘正琛 (刑部员外郎，著《北游草》)

四代　潘恕 (附贡生，著《十国春秋摘要》十卷)　潘定桂 (著《三十六村草堂诗钞》)　潘仕徵 (著《培春堂吟草》)　潘仕杨 (著《三长物室诗钞》)　潘师征 (善书画)　潘师徽 (国学生)　潘瑶卿 (工诗善画)

五代　潘光瀛 (著《梧桐庭院诗钞》等)　潘慧娴 (善画花鸟)　潘丽娴 (著《蓁兰馆诗钞》等)　潘宝锁 (进士，著《望琼仙馆诗钞》)　潘宝琳 (进士，翰林院庶吉士)

六代　潘飞声 (桐圃凤雏，著述丰富，主要有《说剑堂集》《说剑堂诗集》等二十多种)

161

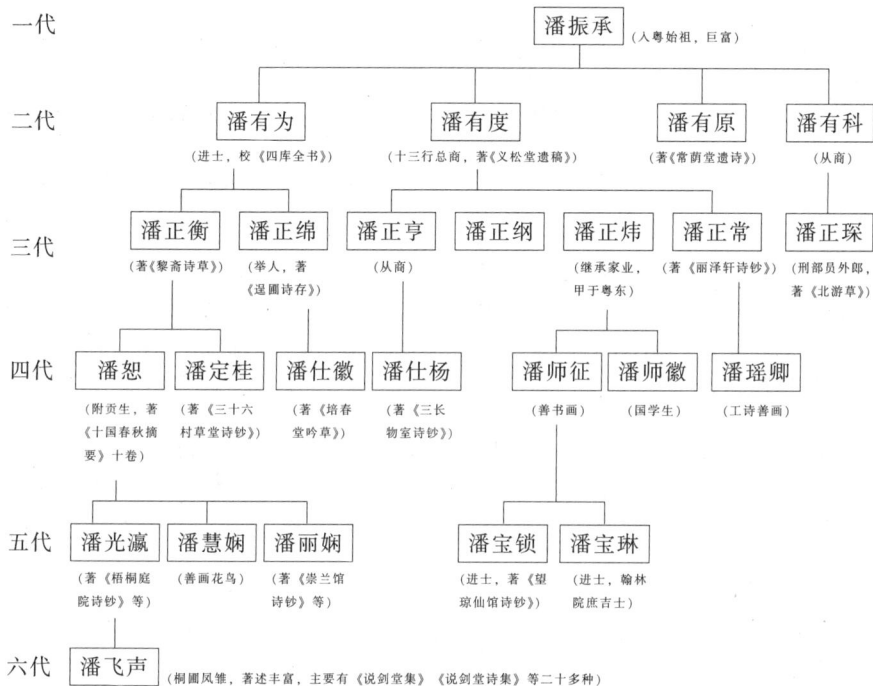

图5-2　潘氏家族文学传承

　　从图5-2可以看出，潘氏入粤始祖潘振承在成为巨富后，一方面让儿子继承商业，为家族事业发展奠定良好基础；另一方面让儿子学习文学，使文学成为家学，一直传承六代，这在明清时期是少见的。潘氏成员亦商亦儒，将科举与商业巧妙结合，让文学与商业互为补充，共同发展。潘振承七个儿子中，三个儿子有文学成就。次子潘有为，从小受到良好教育，成为进士后，官至内阁中书十余年，并曾奉命校《四库全书》。在潘氏家族中，潘有为分支文学成就最高，三世正衡、正绵均有文学总集，四世潘恕、潘定桂各有专集，五世中不但潘光瀛有专集，就连女性潘慧娴和潘丽娴也工于诗画，有专集。第六代潘飞声更是集文学之大成。潘振承四子潘有度继承父业，主理同文洋行，为十三行总商，著有文学总集。其四个儿子中三个儿子有文学总集，四个孙子和五个曾孙均有文学总集。

　　潘氏文学传承历明清两朝，第六代潘飞声（1857—1934）幼承家学，博采诸家，集文学大成，享有盛名，主要著作有《说剑堂集》、《说剑堂诗集》（三卷）、《说剑堂词集》（《海山词》《花语词》《珠江低唱》《长相思词》各一卷）、《柏林竹枝词》、《罗浮游记》、《在山泉诗话》、《粤雅词》、

《粤东词钞》、《西窗杂录》等二十多种。岭南大学者陈澧等人誉其为"桐圃凤雏"。他的诗被丘炜蔓誉为"豪情壮气，压倒一时豪杰"，他的词被陈璞称为"岭表词坛，洵堪独秀"。

潘氏家族开创者潘启确立了勤俭起家、诗书传家的传统，子孙后代延绵不息。潘有为诗中曰："奉姑就养楚庭侧，日课女红夜仍织。"① 潘正炜诗中亦告诫后人，"奢侈从来因富贵，骄淫容易堕饥寒"，"缩食节衣长饱暖，清心贫欲自期颐"②，要求后人节俭戒骄淫、淡泊名利。潘正炜第四子潘师征"性孝友，勤俭。其于荫本丰，及丁艰析产，时以腴田广夏让予诸昆季，自守故园，聊蔽风雨而已。仅占数千金，余则任诸兄弟取携。既躬自刻苦，犹能以三千金代兄偿债，以千金捐助军饷"。由此可见，潘氏家族崇尚勤俭之风，以文学传家，族人大多接受四书五经的教育。潘有为诗中曰："五岁就传授我书，冀我奋作千里驹。"③ 这说明良好的家庭环境对家庭成员成长意义重大。

三、推动地方文化建设

家族的文化建设对地方的文化建设起到了相互促进的作用，一方面诗书家族的形成和发展与地方经济文化的发展息息相关，诗书家族的发展深受地方经济文化环境的影响；另一方面，诗书家族也会和地方社会的文化发展产生互动。一般来说，家族文化成就越突出，就越能显示家族在当地社会上的影响，从而吸引四方名士。四方名士慕名而来，促进了地方文化的繁荣昌盛，这又对诗书家族产生推动力，促使诗书家族文化建设进一步发展与提升。因此，岭南诗书家族在结集出版、捐资办学和学风推动等方面做出了很大的努力。

为了"使数百年以上祖宗之性情謦欬与数百年以下之子孙相接"④，促使子孙对家族文学进行传承，岭南诗书家族子孙对祖先家集都积极进行编纂刻印，不少家族都出版了自己的家族丛书。家集的编纂与刊刻，扩大了传播的范围，客观上促进了岭南文学的普及与繁荣。"一家一族之文献即一国之文献所由本。文章学术，私之则为吾祖吾宗精神之所萃，公之则为

---

① 潘有为：《南雪巢诗钞》，《番禺潘氏诗略》第一册，华南理工大学出版社，2006 年，第85 页。

② 潘刚儿、黄启臣、陈国栋编著：《潘同文（孚）行》，华南理工大学出版社，2006 年，第191 页。

③ 潘刚儿、黄启臣、陈国栋编著：《潘同文（孚）行》，华南理工大学出版社，2006 年，第223 页。

④ 转引自江庆柏：《明清苏南望族文化研究》，南京师范大学出版社，2016 年，第 270 页。

一国儒先学说之所关"①，这句话很好地说明了文学家族对地方及国家文学传承的贡献。

在推动地方文化建议上，遂溪县王氏家族是典型。明正统期间，王氏九世祖王吉在《王氏族谱》中专设"王氏家诫十条"，重点强调"吾族诗书传家，凡百余年，族中当以此为第一，相尚勤苦，延师教子……"，后来王氏有"公孙三代联袂登岁贡"的辉煌历史，成为时人学习的榜样。为照顾岭南其他区域王氏后代科举考试，遂溪王氏特意在海康县城修建"黄略会馆"，凡到雷州参加考试的王氏学子，均可免费住宿，以鼓励王氏后辈积极向学，勤奋求知。在遂溪王氏的鼓励下，岭南王氏子弟连连中举，尤以黄略村王氏成绩突出。据黄略村王氏族谱记载，黄略村先贤在科举考试中，高中进士、举人、贡生等 24 名，还有增附生、廪生、庠生、国学、武监等 226 名。学而优则仕，王氏举人有翰林、御史 2 名；有知府、教谕、训导、县令、千总等仕宦 32 名；还有文、武职员 16 名，受朝廷各种封赠恩赐 26 名。

明清时期在诗书世家的引导下，岭南多地学风盛行。乾隆《嘉应州志》说："士喜读书，多舌耕，虽困穷至老不肯辍业。近年应童子试至万有余人。前制府请改设州治，疏称文风极盛，盖其验也。"清嘉应州含梅县、兴宁、五华、平远、镇平（蕉岭）五属，每年参加考试的生员（秀才）竟有 1 万多人，可见读书人口比例之高。当然，这些成绩除了受益于文学家族的引领，与当地官员的提倡和支持也是分不开的。史志称"嘉（应）人知穷经谈古，实倡自士奇"。惠士奇康熙末至雍正初任粤东学政，曾在嘉应州"劝学兴行，遴选真才"，并允许梅籍生员到潮州府属各县应考，以致"程乡（即梅州）进泮百余人，士气始扬"。②时广东督学吴鸿称"嘉应之为州也，人文为岭南冠。州之属四，镇平为冠，邑虽小，以余所评文章之士，莫能过也"③。

第三节　家训与仕宦家族

所谓仕宦家族，是指以科举起家、入仕为宦并且持续数代长盛不衰的家族，他们掌握优势的政治资源，不仅对当时的政治有很大的影响，对于

---

①　陆明恒：《松陵陆氏丛著·序》，1927 年苏斋刻本。
②　乾隆《嘉应州志》，中山图书馆整理本，1991 年，第 58 页。
③　（清）黄钊：《石窟一征》卷二《教养》，光绪六年（1880）刻本，第 18 页。

地方经济、文化、教育及社会生活都具有相当大的影响力。当然，仕宦家族不是一蹴而成的，需要家族长辈对子弟进行系统的教育，培养出品学兼优的子弟来，尤其是要在若干代子孙中延续传递，就需要良好的家风家训。纵观岭南仕宦家族家训，家族中的仕宦者不仅严于自律，身先士卒，勤奋俭朴，戒贪以廉，还要求家族成员清正廉洁，为地方社会作出表率，从而促使地方社会风清气正，因为"四人之业，士最关于风化"①，德化百姓、移风易俗是地方士人与其家族应当承担的社会责任。

一、子帅以正，孰敢不正

孔子曰："政者，正也。子帅以正，孰敢不正。"② 这句话充分说明了为政者对普通百姓的示范效应，这要求当政之人树立良好的榜样，以身作则，这样才能征服他人。"老百姓正是从官员的道德言论中感悟社会所倡导的道德要求，从其行为规范中判断善恶是非。官德成了社会道德的主体，官德水平的高低，直接关系到民风的好坏与社会的德治程度。"③

明清以来，人们将"勤奋节俭、见利顾义、尚廉奉公、勤政爱民"等内容作为仕宦官员的基本素养，这一要求直接反映到众多家训、族规、乡约、乡规中。如惠州府《崇林世居乡规》："崇节俭。凡冠婚丧祭，虽属大典，须称家有无，不可浪费。至食衣服，尤宜节俭。"④ 汕头莲塘林氏家族要求子孙"士农工商，均为常业，不论何门，都应各安其分，惟勤是务……勤能创业，俭可守家……为吾子孙，勤俭当勉"，故而其家训强调"业当勤俭"。⑤ 揭阳刘氏家族第九条家训是"尚节俭""励寒素"。⑥ 潮安金石仙都乡林氏家训强调，"富亦不夸，贵亦不夸，人生富贵总虚华……贫不须忧，贱不须忧，爱惜光阴是田畴"⑦；饶平新丰滦溪谢氏家训曰："安本业，明学术，尚勤俭，明趋向。"潮安鹳巢李氏家训曰："躬耕清约，勤俭家齐。芸窗奋志，莅政廉励。"潮州翁氏家训曰："克勤克俭，戒奢戒赌，唯苦唯艰，发家致富。"饶平邱氏家训曰："尚节俭，以惜财用。重农桑，以足衣食。"诸如此类，不胜枚举。

---

① 贾至：《议杨绾条奏贡举疏》，《全唐文》卷三百六十八，上海古籍出版社，1990年，第1652页。

② 李学勤主编：《十三经注疏》，北京大学出版社，1999年，第173页。

③ 周铁项：《家训文化中的德治思想及其现代审视历史哲学》，《史学月刊》，2002年第7期。

④ 顾作义主编：《岭南乡规》，南方日报出版社，2017年，第44页。

⑤ 莲塘林氏族谱编委会：《莲塘林氏族谱》，2008年，第98页。

⑥ 刘伯忠：《刘氏族谱》，1999年，第73页。

⑦ 仙都乡老人公会编：《潮安仙都乡（林氏）族谱》，2001年，第148页。

以南海湛若水、连平颜氏家族为例详细说明之。

明代湛若水历任礼部尚书、吏部尚书、兵部尚书，所到之处，官品官德皆为世人称道。但远在佛山的湛氏子弟与宗亲，倚仗湛若水的朝廷地位，在乡里横行霸道。湛若水十分担忧，重新厘定乡规族约，为家族撰写《湛氏家训》，共计三十五章。首章"明一体"提纲挈领，为家训族规奠定基调。他再三要求宗族子弟严格遵守礼法，从家族合食、公家财物处理、接待朋友、婚丧嫁娶到教育诸事都作了详细规定。例如，他从三个方面要求子弟常怀"恭敬心"：一是办祭礼之时，尽管仪式和祭品非常重要，但参祭者须怀恭敬之心才能和祖先感应，让祖先之神灵来享用。二是会食时，与尊贵者、次尊贵者、平等者互作揖行礼，便是恭敬心。三是会食时不许杂言、各省已过也是恭敬心。湛若水一针见血地指出明代增城的奢靡社会风气："吾乡风俗亦奢，一待客之设，动为二三十盆碗，必用山装，山装必用肉一斤有余，所费不小。"所以他明确待客的两个标准：一是需要热情款待，并非奢靡浪费，"只用四果八盆，以四品两成之，只用酒三五行，二汤一饭，便可致诚敬"。二是体现尊重、敬谨的待客之道，不同的客人用不同的桌子表示尊重："若初到亲家及官客，用看桌五牲；其再会寻常亲客，则用果桌，果肴各五品，三汤一割两割，酒五七行即饭，出而散，不可流连放纵，教子孙习为奢侈，流荡害事。"[1] 在湛若水"明礼客"的引导下，湛氏子弟改过自新，湛氏之风受时人称赞。

清朝连平颜氏家族是一个古老的仕宦家族，其祖可追溯至南北朝黄门侍郎颜之推，颜氏一支因避难而定居连平，颜氏子弟依然儒雅为业，仕宦传家。从康熙朝起至光绪末年二百多年中，连平颜氏男性人口不足一千，前后产生了四位进士、二十一位举人、近五十位拔贡，七品以上官员六十余人。颜氏家族在官场中享有盛名，清末达到"一门三世四节钺，五部十省八花翎"[2] 的鼎盛时期，成为清代二十八世家之一，还有一大批文人豪士等。连平颜氏家族的荣耀与昌盛，是颜氏共同努力的结晶，也离不开颜氏子弟对《颜氏家训》的秉承和发扬。颜氏开基祠堂梅花祠堂联曰："缅祖德于千秋过不二怒不迁默定行藏符至圣，表心香于一瓣劳无施善无伐静恭克服验归仁。"这是颜氏家族共同的精神支持，激励着一代代颜氏成员。

---

[1] （明）湛若水著，（民国）湛锡高修：《增城沙堤湛氏族谱》卷二十四，佛山华文局铅印，1926 年。

[2] 三代当中，颜希深，颜希深之子颜检，颜希深之孙颜伯焘、颜以燠做过巡抚、总督等封疆大吏。颜检、颜培瑚、颜希深、颜伯焘、颜以燠分别做过兵部侍郎、尚书等职。颜氏一门曾有人在十八个省中的十个省做过封疆大吏。八花翎指颜氏一门曾有八人得到过朝廷赏藏的花翎。

当然，颜氏家族仕宦的成功，更离不开被颜希深祖孙三代奉为家训的"三十六字官箴"——"吏不畏吾严而畏吾廉，民不服吾能而服吾公；公则民不敢慢，廉则吏不敢欺。公生明，廉生威"的教化，创造了两袖清风、善始善终三代的古代官场奇迹。后来，颜氏"三十六字官箴"成为岭南仕宦之子共同遵守的准则。

关于仕宦家族的家庭管理，家训要求族长或宗祠祠长应廉明公正，若族长徇私不公则废之另立。家规族训中都设置了严谨的经济管理制度，宗族内部对其财产管理得谨慎严明，可以很好地维护集体的财产安全。在《湛若水家训》中，湛若水始终遵循两个原则：第一，在财富分配上，中国自古就"不患寡而患不均"，湛若水要求以"公平公正"为原则，进行祭祀后的物品和公家田产所收利润的分配，只有做到公平公正，才能调动家族成员的积极性，才能保持和谐的家庭状态。第二，在使用财物上，湛若水要求每一位成员应保持勤俭节约的态度，无论是婚丧嫁娶，集中饮食，还是招待亲戚朋友，都不能过度使用财物。要求每位成员戒除奢靡的生活风气，压制自己放纵的物质欲望，当居家独处时更要以粗茶淡饭来磨砺自己的心志。

很明显，当世家大族成为其他家族学习的榜样时，一族的家学门风往往不再只是一个家族内的风气，它与社会进行了"连通"，一族之风扩展为地方社会风气。从表面上看，仕宦家族形成的族风直接影响着家族成员和家族的兴旺发达，但实际上也会影响到家族所处的整个乡村社会。在仕宦家族生活的乡村里，"家庭的外在环境是村庄，内在环境是家族"[1]，有时候一村一乡本身就为一族，仕宦家族体现的精神风貌和形成的礼仪规范，也必然能约束或指导最近的族人和乡人。正如《资治通鉴》卷十一载："礼之为物大矣！用之于身，则动静有法而百行备焉；用之于家，则内外有别而九族睦焉；用之于乡，则长幼有伦而俗化美焉；用之于国，则君臣有叙而政治成焉；用之于天下，则诸侯顺服而纪纲正焉；岂直几席之上、户庭之间得之而不乱哉！"[2] 岭南仕宦家族如连平颜氏、佛山霍氏、海南邱氏等影响深远的家族，他们不仅要约束自己及家庭成员做出表率，还要推而广之，教化社会，让自己血缘关系所及的家族、家族所在的村乡都受到熏陶，从而实现上下有序，乡村稳定团结，国家繁荣昌盛。

---

① 谷更有：《唐宋国家与社会》，中国社会科学出版社，2006 年，第 174 页。

② （宋）司马光：《资治通鉴》卷十一，中华书局，1956 年，第 357－358 页。

二、亦仕亦儒，香火传承

古人入仕为官的途径多样。春秋战国之前采用"子承父业，血缘取官"的世袭制，战乱时代采用"军功晋爵，沙场点兵"的军功制。汉代以来，采用"察才举孝，九品中正"的选拔制。隋唐以来，采用"科举取士，读书唯上""捐官门荫，夹缝生存"的人才任用制。

无论制度如何变化，"任子"始终是入仕的一条途径。根据明初荫叙之制度规定，一品至七品文官，都可以有一个儿子以世其禄。具体说来，"正一品子，正五品用，从一品子，从五品用，正二品子，正六品用，从二品子，从六品用。正三品子，正七品用；从三品子，从七品用，正四品子，正八品用；从四品子，从八品用。正五品子，正九品用。从五品子，从九品用，正六品子，于未入流上等职内叙用。从六品子，于未入流中等职内叙用。正从七品子，于未入流下等职内叙用"①。永乐以后，荫叙渐为限制，"在京三品以上，考满著绩，方得诸荫"②。有了这项制度，家族中的仕宦就有机会得到传承。当然一个家族要想代代有成员身居高位，也必须培养出特别优秀的子弟，如果子弟品行不端或不识时务，不但得不到晋升提拔，有时还可能失去自身性命，甚至危及整个家族的命运。

因此，仕宦家族也特别重视家庭教育。他们鼓励子孙读书入仕，这些内容基本保存在族谱、族规、家训、祠堂碑文之中，还有的散落在县志、乡土志、名人文集、野史、稗抄、诗集中。因为在科举制推行后的中国封建社会，努力读书与科举入仕是全社会有能力为之者的共同梦想。由读书而入仕，无论对于个人还是对于其所从属的宗族，都是一件大好事。

岭南仕宦家族重视文化建设。一是重视家族文化的延续与传承。明代"大礼议"事件之后，宗族无论大小都可以兴建以"敬宗收族"为主要目的的祠堂，每年在固定的时间里，全族人聚居一堂，共同祭祀先人，追溯先人创业的艰难，缅怀先人功绩，激励子女，或者对家族成员优秀的成绩进行表彰，或者对错误的行为进行处罚，让家族成员面对祖先灵位，改过自新或自我鼓励，做出更多成绩，光宗耀祖。二是重视文学教育。明清以来，无论是从士人发展而成还是从豪族转变而来，无论是从中原迁徙过来还是由岭南本地人发展而成，岭南诗书家族都非常注重家族成员的文学教育，因为千百年来的家族发展史证明，以德传家和诗书传家是最为稳妥的传家方式。相对全国其他区域而言，明清以前的岭南主要是由豪强控制的

---

① （清）张廷玉等：《明史·选举制》卷七十二，第1110页。
② （明）王圻：《续文献通考·选举七》卷四十八，万历十四年（1586），手抄本。

社会，即使如此，豪强家族及士人阶层也非常清楚地看到，一个家族如果没有一定的文化修养，即使有偶然的机会在政治、经济领域占据一席之地，也始终难以进入儒流。家庭成员的才学德识、家族的文化地位成为整个岭南社会家庭追求的主要目标。文化上的优势对于取得和维护家族门户地位有着重要的意义。因此一个家族要想成为名门望族或保持长久的家族地位，除拥有政治条件或巨额社会财富之外，还需要重视子孙的文化教育，通过文化的力量来营造或维持家族良好的声誉和名望。

在岭南仕宦家族建设上，岭南官员秉承霍韬、庞尚鹏、海瑞和邱浚所创造的优良传统，进行了十分有特色的家族文化建设。以陈瑸家族和云茂琦家族为代表，说明这一观点。

陈瑸（1656—1718），雷州府人，幼年丧母，家境贫寒。陈瑸从小就有青云之志，刻苦求学，非圣贤之书不读，唯程朱之理为学。康熙三十二年（1693）考取举人，次年举进士。自此陈瑸宦迹天涯，不带家眷，两袖清风，为政为民，历任古田知县、台湾县令、刑部主事、刑部员外郎、兵部郎中、四川提督学政、台厦兵备道、偏沅（湖南）巡抚、福建巡抚（署理闽浙总督），病逝于福建巡抚任上，享年 63 岁。康熙皇帝追授其为礼部尚书，赐谥"清端"，称其似"苦行老僧""国家祥瑞"，为"清廉中之卓绝者"。① 雍正皇帝称其为百官之榜样、一代之完人。

康熙乙未年间（1715），陈瑸官任湖南巡抚，撰写《陈清端公家范》教育子孙。内容主要是教导儿子如何应考乡试，从行路、坐船、歇店到饮食等生活细节，无微不至，体现了父亲对儿子的深切希望和亲切关怀。这些，其实就是陈瑸做人、做官的经验总结，也是当时社会情态的侧面反映，为子孙认识社会、处理各种社会事务提供了借鉴。在家书中，陈瑸将读书与做人排列在一起，希望儿子通过读书明白立身之本、持家之道和处世之方，从而在生活实践中，进一步理解读书与做人之理。

作为仕宦家族，陈瑸在家训之中详细指导儿子需要读什么书和如何读书。在所读书目上，"也不外《四书》、《本经》、性理、八家古文，更旁及诸经，猎涉《左史》、《朱子纲目》数种"。在读书方法上，先扫除文字阻碍，才能把握主题，"汝兄弟临考作文，千万细玩白文，体认注理，总以昌明正大为正宗"。且读书需要日积月累，才能理解越来越深刻，"要其本领，全在平日完养精神，讲究义理，浸淫渐渍，使得之心而应之手，有不知其所以然而然者，非可取办于期月仓猝间，是故读书其至要也"。陈

---

① 朱学勤：《大清帝王康熙》，远方出版社，2004 年，第 57 页。

瑛还劝诫儿子惜时，"大抵人生精力不过二三十年间，为学为仕急须勇猛赶上"，"光阴迅速，男年日长，切勿浪度，自误功名"。在科举考试中，陈瑛提醒儿子不要存在侥幸心理，文字功底需要扎实，"但总要文字好，不论官生不官生，千勿存幸心也"。[①]

清嘉庆二十二年（1817 年），陈瑛在家庙东侧增建三间瓦房，作为家塾，教育族中子弟。在陈瑛的教育和鞭策下，陈氏享有"三朝政绩光刑部，四代文章映礼闱"之赞誉。陈瑛和长子陈居隆、孙陈子恭先后都在刑部担任过官职，故有"三朝政绩光刑部"之说法；陈瑛及子陈居诚、陈居隆，孙陈子良，曾孙陈源江先后都参加了礼部主持的考试，故有"四代文章映礼闱"的美谈。陈氏子弟恪守家范各条，并且教育子女严格遵守。陈子良深感祖父教育之重要，于是竭力收集抄写祖父著作，与《陈清端公家范》一起，希望流传后世。陈子恭官至湖南永州，江西袁州、南康知府，六十九岁致仕归里，用其积俸刻印《陈清端文集》，并在雷州府建清端公祠，使清端公道德文章传之后世。到第四代，陈源关与雷州另一位文化名人丁宗洛一起，收集整理出版《陈瑛文集》，从而使清端精神得到珍爱，世代相传。

如果说陈瑛家族是通过科举考试而跻身仕宦家族的典型代表，那么海南云氏则为另一种情形。

海南云氏是一个延绵七百多年而不衰的仕宦家族。《云氏族谱》最初纂修于明代，家族成员借鉴庞尚鹏的《庞氏家训》，为族谱中加入 68 条家训内容。道光二十六年（1846 年），进士出身的云茂琦衣锦还乡，因德高望重，主持重修《云氏族谱》，他结合社会实际情况，对 68 条家训进行了删减，并在家训末尾指出："旧谱载家训六十八款，系金都御史庞尚鹏所著，而上行公取以自训其家，今择最切当者二十九款，并《训蒙歌》《女诫》，存以示后，余删。"可见，云氏家训将原来照搬庞尚鹏的 68 条家训删减为 29 条，又增加了新的训诫，内容涵盖孝敬父母、认真为学、遵守妇道等为官、为学以及日常生活的方方面面。

"孝友勤俭四字，最为立身第一义，必真知力行"是庞氏家族坚守的首要信条，也是云氏宗亲历来所遵循和践行的训诫，也是云氏家族七百多年繁盛不衰的奥秘。"立身以品行为重，绩学以志趣为先。"云茂琦在家训中开宗明义，告诫族中子弟"品行端正"是安身立命的前提，"以志趣为先"是学习的选择依据，每位子弟必须读书，但读书不一定要博取功名利

---

① 邓碧泉编选：《陈瑛诗文集》，人民日报出版社，2004 年，第 321 页。

禄，子弟从业可以进行多元化的选择，并且要努力取得优异成绩："士志奋，而农、工、商、贾，皆得模范，统归绳尺矣！"不管是读书当官，还是从事工农商贸，云氏出类拔萃者很多，探索其文化之因，那就是云氏子孙做人做事一直坚守"绳尺"之故。

云茂琦的时代，是云氏家族的鼎盛时期，云氏无疑是当地的名门望族，家族人口有八千人之众，进士、举人和贡生接踵诞生。云茂琦官至四品，身居权位，但他经常写信，教诲族人："家运隆盛，全在品行端，心术正，礼教敦。""总以孝友勤俭，谦厚和平，爱人犹己。似不为一家计者，而实则有益于我；若专求利己，虽积金百万，徒以贻祸。"① 他强调品行的重要性，要求族人谨言慎行，尤其是"家中有大可喜可贺事，秘而不宣"，因为云家远近扬名，应当韬光养晦，以免招人嫉妒。他在《致胞弟茂瑰书》中说："吾家行为，皆外人所闻知，今日倍宜谨慎，毋轻动作。幼稚弟侄宜加防范教导，盖大家当只在好子弟也。"②

云茂琦到沛县当知县时，写下了万余字的《初任须知》。在云茂琦看来，为官不是为了自己的仕途，而是要为国家和民众解忧。他提出为官的"居官三本"原则，即清、勤、慎。云茂琦曾说："逢人每询自己过失。或者曰，清、勤、慎已备，复有何过？答曰，此三字，乃居官本分，然亦未易言也。清须济事，勤须无错事，慎须善决断。否亦惟视贪污迫肆者稍别，而循吏名臣正不止此耳。"③ 清，为官当清白、清廉、清醒，由此带来政治清明。"勤须无错事"与"慎须善决断"在云茂琦身上得到完美践行，他时刻提醒自己不要造成错案，同时，凡能迅速结案的，绝不拖延，以免累人钱财。云茂琦正是凭借着自己的为官之道而被列入清史，成为"国史循吏"，即为官典范，也被后人誉称为"云青天"。

三、促进社会清正之风

孟子曰："为政不难，不得罪于巨室。巨室之所慕，国慕之；一国之所慕，天下慕之，故沛然德教溢于四海。"④ 孟子主张，要推行行政，先要做好大家族的工作，这也证明了大家族在当地社会稳定和发展中的作用。在特定的情况下，地方世家大族的影响力可以和官府分庭抗礼，甚至能取

---

① （清）云茂琦：《寄胞六叔父榕庄公书》，《阐堂道遗稿》卷十，海南出版社，2004 年，第202 页。

② （清）云茂琦：《致胞弟茂瑰书》，《阐堂道遗稿》卷十，海南出版社，2004 年，第204 页。

③ （清）云茂琦：《初任须知》，《阐堂道遗稿》卷十一，海南出版社，2004 年。

④ （战国）孟子：《孟子》，中山大学出版社，2018 年，第93 页。

而代之，如岭南的冯冼家族、士燮家族在特定的时期成为岭南社会的实际控制者，在一定程度上决定了区域的治乱兴衰。此外，世家大族的兴起与衰落，往往与区域的兴衰，乃至国家历史的进程息息相关，共长共消。

一般来说，仕宦家族具备几个根本特征：一是家族具有强大的经济实力，能让子孙专注于读书取仕；二是家族具有雄厚的文化根基，仕宦的主要途径是科举考试，没有良好的文化传承，很难取得成功；三是政治上的显赫地位，拥有普通家族梦寐以求的各种资源；四是大家族之间相互联姻，与地方政府和朝廷形成盘根错节的关系。所以在地方社会，仕宦家族有着巨大的影响力，往往被列入地方大吏的"护官符"之中。这些仕宦家族的杰出人物，具有优秀的品质和丰富的文化素养，他们以"修齐治平"为人生目标，身先士卒，清正廉明，也确实起到过带动良好风气、造福一方的作用。

明清以来，许多官员竞相设置义田、义庄，成为一种时尚。这一举措，不但可以稳定个体小农经济，也可以扶助宗族之内的鳏寡孤独贫穷之人，避免了他们沦为无产游民。同时，义庄的设立，也有利于社会安定，减少了犯罪，因而受到朝廷的褒奖与支持。许多官员制定乡约或乡规，不仅维护了宗族共同体的利益，而且对宗族成员的管理和教化也产生了激励和约束作用。乡约或乡规用奖惩结合的方法来调控家族成员的教育和宗族的管理，且有系统的理论，以收抑恶扬善之效。以前家训中也有劝赏的成分，但不具体，义庄条例的具体化是家训史上的一个发展，从此以后，家训中奖惩性的规定逐渐增多。这种礼法并用、奖惩结合的做法，对于强化家庭教化起到了重要的作用。

控制岭南社会的第一个家族是高凉冯氏家族。南北朝时高凉太守冯宝之妻冼夫人不但维护着国家的统一与安全，而且通过"唯用一好心"的家训，劝亲为善，使从民礼，忠贞传家，忠国爱民，在岭南教化中发挥了重要作用。"冼夫人一生向化中原，维护国家统一，对促进岭南地区民族融合作出了杰出的贡献。"① 在隋朝，冼夫人被岭南人尊称为"圣母"，后加封为"谯国夫人""诚敬夫人"。冼夫人一生为国为民，维护国家统一，保障了岭南地区的安定局面长达数百年，"冼夫人成为陈朝在岭南的重要支柱。冯氏数百人终于影响冼氏十余万家"②，先后受梁、陈、隋及后世数朝敕封 21 次。周恩来总理称其为"中国巾帼英雄第一人"。直至今天，冼夫人家训中的"忠孝"精神还在高凉冯氏流传。冯氏宗谱十六条，首条"乡

---

① 广东百科全书编纂委员会：《广东百科全书》，中国大百科全书出版社，1995 年，第 808 页。
② 范文澜：《中国通史简编》第二编，华东师范大学出版社，2014 年，第 389－390 页。

约当遵":"孝顺父母，尊敬长上，和睦乡里，教训子孙，各安生理，毋作非为"①，正是维护统一、顾全大局精神的体现。

岭南社会大多数村落是聚族而居的单姓村，而在多姓杂居的大村子中，大姓氏有成熟的宗族组织，控制着大村子的秩序，而小姓也会依附到这些组织中。根据住房和城乡建设部、文化和旅游部、国家文物局、财政部、自然资源部、农业农村部联合公布的古村落名单，广东古村落共有126个，其中还有许多以单姓为名的村落，如肇庆怀集县中洲镇邓屋村、湛江雷州纪家镇周家村、梅州梅县松口镇大黄村，有的虽然未以姓氏为村名，但一个村确实为一姓，如南海塱头古村（黄氏）。在这种社会结构中，家训或族规就成为乡村组织的"法规"，实际上也就是一个家族控制了一个乡村。

比如，南海霍韬家族是由贫寒家庭而崛起的显族，当霍韬在朝廷位高权重之时，文化素养整体不高的霍氏成员恃势作恶，霸占他人良田，致使他人伤亡。面对这一切，地方政府担心得罪权贵而放任不管。亲家冼桂奇致书霍韬，规劝其力戒霍氏成员所为。此举对霍韬有很大的震动。霍韬于是回书冼桂奇言："承示感感。家中兄弟皆农人，不识理。小有势便妄自恃，妄作过恶，此庸态也。况亲戚朋友又从谀媚，几何不自造罪罟纳身其中也。……凡官大则恶大，官大则祸大。"这封家书，标志着霍韬对石头霍氏横行乡里的态度转变，"官大则恶大，官大则祸大"，正是霍韬身居高位时出现的担忧。霍韬意识到，族人的横行必然会影响到他自己的声望和家族的发展。于是，他多次通过家书，劝诫家族成员："只愿兄弟子侄勿生事，为我累。家中如此尽够了，若不知足，是得罪天地神明也。"要求子弟不得通过不法手段获取财富，否则会惹恼神灵，得到惩罚。"累次书回只愿各兄弟勿惹闲事……是何道理。我居此地当以廉介率百官……"，告诉子弟做守法百姓，并且以自己所处"百官之表"为例，劝诫子弟收敛行为。"前后屡书回，只是要家人勿干法度，勿过人口齿"，说明他多次写家书劝诫子弟。②

又如，唐伯元，潮州府澄海县苏湾都仙门里（现澄海溪南仙门村）人。唐伯元于明万历二年（1574）登进士第。逝世后，潮州府在羊玉巷口奉建"理学儒宗、铨曹冰鉴"坊以表彰其为人、贡献。他一生洁己爱人，修身笃行，喜山乐水，淡泊名利。针对社会夸夸其谈务虚之风，他写《山居五戒》训示族人，即"戒讲学，戒预外事，戒酬应诗文，戒赴席，对客

---

① 广东省人民政府地方志办公室编：《广东家训选编》，广东人民出版社，2019年，第217页。
② 方继浩等选编：《佛山历史人物录》，广东人民出版社，2016年，第56－66页。

戒谈时政"，因为"况汝之德，未满乡里。况汝之道，未行妻子。呶呶哓哓，盖不知耻"。[①] 在回潮丁忧期间，他历时五年编写了一部二十八卷大书《礼编》。这部书不仅可以教初学、资考证，更重要的是可以匡救世风、复扶礼教，是人们日常生活中的行为准则，也是为人处世不可或缺的礼仪文献。

为了保证家族延绵不息，不少仕宦家族在政治上取得成功时，开始着手塑造家族在地方社会上的形象，不但通过修建宗祠、书写族谱、塑造祖先、选举族长、制定族规、设置义庄等形式增强家族的整体实力，如单在广东番禺，"每千人之族，祠数十所；小姓单宗，族人不满百户者，亦有祠数所"[②]，而且通过联姻等方式与地方精英结成利益团体，实现强强联合，形成一个更强大的家族势力群体。为了获取更多的社会支持和构建更为优质的地方社会权势，仕宦家族不仅想方设法加强宗族建设，还积极地参与地方社会的各种实践活动，如捐钱办学、救灾赈民、起草公约、家训社会化等，以提升家族在公众中的形象。例如香山黄氏家族、霍韬霍氏家族一方面通过《泰泉乡礼》《霍渭厓家训》等乡约或家训，使自身家族成为一个以血缘关系为纽带的浓缩版地方政府和微型乡村社会；另一方面通过军事征调、朝贡纳赋等义务的履行长期维持着与中央王朝的良好互动关系。

173

第四节　家训与商贾家族

在分析珠江三角洲经济发展时，学者刘志伟得出这样一个结论，"珠江三角洲宗族发达的一个重要特点，就是宗族控制了相当部分的经济资源"[③]，这些"经济资源"掌握在少数商贾家族手中，引领或控制着经济的发展。秦汉以来，广州成为海上丝绸之路的发祥地，岭南人并不严格遵守"以农为本"的职业之道，也不完全坚守"君子谋道不谋利"的传统信条，而是逐步形成了"逐番舶之利"的观念，在职业选择中走"以商致富"的道路，以解决生存与生活之问题。面对岭南百姓生活的改善，地方官吏也

---

① （明）唐伯元：《居五戒》，《全粤诗》卷四百一十八，岭南美术出版社，2017年，第644页。

② （清）李福泰修：《风俗》，《番禺县志》卷六，同治十年（1871）刻本。

③ 刘志伟：《在国家与社会之间——明清广东地区里甲赋役制度与乡村社会》，中国人民大学出版社，2010年，第26页。

不再死守"以农为本"的信条，甚至出台重商的政策。如明朝广东巡抚林富在向朝廷上书时，就大谈通商贸易有"足供御用、悉充军饷、救济广西、民可自肥"① 四大好处。总兵俞大猷也大谈"市舶之利甚广"②。在这种环境下，岭南家训中包含了许多商业内容，同时出现了一大批商贾家族，如南海颜亮洲家族、番禺潘启家族、南海伍国莹家族、新会卢观恒家族、番禺梁经国家族、广州冯柏燎家族等。这些富商大贾，资本雄厚，在社会或国家困难之期常解囊相助。

一、以诚为本，用心经营

明清岭南商贾家训的繁荣，是岭南社会商品经济发展和人们职业多元化观念的真实反映。纵观岭南商贾家训，其内容主要包括立志从商、商业道德、经商守法、杜绝恶习、兴家旺祖等教育。至于如何进行商业精英的培养及取得商业成功，一位从事商业二十余年的商人用自己的商业经历和商业观察，进行了非常精确的总结："作为商人的一员，我们发觉他们在交易中是有能力的及可靠的；对合同守信的；对他人宽厚……"③ 诚信与宽厚，是中国传统文化的精髓所在，也是岭南商贾的优秀品德和处世原则，以十三行伍氏家族和卢氏家族为代表。

明清时期岭南地区最有特色的商业模式是十三行。其中，十三行的"伍浩官"家族是岭南地区最显赫的商贾家族。2001 年，《华尔街日报》评选出千年来世界上最富有的五十人，其中入选的华人是成吉思汗、忽必烈、刘瑾、和珅、伍秉鉴和宋子文。伍秉鉴是唯一一位以商人身份跻身"最富五十人"的中国人。的确，在 19 世纪前期，伍氏家族凭着"浩官"的商号在国际商场上叱咤风云。伍氏家族的成功秘诀除了善于经营，就是"诚信"二字。

明末，伍氏先祖伍典备从福建泉州府入粤经商。伍国莹（1731—1810）是岭南伍氏五世祖，在十三行中任富商同文行潘家的账房先生，他因"作风稳健、诚实守信"深得潘家和外商赞誉。乾隆四十七年（1782），伍国莹开办商行，取名"源顺行"，以"诚信交易"作为商训，代代传承。乾隆五十七年（1792），伍秉钧（1769—1843）从父亲伍国莹手中继承商行，并改名为"怡和行"。嘉庆六年（1801），伍秉钧病逝后，伍秉鉴开始

---

① （明）严从简：《殊域周咨录》卷九，台湾华文书局，1968 年，第 310 页。
② （明）俞大猷：《正气堂集》卷七，清道光木刻本。
③ 茅海建：《天朝的崩溃：鸦片战争再研究》，生活·读书·新知三联书店，1997 年，第116 页。

掌管怡和行，并逐渐把它做大做强。伍秉鉴后来居上，家族财产超过了发家较早的潘家，怡和行成为广州十三行中最大的商行。伍秉鉴不但在国内拥有地产、房产、茶园、店铺等多宗生意，而且在美国从事铁路建设、证券交易和保险业务等，还是东印度公司的"银行家"和最大债权人。《华尔街日报》称他拥有"世界上最大的商业资产，天下第一大富翁"。道光十四年（1834），伍家人自己估计当时的资产已达到 2 600 万两白银，而当时清政府一年的财政收入也就 4 000 万两白银，足见其富可敌国。

　　十三行的卢观恒（1746—1812）也是一位十分出色的商业精英。卢观恒，新会县棠下镇石头村蓬莱里人，出身贫苦家庭，幼年丧父，与母亲相依为命，不惑之年尚未娶妻成家。为生活计，从新会到广州谋生，为商人看管歇业的店铺。不少外商租卢观恒看管歇业的空铺、管存货物，许其在交易中根据市场行情灵活定价，并委托卢观恒代为出售。卢观恒发现了商机，开始投身生意，累积了一定的资本。乾隆五十七年（1792），卢观恒成立广利行，以"诚信"为经营原则，开展国内外贸易。嘉庆十三年（1808），在潘有度退休后，卢观恒成为十三行的首席行商。卢观恒在成立广利行之后，不仅保持原来与英国东印度公司代销和购买货物的商业信誉与联系，而且有进一步的发展。例如乾隆五十八年（1793），英国东印度公司的商船特里顿号来广州贸易，当"将茂官的生丝交'特里顿号'时，把头三四包拆开检查，发现有几绞过粗，我们认为不合公司的投资要求"①的时候，卢观恒得知消息，立即应允重新挑选，并在六七天之内将好货交给特里顿号，同时保证今后不再发生粗劣生丝掺杂其间的事情，使其商业信誉获得恢复。卢观恒凭着诚信的态度，赢得了外国商人和同行的青睐，很快成为十三行的首领。

　　在十三行商家的引领下，岭南商人以"诚信"为原则，培养了一个个杰出商人。清代南海良溪何昌禄撰写的《何德盛堂家规》，又名《家规要言》，是何昌禄与亲兄弟到美国旧金山经商发迹后，为更好地管理家产、倡议劝善、教育子弟而撰写的一部家训。此家训将人的品德放在首位，"仕宦而至卿相，商贾而拥厚资，此丈夫得志于时之所为，而人情所甚愿也！然而有其才而无其遇，不能如愿偿也；有其遇而无其德，不能享长久也"②。如果德不配位，即使一时拥有官位和财富，也不能长久。因此，何昌禄要求子孙："以孝弟为立身之本，诚信为行己之要，忠厚为存心之基，

---

① 马士营、区宗华译：《东印度公司对华贸易编年史》，中山大学出版社，1991 年，第 529 页。
② 陈恩维、吴劲雄编著：《佛山家训》，广东人民出版社，2016 年，第 196 页。

勤俭为谋生之法，谨慎为作事之方，谦恭为处世之道。"① 在管理生意事务时，也"必要忠厚至诚、稍有才具者，方克胜任"②。这便是何昌禄生意成功之秘诀。

二、积累家族官吏资本和产业资本

社会史学者冯尔康先生曾经说："宋以降社会的上升流动主要通过科举实现，宗族要强盛不衰，必须多出科举人才，进入政界，并带来经济利益，使宗族有较高的社会地位，甚至成为地域社会的领袖。"③ 一般来说，商人易迁徙，不能形成稳定的因素，无法成为一个地方的领导力量，其地位最终不可能有真正的提高，这也是商贾家族深知的社会现实。岭南地方官员，可以接受士绅，因为士绅具有相当高的文学修养，但这些官员绝不轻易接受商贾，这也许是由古代重农轻商的观念决定的。所以，岭南商贾发家致富之后，一般着手做两件事情，一是支持子孙读书，走科举入仕的道路，积累官吏资本；二是增加族产，避免社会发展中带来的沉浮不定，以保证家族长久发展。科举入仕能够给个人和宗族带来经济利益、政治地位、地域社会威望等一系列的实惠和荣耀，这些是决定一个宗族势力与发展成败的重要因素。

据何炳棣研究，明清时期岭南共有 12 226 名进士和 23 489 名举人，而贡生内前三代无功名者在明初（1371—1496）最高达 58.2%，说明寒门士子增多，科举颇得民心。由社会下层擢升到社会上层，科举及第几乎成为较为直接和有效的途径。科举制度在岭南的推行，直接反映到岭南家训之中。以佛山霍韬家族和李氏家族为例。

先看佛山南海霍氏。洪武年间（1368—1402），霍氏二世祖霍椿林"业焙鸭蛋，得利什百，遂起家"。至景泰年间（1450—1457），霍厚德开始兼做布匹、葵扇买卖，逐步发家。至正德年间（1506—1521），霍华开始经营商业和冶铁业，获取了一定的利润，为家庭的转型准备了经济条件。因而霍韬有机会潜心苦读，走科举仕途。正德九年（1514），霍韬会试第一。正德十六年（1521），霍韬入京任兵部职方司主事，嘉靖七年（1528）升礼部侍郎，十五年（1536）升礼部尚书。他在北京为官期间，也仍然坚持"本可以兼末，事末不可废本"的经济思想，撰写《霍渭厓家训》，整合宗族势力，通过书信的方式指导宗族子弟发展生意。其子霍与

---

① 陈恩维、吴劲雄编著：《佛山家训》，广东人民出版社，2016 年，第 200 页。
② 陈恩维、吴劲雄编著：《佛山家训》，广东人民出版社，2016 年，第 206 页。
③ 冯尔康等：《中国宗族史》，上海人民出版社，2009 年，第 257 页。

瑕回忆说："先文敏尚书，当其为吏部时，气焰烜赫。若佛山铁炭，若苍梧木植，若诸县盐醝，稍一启口，立致富羡。"① 霍氏家族走的就是由商而官、官商结合的政治发迹道路。

再看佛山南海李氏。宣德年间，始祖李广成从里水迁至佛山，世以冶铁为业。李氏是较晚迁入佛山的家族。因为是乔迁家族，到六世还受豪邻欺负。八世李壮建立家庙，整合家族，工商结合，迅速发家致富，闻名遐迩，结果招致妒忌，幸得乡绅怜悯而免于灾难。为了改变家族屡受豪邻欺压和赋役沉重的生活状况，李壮决定培养文学子弟，设法让其子李畅担任掾吏，并课其子孙读书。到了李氏第九、十世时，李氏子孙开始有机会入读府学、县学。到十世时李氏科名迭出，仕宦成群。李孝问曾恩贡、科贡各一次，李孝问热爱理学，羡崇庞尚鹏，是李氏家族从商转儒的关键人物。李孝问堂弟李升问万历癸卯（1603）中举，官授刑部员外郎。李孝问胞弟李待问万历癸卯举人，次年联捷进士，官授户部尚书。李孝问堂弟李应问，天启甲子（1624）举人。还有署丞好问、征问、丞问，主事象同。佛山李氏经过李待问等人的整合，一跃成为佛山大族，清代佛山地区的控制权也转移到了李氏家族。

除科举入仕外，商贾家族常常凭借其商业资本以捐输形式向明清政府买得官品及政治特权。这种商人在清代更为常见，以洋商和盐商为多。如嘉庆六年（1801），同文行行商潘振承"捐输十万两"，清政府"赏加三品顶戴，诰封通议大夫"。② 天宝行行商梁经国于嘉庆二十四年（1819），"以历次捐输故，由州同议叙盐课提举，加同知衔，再加运同衔，晋加知府衔，叠加道衔，由道衔加三级，请封诰授通奉大夫（文职从二品阶封）"。③ 嘉庆六年至道光二十年（1801—1840）的四十年里，怡和行行商伍秉鉴家族共向清政府捐输款银1 607 500两之多，④ 清政府给伍氏家族封荫许多官衔，从伍国莹、伍秉钧、伍秉锜、伍受昌到伍崇曜五代皆晋一品荣禄大夫；伍秉锜兄伍秉铺亦由贡生升至湖南岳常澧道；伍崇曜、伍绍棠父子等5人俱钦赐举人，可谓上光先祖，下荫儿孙，一朝朱紫，顶戴辉煌。从同文行、怡和行的生意史可以看出，政府也给予了这几个大家族诸多关照，使得他们的生意顺风顺水。潘氏家族以同文行、同孚行名义周济贫

---

① （明）霍与瑕：《寿官石屏梁公偕配安人何氏墓碑铭》，《衢勉斋集》。

② 梁嘉彬：《广东十三行考》，广东人民出版社，1999年，第261页。

③ 黄启臣、梁承邺：《梁经国天宝行史迹：广东十三行之一》，广东高等教育出版社，2003年，第14页。

④ 章文钦：《从封建官商到买办商人》，《近代史研究》，1984年第3期。

困、报效朝廷，先后出资白银达百余万两。事后论功，朝廷称他"毁家纾难"，赏顶戴花翎以示奖励。这正如陈支平教授在研究地域家族发展时所指出的："家族中的士绅学子在社会上有着较高的地位、广泛的交游和比较成熟的领导艺术，他们与家族组织的紧密结合，无疑大大提高了家族组织的作用，提高了家族领导阶层的权威。"[①]

为了保证家族在商业浪潮中稳定发展，商贾家族也尽量将商业资本转换为固定资本，其主要形式是购买土地，将其变为本宗族的族田，且他们认为"堂产的厚薄，关乎族运的盛衰"[②]，从而所有的族规、族训和乡约都规定"蒸尝产业，祖上本其勤劳积蓄，以遗子孙永为扫祭，不得更易典卖，违者系废尝灭祭，属大逆不孝"[③]。乾隆四年（1739），清政府还将族产列入国家法律条文，要全民"遵守不渝"。[④] 因此，广东的族田与日俱增，陈翰笙先生于 1934 年对番禺、南海、顺德、中山、新会、东莞、宝安、鹤山 8 县的土地进行了调查，发现这 8 县的族田占总耕地面积的50%，其中顺德、新会竟达到 60%。[⑤] 据此可推知，明清时期广东的族田占比肯定不低。

三、投身公益，维护家族持续发展

明清岭南经济的繁荣，有力地冲击了传统的士商观念。士人可以弃儒从商，商人亦可以贾名儒行，从而形成了岭南亦商亦儒、贾而好儒的社会风气和士商合流的社会现象。商贾家族为了维护家族在社会上的身份地位，维持家族持续发展，一般会热衷于公益事业，一是慷慨解囊，赈灾救民；二是投资文化建设，如捐资兴学、刊刻著作。

赈灾救民，以佛山梁氏和兴宁刘氏为例。

梁氏原籍佛山顺德县麦村。乾隆年间始迁祖梁国雄携子三人迁居佛山，从事盐业。梁国雄以一千两银给长子梁玉成营生，梁玉成"弃举业，就鹾商。数年积资累巨万"。梁玉成发家后，将家产与两个弟弟均分，勉励弟弟梁蔼如勤奋读书。梁蔼如果然不负父兄之望，在嘉庆十九年（1814）成为进士，授内阁中书。梁蔼如登仕后，梁氏一族开始登上佛山历史舞台。梁氏"子姓席丰厚衣，租税称素封家"，于是梁玉成"建先茔，

① 陈支平：《近五百年来福建的家族社会与文化》，中国人民大学出版社，2011 年，第 58 页。

② 《香山翠微韦氏族谱》卷十二，宣统刻本。

③ 《续修黄氏族谱规章》，《南雄黄氏族谱》第四。

④ 《续家谱序》，《范文正公集》补篇卷一。

⑤ 陈翰笙：《广东农村生产关系与生产力》，广东人民出版社，1983 年，第 14 – 17 页。

修祠庙、广祀田",并在麦村对族人"计口授粟",扩大家族的族产和社会影响。在梁蔼如等人的带领下,梁氏家族走上了官宦与商贾相结合的家族发展之道,对佛山地方的发展做出了很大贡献。道光十一年(1831),佛山发大水,梁玉成"捐粟数百石,多所全活,乡人赖之",梁氏慷慨解囊,赈灾济民,受到百姓的一致好评。道光十四年(1834),佛山又发大水,梁玉成之妾刘淑人深明大义,命梁氏诸子随地施济,"由族而乡而禅山,捐粟统以千石计。人多藉以全活",梁氏积善成德,乐善好施,受到朝廷多次表彰。梁氏尽管拥有巨额财富,但始终没有放弃举业,到了梁氏第三代、第四代,子孙个个以课儒为业,有功名者不乏其人。民国《佛山忠义乡志》卷十四《人物志》中,梁氏有传者十四人,为历代佛山各族所出人物之冠。

刘开是兴宁刘氏由闽入粤的开基始祖,子刘广传著有《刘广传家训》,要求子孙"敦孝悌、睦亲族、和乡邻",一直至明末清初,刘氏家族传承了忠孝、睦邻等优秀传统。刘钦若早年外出经商,艰苦创业,资财日渐厚实。清康熙五十二年(1713),岭南饶平、潮州等地天灾粮荒,大事记载"康熙五十二年,饥荒,谷贵。知县尹文炽捐谷1 000石,监生刘开祥助谷1 000石,赈济灾民"①。此赈粮义举,救活灾民无数,刘氏这一壮举感动当地,官府上奏朝廷,康熙皇帝大悦,御授惠州府送"高义泽人"牌匾,以及内外穿花、双龙吐珠、中间浮雕"恩荣"二字牌匾。清雍正四年(1726),刘钦若次子刘东启承父业,又遇灾荒,以父为榜样,捐谷赈济灾民,其中刘东启捐出稻谷600石,胞侄刘嵘、刘嶂、刘峣、刘峰共捐400石,速运潮汕,赈救灾民。乾隆十三年(1748),刘东启之子刘峒秉承祖愿,捐谷1 000石。历经清初三朝,刘钦若祖孙三代捐粮赈灾,共捐谷3 000石,约计36万斤。父子三人功德均载入县志,世代流芳。

除赈灾济民之外,岭南商贾还身体力行,不弃儒学,甚至亲自执掌教鞭,教育子孙后代或乡村子弟。如南海县商人何墀润,"晚年家居,教授训子弟以立志为先,聚书数百卷"②。商人孔昭弼"弃儒服贾,晚近归家,复操笔硕授徒自乐,一切子弟多所造就,邻里称之"③。商人陈龙光"及壮就商贾业,……公享大年,老当益壮,课子若孙,……子孙多列巍科"④。也有不少商人投资兴建学校,吸收居民子弟学读书。如东莞商人刘钜,

---

① 《兴宁县志》,广东人民出版社,1992年,第19页。

② 《南海烟桥何氏家谱》,《家谱传》。

③ 《南海罗格孔氏家谱》卷十一。

④ 《南海金鱼堂陈氏族谱》卷八上。

"少习商贾而有士君子之行，曾创鹏南书院，以供来学者"①。除了独资兴建学校之外，有的规模较大的学校则由明清政府倡导，众商集资设校兴学，例如，乾隆二十年（1755），由众商人捐资创建了著名的广州越华书院。至道光二十年（1840）前后，仅广州就兴办了30间书院。

除此以外，岭南商贾积极印书、贩书、著书，普及文化事业。如富商伍崇曜的"粤雅堂"为辑书校书之地，"遍收四部图书，尤重此邦文献"。② 在同乡著名学者谭莹的鼎力相助下，先后汇刻《岭南遗书》六集，59 种 343 卷；《粤十三家集》13 种 182 卷；《楚庭耆旧遗诗》三集，74 卷；《粤雅堂丛书》三编三十集，185 种 1 347 卷。诸多散见于各种著作中的珍贵郡邑文献，因之得以搜集整理成书。一些大型综合性丛书及乡邦文献的梓行，无疑对保存古代岭南文献和传播岭南文化起到了极大作用。

第五节　宗族管理范本：《霍渭厓家训》

岭南"一村一姓"、聚族而居的乡村生活模式，决定了一个家族就是一个乡村，就是一个宗族。因此在本节中，家族与宗族之概念完全等同。岭南家族是如何加强建设与管理的？日本学者中岛乐章则指出："16 世纪以降，尤其在华东、华南各地，以士人和官僚阶层为主导，通过编纂族谱、修建祠堂、设置族产，宗族组织逐渐形成。"③ 明中期以后，岭南正是通过以上方式进行家族建设和管理。

对于宗族或乡村的管理，明清时期朝廷编写的条例有很多，许多家族在族谱里也编写了不少条目。目前，岭南地区有三本相关史料，显示出了16 世纪岭南宗族管理的变化。第一本是嘉靖三年（1524）霍韬刊行的《霍渭厓家训》，此作基本按照浙江"义门"郑氏理念，勾勒了聚族而居的霍氏乡村地图，为宗族管理提供了实用指引，对田地、仓储、耕种、赋税、纺织、酒醋、聚餐、冠婚礼等都作了明确规定，同时还提供了祭祖时的颂词、年轻人宗族教育的规章等。第二本是嘉靖二十八年（1549）黄佐刊行的《泰泉乡礼》，重点是乡村礼仪，而不是家庭礼仪。虽然此作也提

---

① 陈伯陶等：民国《东莞县志》卷五十九《人物略》。

② （清）谭莹：《乐志堂文集》，《续修四库全书》第一千五百二十八册，上海古籍出版社，2002 年。

③ ［日］中岛乐章著，郭万平、高飞译：《明代乡村纠纷与秩序》，江苏人民出版社，2012 年，第 163 页。

倡遵行冠、婚、丧、祭四礼，但比起同期著作来说，更加强调的是乡村的有关制度。第三本是隆庆五年（1571）庞尚鹏的《庞氏家训》。这些宗族规章制度都重视对族产之管理。

一、《霍渭厓家训》之源

谈及《霍渭厓家训》，必须先了解家训作者及社会背景。霍氏的祖先如何定居南海，有两种说法：一说是宋靖康时避狄迁于广之南雄郡珠玑巷；一说是秦时从中国民五十万填充南粤，先祖从徙，遂为南雄人。对于以上两种说法，霍韬也说"二说未知孰是"，没有结论。由南雄迁者兄弟三人，一人居南海石头村，就是南海霍氏一世祖霍刚可，元末进长粮运舟至白蛇漩，舟覆而死。二世霍议，生于明洪武之初，以焙鸭蛋为业，日得利什百，遂起家，霍氏从事养殖业开始发家。三世霍玄珍，以酒疾早卒。四世霍厚深、霍厚德、霍厚一三人，明正统年间正值黄萧养之乱，家业萧条，后依靠繁殖牛、猪幼仔，以及卖布、作扇重新起家。五世霍华、霍富。从霍富起，霍氏开始考虑"睦族保家之法"。霍华生有五子，霍韬为其一。从以上可以看出，霍韬之前，石头霍氏属于庶民家族，他眼中的族人，可能只有几户人家，不超过四十人。霍韬科举中第，七个儿子中活下来的都拥有功名，二子与瑕中进士，最为出色："幼儿好学，长而举进士，曾任慈溪、鄞县知县，广西金事等职，所至有直声。"七子霍与樱和九子霍与嫦都是举人。他的23个子侄中，有11个拥有功名。

霍韬作家训，或许是继承叔父霍富之志。家训分为"家训前编"与"家训续编"两部分。"家训前编"的"序"反映出霍韬制定家训的核心思想——"保家"，家训续编则重在"诲谕之意"。《霍渭厓家训》是霍韬应对家族的现实需要而创作的。霍韬出身于没有功名的庶民家族，从霍韬开始，霍氏向文化家族转变，并且在整个明朝都继续保持着显赫的地位。他希望建立一种良好的家风，以确保家族世代兴盛。霍韬本人身体力行，为家族成员作了良好榜样。据《粤大记》载，霍韬生而颖异，年十九始发愤学业，不知芬华可欲事，竭力养亲。书"居处恭"三字于所居斋前，坐卧相对，心无外驰，曰"他日对君，亦唯在是"，其志盖素定也。[1] 霍氏家族在地方上有声望的族产、宗祠、书院、家训，均经霍韬之手而创立，可见霍韬在整合家族事业中功不可没，是霍氏家族发展史上的关键人物。

---

[1]　（明）郭棐：《粤大记》，中山大学出版社，1998年，第500页。

二、《霍渭厓家训》与宗族制度建设

冯尔康曾经说："宋儒主张重建宗族制度，是以理学为哲学基础的，而且张载、程颐、朱熹一脉相承……以上三位著名理学家指出的方案，强调通过祠堂、宗子（族长）、族田、谱系重建宗族制度，维护社会秩序，这正是宋元明清时期宗族制度的主要内容。"① 徐扬杰先生也认为："所有的聚族而居的家族组织，都由祠堂、家谱和族田三件东西连接起来，这三者是近代封建家族制度的主要特征，也是它区别于古代家族制度的主要标志。"②

明清时期的宗族从涣散走向整合，以祠堂、族谱以及族产作为其外在的物化标志，族谱在其发展过程中性质及功能的转变，实际上昭示着深刻的社会政治、经济及文化变革，至宋代，新谱学的兴起，与当时方兴未艾的理学思潮有密不可分的联系，儒家伦理逐渐渗透到社会各阶层的日常生活中，明末以后所修撰的族谱，无不打上了儒家伦常的印记。最直接、最集中地体现在家训上。

霍韬《霍渭厓家训》也是作为宗族制度建设的一环出现的，属于族规家法，是广义的家训范畴。在霍韬之前，佛山石头村霍氏仍处于代代分家析产的发展阶段，还没有发展成为一个完备的宗族组织形态。霍韬身居高位，进行家族的建设自然是他的责任，他时常提醒霍氏子弟：做第一等人事，做第一等人物，占第一等地步，使乡邦称为忠厚家，称为谨慎家，称为清白家，称为勤俭家，称为谦逊家。霍韬以此为信条，对宗族建设进行了定位，积极地采取各种措施发展宗族组织事业。

为了加强宗祠的管理，霍韬建立了由宗子、家长等组成的宗族组织。"凡居家，卑幼须统于尊，故立宗子一人，家长一人"，霍韬对家长、宗子的设立及分工都有明确规定，"凡立家长，惟视材贤，不拘年齿，若宗子贤，即立宗子为家长，若宗子不贤，别立家长。凡宗子不为家长，只祭祀时，宗子主之，余则听家长命"。③ 宗子的主要职责是祭祀祖先，家长的主要职责是管理家族日常事务。从传承的宗法制上来看，宗子须是共同祖先嫡系的后代，霍氏家族同样也继承了这一原则，重构了霍氏的宗族形态。

为激励霍氏宗族子弟勤于农事，霍韬制定了"考功"制度。"考功"制度主要是针对宗族内的壮丁经营土地而设立的，其中规定壮丁应当拥有

① 冯尔康等：《中国宗族史》，上海人民出版社，2009年，第168-170页。
② 徐斌：《明清鄂东宗族与地方社会》，武汉大学出版社，2010年，第36页。
③ （明）霍韬：《霍渭厓家训·序》，（清）孙毓修编：《涵芬楼秘笈》，汲古阁精钞本。

的田亩数为子侄可耕田三十亩，二十五岁可授田，五十岁把田收回。同时，为激发宗族子弟经营土地的热情，规定："凡耕田三十亩，岁收，亩入十石为上功，七石为中功，五石为下功，灾不在此限。乡俗以五升为斗。"霍韬深知，"幼事农业，则习恒敦实，不生邪心。幼事农业，力涉勤苦，能兴起善心，以免于罪戾，故子侄不可不力农作"，① 在农业劳作中可以锻炼子孙敦实的品格、培养善良之心。

为了考核从事经商买卖的宗族子弟，霍韬制定了"岁报功最"的仪式。"凡岁报功最，以田五亩、银三十两为上最，田二亩、银十五两为中最，田一亩、银五两为下最。"每年时至元旦，集合宗族内成丁男子于大宗祠堂举行"岁报功最"的奖罚仪式。首先要参拜祖先，参拜完毕，众弟子要"各陈其岁功于堂下"，将祖先牌位摆放好，家长要站立于祠堂两侧，兄弟依次序立两廊，依次各"报功最"。如果在考功制度中位于最低等级者，将"无罚无赏"，但是如果连续三年都是最低等级，则司货者执无庸者跪之堂下，告于祖考请罚，罚无庸者荆条二十下。这对推动族人积极从事农工商各业来发展壮大宗族的经济力量，具有重要作用。"考功"制度每年举行，每逢三年，就会举行一次"大考"。霍韬在"考功"制度中还要求家族人员与乡人和平相处，警示子弟在乡里不许仗势欺人："勿得罪乡人，乃第一要紧事也。"② 这种指导思想对于建设和谐乡村有重要意义。

为加强全族凝聚力，霍韬制定了会膳制度。"会膳以教敬，朔望昧爽，男女具服谒祠堂。男东女西，或男外女内。次谒家长两拜。次男女长幼交参拜，俱两拜，乃叙膳。"这种会膳制度要严格按照长幼有序、尊卑严格的礼制规定来执行，其目的是巩固大宗祠延续传承的作用，领导族人建立同居同财的大家庭，使家族内部人员能遵守一定的规章制度。

会膳制度贯穿儒家伦理核心的孝道思想。凡会膳有拜起不敬、饮食不敬、坐立不敬等，礼生会察告家长，对不敬者有相应的处罚。待尊长开始用餐，晚辈才能用餐。用餐过后，尊长起身，晚辈才可以跟随起身，并且拜揖家长才能离去。从中可见在整个参拜过程中，晚辈要通过参拜的礼仪来表达其对祖先的敬畏、对长辈的尊敬，所以整个程序要严格按照礼制规定来执行。在实现宗族整合、完善宗族结构的过程中也收到了良好的效果。

会膳制度体现了赏罚分明的原则。会膳以教俭为主题内容时，参拜祖先之后，家长会拿出"族善簿"检查子孙的善恶之行，命令礼生当众表扬

---

① （明）霍韬：《霍渭厓家训·田圃》，（清）孙毓修编：《涵芬楼秘笈》，汲古阁精钞本。
② （明）霍韬：《霍渭厓家训·货殖》，（清）孙毓修编：《涵芬楼秘笈》，汲古阁精钞本。

善行、批评恶行。妇女的善过行为在内廷宣布。子侄善恶行为六岁以上皆以两本记载。三年进行一次大考。连续三年累次犯错不许参加会膳。如此对家族内部成员有警示作用。子侄不肯力农者不许入祠堂，以惩罚其惰性。惩罚家族子弟的地点也选在祠堂，若弟子"在书院抗拒先生，发回大宗祠前，会众，打二十棍"，以此来警告其他子弟不要犯同样的错误。

会膳制度还体现了勤俭节约的原则。《霍渭厓家训》记载："凡会膳以教俭，朔望拜祠堂毕、交拜毕，以次就膳位。八人肉三碟、菜两碟、酒三行。女酒无。如五十以上，酒三行。五十以下，肉菜再议量减。凡会膳以教俭，会膳日，许肉食。非会膳日，复非宾至，不许肉食。非品官不许肉食。非五十以上，不许肉食。有私家肉食者，朔望日扬之纪过。凡会膳，三十以上，乃用酒，三十以下，不许饮酒。凡会膳，四十以上，乃许猪鸡鸭间用。四十以下，只猪肉一味。凡会膳，三十以下不许精白米。凡客至，肉三碟，菜两碟，酒五行，或七行。凡亲宾朔望至，即从会膳。非朔望至，听私家膳，肉三碟，菜两碟，酒五行。或七行，咨禀家长。"①

明代嘉靖初年建立的霍氏宗祠完整保留至今，它的背后是粤籍官员霍韬利用在"大礼议"的政治斗争中祭祀仪式的转变，结合地方社会开始兴起的"毁淫祠"以及推行儒家教化的活动，开展多维度的宗族构建的过程。无论是在"大礼议"中坚定支持嘉靖帝"继统"，还是在地方社会积极建构宗族组织，贯穿其中的是霍韬对儒家纲常礼教和伦理秩序的不懈追求，这一追求客观上也为广东地方社会加速与国家规范接轨以及宗族社会的全面形成奠定了良好的基础。

南海士大夫集团其他成员所进行的宗族建设也大体沿着这条路进行。通过这样大规模的宗族建设，一方面，形成了一种类似于集团性经营的宗族经济集团，成为南海地区经济发展的动力和稳定因素；另一方面，这种家长式的宗族管理制度也是维持地方社会稳定的力量。此外，大量宗族书院的创建还成为维持地方文化不衰的基础，使南海地区自明代以后一直是岭南官宦辈出的地方。南海士大夫集团是岭南地区政治、经济、文化长期积累发展的结果，在朝廷中，他们扩张政治势力，提高了岭南地区在全国的政治影响力；在地方上，推行宗族的整合和建设，大力发展宗族经济，促进了岭南地区经济的发展；在文化上，大力发展教育事业，为岭南地区人才的培育打下了坚实的基础。

184

---

① （明）霍韬：《霍渭厓家训·膳食》，（清）孙毓修编：《涵芬楼秘笈》，汲古阁精钞本。

三、《霍渭厓家训》与书院教育

书院起源于唐代，书院制度则成熟、定型于唐宋之际。自唐代以来，书院一直是中国封建社会重要的办学形式，也是岭南社会世家大族教育子弟的一种重要方式。元代以前的书院以民办为主，以后逐渐官学化，到了明代中期书院以官办为主，徐梓先生指出："元代书院的基本类型是以教育宗族和乡里子弟为主要目的的宗党书院。"① 明代袭元制，书院也基本是这种类型。在霍韬建立四峰书院之前，佛山地区尚无书院。霍韬建立了四峰书院和石头书院，这两个书院与科举教育和乡村教育产生了直接的联系。

先看四峰书院与科举教育。

正德十一年（1516），霍韬至西樵山，在天池精舍讲学（后建四峰书院），专收霍氏子弟，实为族学。嘉靖二年（1523）任四峰书院院长，勉励生徒刻苦励志，切当用功。霍韬深刻认识到子弟的培养对保家旺族具有十分重要的意义，"家之兴，由子侄多贤；家之败，由子侄多不肖"，而培养子弟就需要从蒙养开始，"子弟之贤，由乎蒙养。蒙养以正，岂曰保家，亦以作圣"。② 在《霍渭厓家训》"家训续编"中，霍韬引古论今，用大量笔墨写作二十篇，要求从孩童起就要多方面进行品德教育。再从众多子侄中，挑选优秀者进入四峰书院，进行科举考试教育，"就家族教育的整体来看，强调科名，注重入仕是家族教育最主要的目标"③。正如全国许多私人书院一样，四峰书院主要培养霍氏子弟，科举入仕是书院教育的重点。霍韬七个儿子中活下来的都拥有功名，二子与瑕中进士，最为出色。霍韬的 23 个子侄中，有 11 个拥有功名。

在古代中国，对一个家族来说，"是否兴旺的标志首先是经济实力，其次是有没有宗族子弟出入官场文坛，获取社会声望。而宗族子弟获得社会声望与地位的可靠途径，从唐代开始，是走科举入仕的道路"④。由个人创办、且教且养的家族书院培养科举人才，可保家护族，促进家族发展。霍韬在家训中，对书院经费的来源及明细开支都作了详尽的规定，为四峰书院的日常运行提供了财政保障：

---

① 徐梓：《元代书院研究》，社会科学文献出版社，2000 年，第 145 页。

② （明）霍韬：《霍渭厓家训·蒙规》，（清）孙毓修编：《涵芬楼秘笈》，汲古阁精钞本。

③ 王炳照主编：《中国古代私学与近代私立学校研究》，山东教育出版社，1997 年，第 74 页。

④ 胡青：《书院的社会功能及其文化特色》，湖北教育出版社，1996 年，第 17 页。

每年两季租谷。要明白立数，以凭查考。

一支僧人还俗者谷。每人二十石，满五年即止。

一本庄修舍宇。遇坏即修。

一僧墓岁祭。立数查。

一掌事者岁用。立数查。

京师供给，丝斜一匹、葛一匹、棉布二匹。

一书院教师岁用。立数查。

一书院造酒。年二十石。

一晒书。年十石。

一修葺书院。立数查。

一粮差。明白立数。

一军饷。明白立数。

一剩余。或置田，或贮柜，或赈饥，明白立数，备查。①

四峰书院的建立，直接带动了南海社学与书院的发展。正德十二年（1517），湛若水建云谷书院。正德十四年（1519）湛若水门生霍敦、陈谟、杨鸾集资为其师兴建了大科书院。吏部文选员外郎方献夫因病辞官归里，于西樵石泉洞东建石泉精舍讲学，后获皇上赐书扩充为石泉书院。四间书院的创立，加强了士大夫之间的往来，为南海学术和南海士大夫集团的形成奠定了良好基础，一时间大批文人学者来西樵求学问道，西樵成为当时的学术中心，西樵山也被称作理学名山。西樵四书院把南海士大夫集团联系在一起，成为他们在岭南宣传自己思想和主张的基地，对该集团的形成和巩固起到很大的作用。南海士大夫集团成员为维系本集团在岭南乃至全国的影响力，均热心于教育事业，纷纷创立书院培养人才。除西樵四书院外，还有霍韬创建的石头书院，庞嵩所主的广州天关书院，王渐逵所主的广州镇海书院，伦以谅所主的迁冈书院……。在他们的带动下，广东出现了创立书院的高潮，"故时冼氏子姓虽未通籍，而已称右族，实自公恢拓。始筑家塾，延名士以训子孙。每朔望日，必群召至庭，亲教以忠孝大义，所言多格论，迄今诸父老犹有能传诵者"②。据《广东书院制度沿革》统计，明代广东兴建书院共一百六十八所，其中嘉靖年间七十八所，万历年间为四十三所，合占百分之七十以上。③ 大量书院的创立为岭南地

---

① （明）霍韬：《霍渭厓家训·社学事例》，（清）孙毓修编：《涵芬楼秘笈》，汲古阁精钞本。

② 冼干宝：《七世兰渚公传》，《鹤园冼氏家谱》卷六之二。

③ 刘伯骥：《广东书院制度沿革》，商务印书馆，1938 年，第 25–27 页。

区人才的培育发挥了重要的作用。

再看石头书院与乡村教育。琳达·沃尔顿在研究南宋书院与社会关系时指出："建立一个向士人社会开放的书院，是一个家庭提高自身声望，表明其对于地方精英身份诉求的一种方式。它是一种文化与社会资本的投资，以财产来交换地位。"① 嘉靖年间，霍韬建立了石头书院，即社学，建立在大宗祠之左，教育乡里子弟及宗族子弟，以扩大家族办学的影响，同时营造了一种相互切磋交流的学习气氛，对本族子弟的教育产生了促进作用。

对于进入社学的条件，霍韬作了明确规定："凡子侄七岁以上入社学，十岁以上读暇则耕或耘，十五以上习举业勿耕，二十五以上，举业不成，归耕；学业已成，及入府县学，免耕；四十五以上犹附学，兼考家业功最。"② 这一规定实际上是对不同年龄阶段子弟的人生规划，具有很强的指导意义。当然社学的入学及考核也非常严格："凡社学师，须考社学生务农力本，居家孝弟，以纪行实，乡间骄贵子弟，耻力田勿强。本家子侄兄弟，入社学耻力田、耻本分生理，初犯责二十，再犯责三十，三犯斥出，不许入社学及陪祠堂祀事。"③ 进入社学的学员不但需要品行端正，还需要重视农业，以农为本。同时，对于社学老师也严格要求，通过公告形式，告知乡间父老，共同监督。"社学规矩：须教子弟朝耕暮读，或春夏耕耘，秋冬读书，或半日耕耘，半日读书，不许推托入学读书，躲懒不肯耕耘，敛手坐食，以至穷困。此例累行申明，如再不遵，本宗子侄不许入祠堂，乡间父老亦相劝勉，共敦古风，勿蹈浮俗。社学告示。"④ 霍韬从不流俗，对读书的宗旨非常明确，重视"以农为本"，对"边耕边读"的学习模式也作了灵活的规定。学习农业有利于霍氏子弟勤于农事，保障霍氏的田产不荒废，要求霍氏家族子孙从思想上重视农业，只有农业兴盛才能为霍氏家族未来的发展奠定坚实的物质基础，从而促进霍氏家族的兴旺发展。

霍韬在制定家训时曾添加"蒙规"三篇，这三篇便成为书院的院训，每日上学考德问业，教师晚上为学生解答存疑，并定期举行考试以检查学生的学习情况。霍韬规定"每日考德问业，一遵公所作蒙规学习。晚集外堂，诸生皆立，复为剖析疑义，十日一试举业"。

---

① 转引自肖永明：《儒学·书院·社会——社会文化史视野中的书院》，商务印书馆，2012年，第120页。

② （明）霍韬：《霍渭厓家训·子侄》，（清）孙毓修编：《涵芬楼秘笈》，汲古阁精钞本。

③ （明）霍韬：《霍渭厓家训·汇训》，（清）孙毓修编：《涵芬楼秘笈》，汲古阁精钞本。

④ 陈恩维、吴劲雄编：《佛山家训》，广东人民出版社，2016年，第34页。

霍韬在其家乡所创建的书院发挥了重大作用，不仅为霍氏家族子孙顺利步入仕途奠定了基础，客观上也为明代朝廷培养杰出人才服务。霍韬怀着"做个好样子与乡邦视效"的理想，为佛山宗族建设提供了一种范式，正如司马光在《家范·纲领》中所言，"正家以正天下者也"。《霍渭厓家训》对广东人，特别是广府一带百姓的家风产生了根本性的影响。如今广府人宽容、知礼、豁达、勤劳、好学等优秀品质，可以说是受到了《霍渭厓家训》的影响。

四、霍渭厓家训与宗族经济建设

可以说宗族的形成离不开祠堂，以此为基础，培养出科举及第者和官僚，据统计，从乾隆到道光年间，佛山地区维持的大家族在 50 个左右。"一个家族若没有持续的、稳定的经费来源，那么师资的延聘、书籍的购买、生徒的膏火等无从着落。"在士大夫或有产阶级的组织下，这些大家族不仅设立宗族公有财产，为读书人提供经济支持，还通过设置家塾、书院等机构发挥族内教育功能，确保连续培养科举及第者。

南海士大夫集团在朝廷中的显赫地位也为积累宗族财产提供了极大便利，当时魏校任广东提学时就曾把没收寺观的田亩数千顷尽入霍韬、方献夫诸家。除囤积财物外，在地方上，南海士大夫集团还不断整合各自宗族，其中以霍韬对宗族的整合最具代表性。在经济上，霍韬利用自己的优免特权，通过田地和工商业两种形态进行族产的积累，这种多元的经营方式一方面能整合佛山地区分散的经济个体，另一方面也成为宗族整合的经济基础，于是"祭祀有田，赡族有田，社学有田，乡厉有国，彬彬乎备矣"[①]。霍韬进行宗族经济建设，主要有三项措施。

一是购买沙田。正德十六年（1521），霍韬主事兵部，享有优免土地500 亩，后来官至户部右侍郎、礼部尚书时，优免土地达上千亩，霍韬家族从此走向辉煌。在此基础上，他采取了多种措施，发展霍氏宗族的族产，并利用族产支持发展了一系列宗族事业。

沙田主要是指沿海濒江淤泥积成的田土，如围田、潮田、桑田、单造咸田、荒田。沙田的开发费时耗力，所以政府最初对其实行减免税赋政策。霍韬利用手中资本及朝廷中的地位，通过书信的方式引导子侄通过"减价买田"和"引作"两种途径获得沙田。"可查西南房租，九江沙、塞塘沙、龙畔沙、西竺坦、平步田租及市庄各租银，补送彭芝田处，眼同

---

① （清）霍绍远、霍熙纂修：《石头霍氏族谱》，广西师范大学出版社，2015 年，第 26 页。

赵载鸣封识，待有田即与买给。"① 从中可以看出，霍氏家族在诸多地块中都有沙田。低价买田主要是通过保留足够的银两，等官府有余田立即购买。除此之外，霍氏家族还强占农民的沙田，这引起了民众的不满，纷纷到官府告发。霍韬后来规劝子弟收敛买卖土地："每事当早收敛，今后田土不许再经营了，沙田不许再作了，家业不许再增了。如何又与人做香山沙，田业愈多，罪恶愈大，取笑于人愈众，前车覆后车，复不知戒。"

二是承买寺田。霍韬及其家族子孙也曾低价承买大量寺田。嘉靖初年，广东提学副使魏校，下令大毁寺观淫祠，改为书院社学。但也遗留了大批的寺田，寺田亦被"强邻占耕"。西樵保峰寺僧人不守清规戒律，做出奸淫不守礼法之事，所以官府准备拆寺卖田，当时霍韬归家在乡，承买寺田三百亩。

由于担心家族子弟徒增事端，授人把柄，对其官场生涯造成负面影响，霍韬还采取了一系列扭转霍氏家族名声的措施。他要求霍氏子弟对低价承买的土地按现价补偿，实现合法承买，"我家买田，凡减价者，与璞皆与访，实召原主给领原价，勿贻后患，就无后患，亦折子孙承受不得"②。霍韬经营如此庞大的族田为其整合家族提供了物质基础，他对这些土地做了合理规划以保证霍氏家族祭祀、赡族、社学、乡厉都有土地可分配。他认为维系家族事业的运转必须要有坚实的经济基础做后盾。祭祀、赡养族人、培养宗族子弟在书院读书、创建大宗祠以及在宗祠聚会，诸如此类使家族兴旺的事业都需要经济作支撑，故而置办族田也就成为霍韬不可或缺的重要举措之一。霍韬对族田的治理对其家族人员也产生了很大的影响，霍韬去世后，他的后人也承袭了他置办族田的做法。

三是经营工商业。霍韬除了为家族购买大量族田之外，还涉足工商业，从事铸铁业、经营木材和银矿及烧制陶瓷。霍韬对经营工商业有明确的规定："凡石湾窑冶、佛山炭铁、登州木植，可以便民同利者，司货者掌之。年一人司窑冶，一人司炭铁，一人司木植，岁入利市，报于司货者。司货者岁终，咨察家长，以知功最。司窑冶者，犹兼治田，非谓只司窑冶而已。盖本可以兼末，事末不可废本故也。斯本司铁亦然。"在各个行业内部设"司货者"总掌之，保障工商业内部的总体管理和规划。又分设三人具体掌管"窑冶""炭铁"和"木植"，这样不仅分工明细，便于管理，而且还能有效地提高经营效率，所以霍韬经营的工商业规模庞大。

总之，霍韬的《霍渭厓家训》代表了明中叶岭南地区强宗右姓形成和

189

---

① （明）霍韬：《家书》，《渭厓文集》，《四库全书存目丛书》集部第六十九册，第173页。

② （明）霍韬：《家书》，《渭厓文集》，《四库全书存目丛书》集部第六十九册，第177页。

发展的道路，成为之后强宗右姓整合与发展的共同范式。嘉靖八年（1529），江苏丹阳人孙育曾读之叹曰："其礼严而爱，其思深而远，其事简而周，其文正而婉，轨物范世者也。"孙育还将其"梓之家塾"，以训其家之兄弟子孙以永保家。咸丰六年（1856），无锡人孙毓修在重刻《霍渭厓家训》所作的跋中称："今观其家训，敬宗收族，有象山义门之风，仿而行之，洵足挽回末俗，不徒秘帙是夸也。"此外，嘉靖十五年（1536）冬，霍韬到南京任职，当地聚族而居的郑、卞两氏就曾求其训式，卞氏还"复求训梓焉"。广东博罗林氏根据《霍渭厓家训》，设置了更为严密的规则："族内设立族长，以主族事，五房立房长，管理房中事务，帮理族事，除事关重大者，会众料理，其余一应事务，俱各房长公同任之。"① 罗氏除了设置族长、房长以外，另设有讲正、讲副，向族人宣讲忠孝伦理。

---

① 《规则》，宣统《博罗林氏族谱》卷六。

第六章　明清岭南家训与乡村治理

在古代中国，皇权不下县，国家权力机构最小一级是县。"县以下主要靠各种非正式的民间自治机构来进行实际的控制，如里甲、乡约、宗族、乡绅"①，这说明以乡绅牵头的大宗族通过乡约的形式控制着民间社会的发展，乡绅、宗族、乡约是乡村自治不可或缺的要素。宋人张伯行在《正谊堂文集》中说："夫家之有规，犹国之有经也；治国不可无经，刑家不可无规。"② 明人曹端在《家规辑略序》中说："且国有国法，家有家法，人事之常也。治国无法则不能治其国，治家无法则不能治其家。"③ 这种将家训与国法并举的观点，进一步突出了家训在岭南乡村治理中发挥的作用。

和其他区域相比，岭南乡村社会构成较为独特，要么是一个姓氏成员聚族而居，发展成为一个乡村；要么是一个家庭崛起成为乡村的核心力量，从而发展成为地方望族。明代中期以后，乡约成为乡村治理的重要手段，对于第一种情况而言，一个家族的族规经过修改或补充，自然会成为乡约。对于第二种情况而言，处于核心力量的家族在乡约的制定中发挥主导作用，因而核心家族的家训思想很大程度上会渗入乡约中来，有的乡村直接采用大家族的族规，稍作修改，而成为乡约。基于以上分析，在岭南社会，从功能角度来分析，乡约就是扩大化的家训，是家训进一步社会化的产物。

第一节　家训功能：从范家到范世

隋唐期间，颜之推《颜氏家训》的出现标志着中国士大夫家训的成

---

① 段建宏：《明清晋东南基层社会组织与社会控制》，中国社会科学出版社，2016年，第3页。

② （宋）张伯行：《正谊堂文集》卷八，转引自孙凤文、谢晴编：《夫妻家庭珍言》，辽宁古籍出版社，1996年，第151页。

③ 转引自孙凤文、谢晴编：《夫妻家庭珍言》，辽宁古籍出版社，1996年，第151页。

熟，此期家训的范围还是朝廷及士大夫家族，家训是上流社会皇族和士大夫的家庭教育，与普通老百姓关系不大。宋代以来，随着印刷术的普及，普通老百姓有机会接触到士大夫家训，此时的家训家范走出"私人话语"空间，成为"社会话语"，这就使得家训文献突破了世族家庭的范围，"逐渐走出了个人垄断时代，即由贵族家训时代转向了社会家训时代"①，并成为社会成员修身、齐家、乡村治理的范本，从而进一步达到其社会教化之目的。从岭南范围来看，明中叶开始，岭南大家族通过科举或商业的方式异军突起，同时恰逢朝廷"大礼议"事件的发生，岭南世族大家为了敬宗收族，撰写了大批家训、宗规、宗约、乡约和乡规，并且家训与法律互补，实现官绅共管、礼法并治，共同推动着岭南社会的发展。

一、家训与法律互补

在古代中国，维系和支撑国家的是两种秩序和力量，一是县以上的官治行政秩序和力量，它通过武力、法律维持着县及县以上行政单位的运行；另一种是县以下的乡土秩序和力量，它通过德化教育、社会礼俗等维持着县以下地方社会的运行。② 明代把地方势力纳入国家的权力体系，培养起新兴的士大夫势力，通过"德行教化""社会礼俗""自力"建构起来的乡约（家训）体系，在整合社会秩序的过程中发挥了重要作用，逐渐形成以儒家士大夫文化为主导的社会秩序。

纵观我国家训发展史，宋代的家训开始突破单个家庭或家族的范围，家训或家规对家庭成员的奖惩措施也随之扩散至乡村社会，充当扩大的"家法"角色，与朝廷的法律互为表里，相辅相成。岭南乡村社会非常注重"家法"对家族成员的约束，一个大家族需尽量将家族内部的事件处理好，因为家丑不可扬而不诉之以"王法"。另外，由于乡村社会与政府之间的某种程度的对立，所以民间社会轻易不兴词讼，使得地方政府暴力权力职能处于闲置状态。于是，由以儒家文化为主体内容的家训家诫构成的"家法"，就成为民间社会家族秩序之准则。何昌禄的《何德盛堂家规》要求："各房子孙无论男女，俱要循规蹈矩，如有作奸犯科，或流为盗窃，是为忝辱祖宗，若有的确实情，定将此人革胙，不给丁银；倘更因案发作定，必送官惩究，以免株累。各子孙宜常恪守家规，懔遵王法。"③ 类似的家训条款在许多族规中都可以找到。

---

① 朱明勋：《中国传统家训研究》，四川大学博士学位论文，2004 年，第 129 页。
② 梁漱溟：《梁漱溟全集》第二卷，山东人民出版社，1989 年，第 178 页。
③ 陈恩维、吴劲雄编著：《佛山家训》，广东人民出版社，2016 年，第 207 页。

　　清代陆世仪指出："治一国，必自治一乡始；治一乡，必治五家为比、十家为联始。"为向每个普通家庭传输正统的儒家思想，朝廷大力推行家训、乡约教化。一方面，以皇帝为表率，亲自出马倡导乡约，编著简明易诵的训俗之作，传播朝廷的统治思想。明太祖朱元璋参照《吕氏乡约》的内容，诏令各地从里甲中推选德高望重之人负责本地教化，并向全国颁布了他的《六谕》圣训，令臣民遵行。另一方面，明清时期，科举人才富余，很多乡绅无法进入真正的朝廷系统，只能滞留在地方，配合朝廷，积极参与地方事务，推行乡村教化。家法与王法结合的场所往往是庙坛，因此朝廷还鼓励地方政府或世家大族大肆兴建名宦祠、忠贤祠来表彰先进典型，从而宣传儒家的正统礼仪和思想。如清代嘉应州（梅州）地区共有122 座庙坛，数量占前三名的是名宦贤吏、艺文功名、武德军功，共 96 座，占庙坛总量的 78%。① 乡村庙宇具有权威，既是国家政权下达的场所，也是乡约乡规发布、执行的场所。

　　为了争取家训的合法化，家训作者也会寻求政府的支持。如佛山冼桂奇是南京刑部主事，在籍养病期间，与子生员冼梦松、冼梦竹兴建冼氏大宗祠冼氏家庙，立冼宗信为宗子，拨地十五亩为祭田，撰写家训，教育子孙。为避免日后家族子弟产生争议，向广州知府申请照由。广州知府照依所请，于嘉靖三十一年（1552）"给帖付宗子宗信执照，以祀其祖，以统其宗。故违者，许宗子及梦松、梦竹秀才，具呈于官，以凭重治其罪，梦松、梦竹学成行立，即许为族正，以辅宗子，庶无负主政创始之初心，本道激扬之意也。仍备大书告示，悬其祠壁，使冼氏其世守之，毋得视为泛常，取咎不便，此缴拟合就行，为帖"②。此处理意见由广东布政司分守岭南道左参政批准执行。项欧东对冼桂奇建大宗祠、立宗法，并以自己所订"项氏之训"为范本制定家训之举大为赞赏，称："此其孝友之风，足为则于乡党；敬宗之实，有大益于朝廷矣。使家家皆能如此，官刑不几于措乎？"③ 冼桂奇敬宗收族的系列行为，符合朝廷教化之需，因而得到朝廷的大力支持。

　　① 谢剑：《清代嘉应地区客家神统的结构与功能分析》，谢剑、郑赤琰主编：《国际客家学研讨会论文集》（第一届），香港中文大学、香港亚太研究所、海外华人研究社，1994 年，第 29 页。

　　② 广东省社会科学院历史研究所中国古代史研究室、中山大学历史系中国古代史教研室、广东省佛山市博物馆编：《明清佛山碑刻文献经济资料》，广东人民出版社，1987 年，第 456－458 页。

　　③ 罗一星：《明清佛山经济发展与社会变迁》，广东人民出版社，1994 年，第 125 页。

二、"以家达乡"的实现

对于家训文化的来源，王长喜先生曾作这样的论述："中国思想文化的发展，就其表现形态来看有两种。一是'显学'形态出现的精英人物的思想创造；二是'潜流'形态出现的民间思想。二者互为促进、互为补充，从不同的层次和角度阐释社会和人生，中国家训文化正是精英文化与民间文化相结合的产物。"① 岭南家训正是家族或地方"精英人物"根据家族或地方实际情况创作的作品。如庞尚鹏和霍韬在京为官时，为了防止族人胡作为非，因而作家训、族规、乡约，从而保证族人的形象及在地方的地位。

明中期以后，科举人数大大增加，但朝廷仅能容纳少量士人入仕，大量士人只好拥滞地方社会。对于读书人来说，如果"不入仕途，则极少有机会表现他的特长，发挥他的创造能力，也极少有机会带给一家、一族以荣誉"②。然而，儒家"修齐治平"的人生追求以及自我价值实现的需求，使得士人不得不扎根于地方社会，将他们的实践方向从朝廷转向地方社会，积极参与地方公共事务的管理。伍克刚在《沙堤乡约序》中说"教行于一乡者即其行于天下者也"，也表明了作为一名合格的士人，必须将兼济天下的情怀付诸实践。于是乡绅以保护和增进本乡利益为己任，承担了诸如公益活动、排解纠纷、兴修公共工程以及与地方官员合作、负责征粮纳税等许多事务，成为游走于官民之间的重要力量，为乡村秩序的稳定作出了不少贡献。

在地方社会，士绅们积极利用文字推行教化，通过撰写家训，兴办书院、社学、义学等一系列行动，推行儒家"礼仪"，并积极打击僧、道、巫觋的法术，与朝廷提倡的主流思想保持高度一致。同时，明清以来，士绅们根据地方实际状况，编写了一系列族规乡约，如明初唐豫的《乡约》、成化年间新会知县丁积的《礼式》、嘉靖年间黄佐的《泰泉乡礼》，都对乡村社会秩序的重构与维护发挥了极为重要的作用。士绅们的儒教活动不仅为国家培养了后备官员，而且带动了乡村社会文化的发展，使广大民众在一定程度上了解了忠、孝、义等思想，促进了邻里和睦、家庭和谐，盗窃、赌博等不良风气得到了削弱，有利于基层社会秩序的安定。

① 王长金：《传统家训思想通论》，吉林人民出版社，2006 年，第 35 - 36 页。
② [美] 黄仁宇：《万历十五年》，生活·读书·新知三联书店，1997 年，第 55 页。

三、"一村一姓"的乡村聚落

中国古代乡村聚族而居成为一种传统，而这种居住方式为家训社会化创造了客观条件。广东巡抚王俭在奏书中也证明了这一现象："粤民多聚族而居。"① 由于聚族而居，"望族的家训并非只行于一家一族，它往往会成为族规，训诫的对象从直系血亲扩大到宗族成员。一家一户的祖训家训在乡间扩展开了，就有了一族一乡的族规和乡约"②。一个家族如果在子孙培养或家庭管理中取得成就，这个家族的家训自然会成为其他家族的学习蓝本。岭南人的祖先大多数由中原经南雄珠玑巷迁往岭南各地，从数据统计分析来看，珠玑巷古时共有 150 余姓，也即有 150 余个中原大家族曾在珠玑巷居住过，而随着岭南的开发，这些家族会整体或部分搬迁至岭南其他地方，并且一般是一个家族居住在一个村庄，这样很自然地形成了"一村一姓"现象。

2012—2020 年，住房和城乡建设部、文化和旅游部、国家文物局，财政部、自然资源部、农业农村部联合，从全国 270 万余个自然村落中评审出中国传统村落，其中，岭南有 263 个，主要分布在广州府（93 个）、潮州府（96 个）、惠州府（27 个）、韶州府（1 个）、雷州府（12 个）、肇庆府（13 个）、高州府（1 个）、罗定州（1 个）等地。③ 从以上数据可以看出，广州府和潮州府分别占总量的 35.4% 和 36.5%，惠州府占 10.3%，这三个府占总数的 82.2%，这一数据和各州府家训著作所占比例也相匹配。这些古村落也有乡约流传至今。如广州番禺区沙湾北村有《白鸽票花会公禁碑》、广州番禺区石楼镇大岭村有《大岭乡规禁约》、广州花都区炭步镇塱头村有明代黄氏家族《黄暐家规》、梅州市大埔县百侯镇侯南村《百侯乡通规》。在这些古村落中，一个村就是一姓，一个望族的家训就等同于乡约。

---

① 《清实录》卷七百五十九，中华书局，1987 年，第 981 页。

② 郝耀华：《从家训到乡约的中国式道德传承》，《光明日报》，2014 年 3 月 19 日。

③ 中国传统村落网：http://www.chuantongcunluo.com/index.php/home/gjml/gjml/id/24.html。

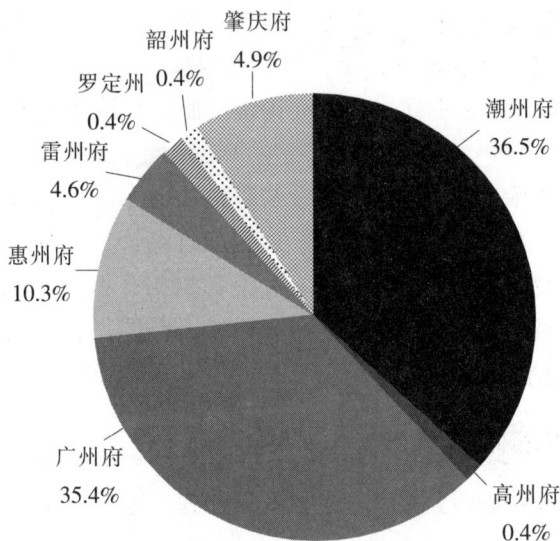

图 6 - 1　明清岭南古村落分布图

第二节　岭南乡约的发展

中国农村自古便有自治管理体系。周朝推行"遂乡制",秦汉时期实行"乡亭里制",魏晋六朝时期实施"三长制",隋唐时期又推行"邻保制"。到了宋代,王安石推行"保甲法",明清二代基本沿袭了宋制,如明代的"里甲制",在主导思想上与"保甲法"并无太多区别。很明显,在乡村治理上,中国历代统治者都是以"地缘"为中心,通过层级负责制,将国家的意志一层一级地传递下来,最终实现国家的控制。明代以来,原本以家族为基础的家训发展为地方共同遵守的"乡约",或者宗族在编写族谱的过程中撰写"族约"以资共同遵守,有的还与乡村士绅共同制定"乡约"。这样一来,对于乡村的统治,由单纯的"地缘"管理模式变成了"地缘+血缘"的管理模式。

北宋神宗熙宁九年(1076),蓝田吕氏四兄弟牵头,以"德业相劝、过失相规、礼俗相交、患难相恤"为基本宗旨,制定和实施了中国历史上最早的成文乡约——《吕氏乡约》。到明代,吕坤在《吕氏乡约》的基础上进一步细化条款,提出《乡甲约》,把乡约、保甲都纳入一个组织体系中,进行地方综合治理,为现代乡村自治奠定了理论和实践基础。至清代，乡约的职能也渐趋扩大至催征钱粮和调处纠纷，并发展成为岭南各地乡约之共有职能。"乡约以化民，保甲以卫民……然保甲与乡约相表里，乡约实行，则保甲亦实行矣。……保甲者，即吾乡约中人也。"① 由此可以看出，乡约与保甲的负责人有时是重合的，乡约与保甲甚至完全结合起来。这是因为明中期以后，随着社会交往的扩大，烦琐的分工越来越不适应社会的需要，各基层社会组织的功能界限逐渐模糊并且互相交叉。而基层社会组织的权力逐渐加重，对地方社会的控制力逐渐加强，这也是明清国家与社会关系的突出表现。乡约组织进一步与保甲制度相结合，史志中的"乡甲"称谓即是这一现象的明证，是乡约与保甲的合称。

一、乡约的概况

明政权建立初期，朱元璋初定天下，原来的乡村权力结构被打破，社会还动荡不安，明朝政府急需稳定人心和社会秩序，但新的社会秩序和管理力量还未建立起来，乡村社会在一定程度上处于无序状态。就岭南地区来说，随着经济快速增长，暴富现象增多，地方社会的贫富分化逐渐增大，生活上奢侈腐化层出不穷，淫乱、赌博、词讼、犯罪问题严重。因而，如何尽快对乡村社会进行有效治理，如何尽快重建乡村秩序，如何尽快培养一批乡村管理力量，成为明初政府最为迫切的工作任务。

明太祖洪武二十一年（1388），面对乡村社会紊乱的秩序和缓慢的经济发展，大学士解缙向朝廷提议"仿蓝田吕氏乡约及浦江郑氏家范，率先于世族以端轨"②，让各地世族大家在地方社会做好榜样，稳定了世族大家就稳定了乡村社会。同时，朝廷要求地方政府加快儒化教育，在各地聘请德才兼备之士，"家临而户至，朝命而夕申，如父母之训子弟"，挨家挨户进行训诫。这样一来，朝廷之教化与家庭之家训就直接联系到了一起。明成祖年间，朝廷"又表章家礼及蓝田吕氏乡约列于性理成书，颁降天下，使诵行焉"③，进行渗透式教育，加强基层民众的思想教育、行为规范教育，逐渐稳定整个社会。

为保证儒化教育持续有效，明代对里老的选择和考核非常严格，朱元璋"令天下郡县选民间年高有德行者，里置一人，谓之耆宿，俾质正里中

---

① 《政事五·乡约保甲》，顺治《潞安府志》，中华书局，2002年，第192页。

② （明）解缙：《大庖西室封事》，《明文海》。

③ （明）王樵：《金坛县保甲乡约记》，《古今图书集成》。

是非，岁久更代"①，朝廷明确里老的设置，开启里老制之先河。清人入关后，沿用明代制度，尤其是在基层社会，进一步强化里老制，并对里老的选任、待遇及解聘提出详细的操作指南："雍正八年二月，奉文查得乡饮典礼乃尊贤养老。大典请嗣后各属，于每岁举行之前，将所举宾耆查明事实，如果品行端方，齿德兼茂，祥司口口，方准遵行。如品行不端，齿德乏人，即将原额银两解司充饷。如此则宾耆不致滥举，而钱粮亦无虚冒之弊"②。从这里可以看出，耆老需具备品行端正、有才有德的条件，也只有聘德高望重之人为师，才能以身作则，从而达到教化乡里的目的。

在朝廷对乡约的提倡和支持下，岭南社会出现了一批乡规民约。其中，《平步乡约》为明初南海学者唐豫等六人制定，是岭南最早、最著名的乡约。唐豫，字用之，南海平步人（今顺德乐从），生而颖悟，性刚介，无谄曲，交友克尽义，尤笃于孝。明初，"父遭乱身亡，豫痛父死非命，建蓼莪亭，以寓孝思"。受《吕氏乡约》之影响，以唐豫为首的"平步六逸"商量制定乡约——"尝相与定乡约，乡人信守行之"③。《平步乡约》原文如下："其一曰：供纳税粮，民之职也。……其二曰：补解军役必审其少壮当行之人，不得受私瞒官，恐招罪咎，戒之，戒之。其三曰：冠礼当依文公所制行之，庶见习俗之美。……其四曰：婚礼旧俗……其五曰：礼曰'父在，子虽老犹立'，今后为子者不许坐，违者叱以辱之。其六曰：父母之丧不得饮宴。……其七曰：四时祭祀，称家有无，须及时为之。……其八曰：礼往来，古之道也。……其九曰：子弟当以读书学问为务，孝于父母，悌于兄长，和于宗族、乡党。……其十曰：居处相接，当以十家为甲。……"④以上乡约十则，对乡人的纳粮服役、冠婚丧葬、四时祭祀、待人接物、读书处世等做了明确的规范，明白易晓，简易可行。唐豫等六人率先在乡推行，"乡人守之不变"，行至一年，争讼蔑息，后在广东许多乡村推行。虽然《平步乡约》因社会的变迁而在当代难以照搬，但对我们乡村社会的管理及个人修养的完善仍有借鉴意义。如"余等当先力行之，不可徒责人而忘自责也"，对于领导干部廉洁自律也仍然适用。

明清时期岭南典型乡规民约共40条，基本覆盖了岭南各州府，具体如表6-1所示：

---

① "中央研究院"历史语言研究所校印：《明太祖实录》卷一九三，1962年，第2894页。

② 《选举·乡饮》，光绪《沁水县志》卷六，方志出版社，2006年。

③ （明）黄佐：《广州人物传》，中华书局，1985年，第117页。

④ （明）焦竑：《国朝献征录》卷一百，广陵书社，2013年。

198

表 6 - 1　岭南古代乡规民约①

序号	地点	名称
1	中山市	泰泉乡礼·乡约
2	广州市	海珠区龙导尾清光绪禁赌碑文
3		天河区猎德村李氏祠堂规约
4		白云区南村乡规禁约
5		白云区钟落潭镇棉洋联寨严示禁碑文
6		花都区杨村乡规训示
7		花都区螺湖村阖乡公议各款规条
8		花都区炭步镇明代黄皞家规
9		番禺区沙湾镇白鸽票花会公禁碑
10		番禺区石楼镇大岭乡规禁约
11		从化区蛟龙围禁赌教孝碑序
12		增城区新塘村沙堤乡约
13	珠海市	香洲区梅溪乡庙书塾尝业碑记
14		斗门区南门村规训
15	汕头市	澄海区澄城双忠庙遏制奢风告示
16		澄海区外砂五乡守关乡约
17	韶关市	仁化县恩村乡严禁本村后山树木碑记
18	梅州市	大埔县双坑村合乡禁赌议规
19		大埔县百侯通乡公碑
20		丰顺县汤西镇白头村严谕示禁碑
21	惠州市	惠阳区崇林世居乡规
22		惠阳区永湖凤咀黄氏家法
23		龙门县路溪奉龙门县师准给示永禁碑记
24		龙门县小径村梁氏家训
25	汕尾市	区马宫街道浪清乡徐氏族规

---

① 数据来源：顾作义主编：《岭南乡规》，南方日报出版社，2017 年。

（续上表）

序号	地点	名称
26	东莞市	朗镇巷头村己逊陈公祠碑
27		排镇塘尾村李氏家规族约
28	湛江市	雷州市潭葛村禁鸦片碑
29		遂溪县茂莲宗祠敦俗碑
30		遂溪县茂莲炒朴宗祠养贤碑
31		徐闻县龙塘镇福居塘奉宪告示
32		徐闻县迈陈村禁革陋规碑
33	肇庆市	端州区东禺村梁氏族规
34		广宁县江屯镇河口村委会交椅村朱氏治家格言
35		怀集县桥头镇新宁何村村规民约
36	清远市	奉宪禁打飞禽走兽碑记
37	揭阳市	揭西县钱坑镇乡规民约
38		普宁市真君古庙乡规禁约
39		普宁市后溪乡坑楼村乡规民约
40	云浮市	罗定市五街众议挑货各款规条

以上乡约主要集中在广州府，一是广州府经济发达，随着经济发展而出现的社会问题较多；二是相对其他区域而言，广州府闲居乡村的士绅阶层人数较多，士绅们改变乡村面貌的愿望更强烈，对社会文明程度追求更高。

二、乡约的类型及特点

按乡约功能发挥范围来分，乡约可以分为宗族乡约、村社乡约两种。在一乡一姓的村社中，宗族乡约就等于村社乡约。

在宗族里实行宗族乡约，是在原有宗族组织或世族大家组织的基础上，以族长或族中德高望重之人为核心，把需要实现的精神、目标、仪式、奖罚等内容以乡约的形式固定下来。这些乡约以家族为母体，以血缘关系为基础，实施起来较为简单。具体来说，在组织方式上，保留原有的宗族样态，以"宗"为基本的乡约单位。它可能是地方官推行儒化教育的结果，也可能是应宗族建设加强凝聚力之需，由宗族内部自我实践产生，宗族乡约进一步加强了宗族的组织化。

为保证乡约顺利实施，宗族内部需要推举出约长和约副，来负责乡约事项的落实，一般选择年纪稍长而行为端正者作为约长，次年壮贤能者为约副。领导组织成立后，宗族也多定期举行讲会，宣讲"圣谕六言"，并设立纪善、纪恶簿，定期对宗族的善行、恶行进行奖惩。

若一个宗族中出现了地位极高的家庭，而这个家庭本身有成熟的家训，这时候本限于一个家庭的家训就会直接转变为族约，若正好整个宗族在某一乡村中聚族而居，此时的家训也就成了乡约。如明朝庞尚鹏家庭一跃成为望族，因庞尚鹏德高权重，族中人不太愿意去修改庞氏家训，于是将《庞尚鹏家训》直接作为乡约予以通行，现列举待客、嫁娶、交际礼仪如下：

> 待客，肴不过五品，汤果不过二品，酒饭随宜。
>
> 嫁娶不用糖梅。女受聘、出嫁，子弟行聘礼，俱不贺。
>
> 交际礼仪，俱用折乾。如合用猪头，则折银一钱；用双鹅酒，三钱；羊酒，五钱；猪酒，一两。此外，令封银二分作果酒礼，其受与否及酬答，各从其便。若本乡行礼，俱折银二分。酬礼四人共一桌。若遣礼而不及赴席，原封送还。①

在岭南地区，将一家之训转换为族规或乡约的现象还有很多。此家训在扩大社会功能后，就承担了乡约的社会功能，在赋税、防盗、诉讼、风化、互助等方面发挥了作用。如南雄陇西堂李氏家规："禁非为：非为，家风下坠。邪淫者，十恶之首；赌博者，倾家之源。凡我族人，务宜告诫子弟，切不可放辟邪侈，生平甘受玷辱。"② 韶关仁化周田渤海堂《吴氏族谱》载："赌博、吸毒、酗酒、游荡、嫖娼，不但坏心术，且败家财，皆须严戒，以遵祖训。上可以对祖宗，下亦可以教子孙也。"③ 潮州府翁万达（1498—1552年）的《告乡父老子弟书》，严格地要求家族成员："……倘有不才，主事者轻则戒饬之，重则挞辱之，闻诸官而理之……以法相稽，使其所严惮不复繁逞。"④ 可以看到，他不但不徇私情，更要求族人对待犯

---

① （明）庞尚鹏：《庞氏家训》，《丛书集成初编》，商务印书馆，1939年，第5页。
② 苗仪、黄玉美编著：《韶关族谱家训家规集萃》，暨南大学出版社，2018年，第46页。
③ 苗仪、黄玉美编著：《韶关族谱家训家规集萃》，暨南大学出版社，2018年，第68页。
④ （明）翁万达著，庄义友、庄义青选注：《翁万达诗文选注》，汕头大学出版社，1988年，第152页。

错的子弟必须严加惩处，甚至不惜体罚，严重的还要报官处理，绝不祖护，而目的就是杜绝再犯。为了强化宗族乡约的自我管理能力，这些乡约通常将个人行为与宗族荣誉挂钩，并以"昭告始祖前""生不许拜祭，死不许入祠"作为惩戒手段。而对于奸盗诈伪、败坏家法、忤逆父母者，较轻的惩罚是逐出祠外，不许混入拜祭，玷辱先灵。

除了宗族乡约外，还有村社乡约。村社是由定居在一定地域内的几个氏族组成的居民组织。村社与国家是关系密切不可分离的整体，国家用法律来控制并稳定社会；村社将乡规（风俗习惯、俗礼、民约）公议文本化为乡约来维护村社安宁。一些村社在初创时期逐步形成简单、朴素的口传风俗习惯和乡规，其目的主要是维持、保卫共同的生活秩序和习俗。由村庄传留下来的古代俗例，后来形成公议文本，转化成券约，此即乡约的一部分。与同宗族乡约相比，村社乡约偏重于对社会风俗方面的规范和引导，而关于个体品格培养方面的内容不是很多。结合岭南社会的民情风俗，主要体现在禁赌教孝、遏制奢风、物业管理、保护农耕等方面。

光绪丁未年（1907年），从化萧蓬云（1870—1942年）受乡亲父老之托，撰写了《蛟龙围禁赌教孝碑序》。他首先向村民讲述了制定乡约之意义："积乡村而成州县，积州县而成省郡，积省郡而成国家。然则欲图一国治安，必由一乡治安始。方今朝廷拟行宪政，讲求地方自治，不遗于一乡一村，盖深知乡村为国家权与也。"乡村稳定与自治对于国家繁荣昌盛具有战略意义。接着回顾了蛟龙围村优良传统——"吾乡聚族而居，不下数十户。权者力农，秀者力学，岁时伏腊，行乡欲礼，雍雍然有古之遗风"，唤起村民的共同记忆，然后根据社会不良习气，"忤逆为伤风败俗之首，赌博为倾家荡产之媒"制定本乡约，号召同村人共同遵守，以达到国泰民安之目的："诚由一乡自治而推之州县，推之省郡，则国家治安。或者滥觞萌芽于吾乡矣。古人有言'王化起自乡间'讵不信欤？"此乡约规定禁止赌博的时间："议本乡内外男妇老幼不得开场聚赌，无论番摊、纸牌、骨牌、通宝、三文钱各项名目，一概禁赌。每年自五月二十日起至十二月卅日止，均不准开设赌具。"同时约定禁赌的场所，"公众地方，固不得设赌；即各人家中，亦一律禁绝"。若有不按照规定执行者，则"准乡中子侄将该窝家瓦面打碎，门扇打烂，以示惩戒"。为了将禁赌落到实处，还设立监督人员并付薪酬，"选举公正人一名，专任巡查村内赌博之责，每名由公项奉回鞋金二元作为酬劳。此项公正人一年为一任，期满另行选举"。要求监督人员"巡查既受责任，则宜日夜梭巡。如遇聚赌者，立即到衿耆值理处，指名报知，不得徇隐"。若发现有人违规，"如系男子，即由该父母捆送出众；如系女人，即由该丈夫捆送出众"。①

汕头澄海属滨海地区，外患严重，灾害频仍，经济不发达。但澄海县百姓迷信鬼神，生活浮靡奢费，比岭南任何地方都严重。为了革除这种恶俗，清光绪二十七年（1901 年）五社乡绅联合公议，"今本城五社绅众，深痛此弊，公议停止"，并将告示碑竖立在澄城双忠庙前，演戏于神灵前，声明告诫，让大小各村落有所传闻。《澄城双忠庙遏制奢风告示》曰："目前最甚者，莫如姻戚馈遗一事。考城厢内外以至大小村落，无论富家贫户，一女嫁出，则父母首数年必破探正送节等费。逐年又必以四季食物挑送婿家应酬，多则为荣，少则为辱；即或家贫无力，也得百计经营。礼岂如斯，徒耗财多事而已。"告示痛斥了民间"姻戚馈遗"带来的危害，并且明确作了规定，"一、自演戏议止之后，社内人众，无论嫁出娶入，均不得再有探正送节等事，年间不得挑送四季食物，如甘蔗、黄蕉、黄柑、薄饼、角黍包、菽桃、果豆粉、荔枝、龙眼、青红柿之类，违者议罚。二、籍庆祝飞升，馈送神惠，虽非无端浪费究系近来奢风，自议止之后，毋得有此事，违者议罚"②。告示操作性强，并且"违者议罚"，对澄海县清正俭朴风气的建设发挥了一定作用。

对农业生产的保护也是村社乡约中的重要内容。如嘉庆十六年（1811年）《丰顺县汤西镇白头村严谕示禁碑》："示谕该处乡民及地保人等知悉：汝等当知田以输粮耕种为重，坡以蓄水灌溉攸资。岂有贪一时之利，害通乡之生计。嗣后附近人等，务宜各安本分，共激天良，毋得在于白头山乡定江坡地面，穿坡药鱼，害人利己。如有烂崽匪徒，再蹈前辙，致害耕种，许地保甲长人等，立即扭禀送县以凭法究，决不姑宽。该保甲等，各宜凛遵，毋违。"③此则禁约主要是对当地的一些破坏耕种蓄水行为进行晓谕、禁止，对促进农业生产有重要意义。

三、乡约的内容

就乡约的内容而言，大体上可以划分为农业生产保护规约、公共财产保护规约、森林保护规约、宗族族产和坟墓禁约、御敌公约、议事合同、会社规约、禁赌公约、土地转让公约、兴办学校和教育公约等；若从形式上看，又可分为告知性乡规民约、禁止性乡规民约、奖励类乡规民约、惩

203

---

① 政协广东省从化市委员会文史资料委员会：《从化史资料》第 14 辑，1994 年，第36－37 页。

② 陈文毓，张洪林主编：《潮汕法律文化研究》，华南理工大学出版社，2015 年，第 30 页。

③ 丰顺县志编纂委员会：《丰顺县志（1979—2015）》，方志出版社，2011 年，第 970 页。

戒类乡规民约和议事类乡规民约等类型。

禁赌。赌博是明清岭南经济发展带来的社会恶习。长年累月枯燥的农村生活、辛勤劳累的耕作，致使赌博成为基层老百姓赖以休闲的方式之一。但赌博会让人倾家荡产、投机取巧等，具有严重的社会破坏性，因此无论是官方还是民间家训或乡约，都对赌博行为有严格的惩罚。因此，禁赌成为乡约的重要内容。嘉庆八年（1803），《钟落潭镇棉洋联寨严示禁碑文》中就有"禁开场赌博"。《螺湖村阖乡公议各款规条》规定："凡属我乡该管理地方，永不许设开烟馆与私卖洋烟。如有等弊，被他人执烟为证，或携同保老看验属实，均议罚银一十两。倘分属绅士地保，议罚加倍。其执烟为证与携同保老看验之人，即赏银五两正。凡属我乡访管地方，永不许开设番摊、白鸽票、纸牌、骨掷色及一切大小赌博。"①清光绪七年（1881），番禺知县查封赌场，并刊石诫，名曰"查封龙导尾赌地并改作庙尝告示碑"，将查封的赌场改作庙尝（寺庙的产业），防止赌博死灰复燃。乾隆十四年的《猎德村李氏祠堂规约》共六条，其中一条为"禁开场聚赌，窝藏匪类"②，光绪十七年（1891）的《南村乡规禁约》共五条，主要列举该村开场聚赌、忤逆、揭银等事宜，尤其对于聚赌一事，再三禁止。光绪二年（1876）的《蛟龙围禁赌教孝碑》指出，"忤逆为伤风败俗之首，赌博为倾家荡产之媒，宜立章程，永垂万禁"，说明立碑的根本目的，要求"本乡内外男妇老幼不得开场聚赌，无论番摊、纸牌、骨牌、通宝、三文钱各项名目，一概禁赌"。若有人违抗，则"准乡中子侄将该窝家瓦面打碎，门扇打烂，以示惩戒"，并且选派专人负责监督，确保杜绝赌博现象。

教化。乡约作为一种区域化的基层教化，一直以儒家的三纲五常思想为核心对普通老百姓进行教育和约束。明末清初以来，岭南各村庄都将乡约刻石立碑，放置于村口明显之处，让村民耳濡目染，接受教育。这些乡约在思想教化、儒学普及、社会风俗等方面，不断宣传朝廷所宣扬的理念，向民众宣讲朝廷圣谕。光绪三十一年（1905）的《崇林世居乡规》详细记载了倡导乡规的原因，一是"盖闻在朝言朝，在乡言乡。朝则有律法，乡则有规条"，希望通过乡约来维持地方社会秩序；二是由于家族繁衍，子孙众多，家训的作用不再像过去那样对家庭成员可以起到有效教育，而是随着社会的发展，对家庭成员的约束力逐渐减弱，况且不同家庭所倡导的观念也有差别，很难以统一的思想或规范制约全族成员，因而

---

① 顾作义主编：《岭南乡规》，南方日报出版社，2017年，第17页。
② 顾作义主编：《岭南乡规》，南方日报出版社，2017年，第12页。

"爰集公议，倡立规条十则，子孙各宜凛遵，毋稍遗忘，是所厚望焉"。乡规首条为："敦孝弟。人生在世，各有父兄。不孝不弟，何以为人？族内子弟，务宜以孝弟为本，切毋忤逆，以重天伦。"这是为人之根本，若子孙不孝不悌，家族就无法兴盛发达。第二条为："睦宗族。血脉攸关，伯叔弟侄，虽疏犹亲，理宜分长幼尊卑，相亲相爱，和睦一堂。"这是中国古代家族共同的期望，要求每位家族成员做到长幼尊卑、相亲相爱。第八条规定："端风俗。一乡风俗，循良朴茂，始堪嘉尚。故立身行事，务须光明正大。凡伤风败俗之事，皆宜一切扫除。"① 要求所有成员禁止恶行，营造良好的社会风气。

禁山。岭南北部是丘陵地带，岭南人靠山成长，靠山生活，早期形成了颇有特色的山地文化。在山地保护中，民众不仅受约于规约本身的处罚规定，还受民间信仰的控制。新丰《潘氏族谱》专门规定："凡先世所葬坟墓、庙宇、屋场及山林等项，累累各有界址分明，后之子孙，不得盗侵。"② 将山林视为各家各户的生产资料，要加以保护。光绪十五年，韶关市仁化县族长蒙陈瑞暨合族绅耆同立《恩村乡严禁本村后山树木碑记》，规定："自后内外人等，各宜勉戒，即是一条一枚，亦必勿剪勿伐。如有不遵约束，敢行盗窃者，倘经捉获，或被查知，定必重罚，断不轻饶。如敢持横抗拒，即捆呈官究治，幸各凛遵，毋违。此禁。右开众议规条列后：盗斫该山树木者，每株罚银二大元正；盗斫杂枝松光者，每犯罚银一大元正，如违送究，樟树加倍处罚。"③ 此碑记对山林严加保护，盗砍树木的行为会受到乡约或朝廷的惩罚，并且明确规定盗砍不同的树种处以不同的罚金。

保护农业生产、禁止开矿。在基层乡村社会，保护农业的生产与发展也成为基层民众在订立乡规民约时必不可少的一个重要内容。此类内容较为丰富，包括禁止砍伐桑树、禁止践踏青苗、禁止羊入田地等。清末南海著名文献学家黄任恒所编的《南海学正黄氏家谱》中卷十二为《杂录谱》，收有家训类文献，包括《乡规》《会规》《四堡赏给花子规条》《禁聚赌、斩树及清算数目诸例》《禁约碑》《欠项罚例》等多种。《禁聚赌、斩树及清算数目诸例》虽然简短，但是条例规整，主旨明确，目的在于禁聚赌、斩树，以及设定清算数目章程。当中最值得注意的是应付"匪人挟仇报怨"一项，讲到匪人抱怨的两种伎俩，一为匿名陷害，一为污物涂墙，这

---

① 顾作义主编：《岭南乡规》，南方日报出版社，2017年，第43－44页。
② 苗仪、黄玉美编著：《韶关族谱家训家规集萃》，暨南大学出版社，2018年，第219页。
③ 顾作义主编：《岭南乡规》，南方日报出版社，2017年，第38页。

些内容如今也为恶人报复所用，而南海黄氏《禁聚赌、斩树及清算数目诸例》早已揭示出来，表明这种事情在当时已经流行，为恶人所惯用。而此项禁例，更反映出黄氏家族"劝善惩恶"的精神和保护良民的决心。

维护缴粮纳税、维护公平。《崇林世居乡规》第四条要求族人"重国课。凡买、当产业，必有钱粮，皆国家惟正之供，务宜年清中款，丝粒不容蒂欠。至断活契据，尤宜迅速投税，以免害累"①。乾隆十八年（1753）的《大埔县百侯通乡公碑》规定："兹通乡绅耆会议，公置铁字斗八个，铁字升八个，并编乾、坎、艮、震、巽、离、坤兑字样；公置天平针秤五杆，编公、正、协、人、心字样。"记载非常细腻："米、谷、盐食随价低昂，俱用铁斗平量交易，如用私置斗升，予受同非，并罚油三斤归本圩福德祠用。"② 这种"公置天平针秤五杆"的做法，可谓是公平秤的前身。乾隆五十九年（1794）的《外砂五乡守关乡约》规定："守关咸淡出入误公，禀官究治。关枋失落罚守关赔还。守关得财私开船只出入。船只自己盗开出入。私借关枋并守关擅自许借。关内贮关枋不许堆草。以上违者罚戏一台。知情报众赏银二百文。"因澄海地理位置特殊，是盗贼常出没之地，朝廷又严禁走私，把好关口，也可减少济盗之嫌。对于古代的乡规民约，我们只能从是否符合大多数人的利益、是否有利于社会进步去衡量。

治安管理。有明一代，沿海倭寇与海盗活动猖獗，自洪武至崇祯，这一问题长期存在。广东海岸线漫长，岛屿和港湾众多，自然地理位置重要，多为倭寇与海盗盘踞之地。明代广东下辖十一个府州，其中濒临南海的有八个府，自西向东分别是琼州府、廉州府、雷州府、高州府、肇庆府、广州府、惠州府、潮州府，而这八府的大部分州县设置在濒海地区。另外，在政府海禁政策下，明代广东沿海私人贸易较为发达，为倭寇和海盗的活动孕育了基础。如隆庆六年（1572）二月，"广东惠州海贼六百余人破甲子门所，杀千户董宗儒及军民二百余人，掠二百余人以去"③，大量百姓被屠戮，人烟断绝。若遇到内乱外扰的紧急情况，乡约内部的首领也会负起军事方面的责任。嘉应州乡约规定："遇有盗警，该乡约长一面集众出御，一面遣捷足持签通知各乡，令发勇壮救护，庶不致迟疑误事。""若遇外来匪徒如人数无多，则约长一面先集邻近丁壮出御，一面飞报乡长齐集勇壮，令素有勇略者统率擒拿，若匪徒众多，一方不能猝制，一面令勇壮先行把截；一面传签飞催四乡，带领勇壮助拿。四乡闻报亦即齐集

---

① 顾作义主编：《岭南乡规》，南方日报出版社，2017年，第44页。
② 顾作义主编：《岭南乡规》，南方日报出版社，2017年，第41页。
③ "中央研究院"历史语言研究所校印：《明穆宗实录》卷六十六，1962年，第1598页。

勇壮，分一半赴援。分一半把截路径，或伏守险要，毋使贼匪有一人得以逃遁。"[1]

第三节　岭南乡约的运行

从朝廷角度出发，明清乡约的主要任务是宣传封建纲常伦理，教导民众做顺民、做愚民，让乡村社会在朝廷的掌控下有序运行，最终目的是维护封建统治。从地方社会角度出发，明清乡约是倡导共同遵守的事宜，以达到安民乐业的目的。如有的乡约提倡勤俭、节俭、守法、读书、平等、报国等社会风气，有的乡约禁止酗酒、偷盗、赌博、嫖娼、结党营私、传阅淫书等不良习俗，对淳化民风、稳定地方社会秩序起到了一定的积极作用。

明代中叶是岭南家族文化向地方社会普及的重要时期，百越文化因而进一步汉化、儒化，主要表现在两个方面：一方面，霍韬、庞尚鹏、陈献章、湛若水等大批名儒写作家训，黄佐、邱浚、平步六逸等官绅撰写乡礼，以家达乡的家族伦理仪制在岭南各乡村逐渐形成；另一方面，岭南乡村在嘉靖年间"大礼议"事件的影响下，各氏族不论大小和地位高低，均利用修建祠堂、编写族谱、制定族规、重筑祖坟、出版家集、设立族产、兴办族学等手段，由家及乡地强化宗族凝聚力，在朝廷层面提高地方文化的正统合法性和权威性。"这种血缘与地缘的结合，对明代中后期岭南地方文化传统的形成有重大影响。"[2] 岭南乡约在政府法律的保障下，由乡绅士人主导，维持着岭南社会的稳定和发展。

一、法律保障

明初以来，明太祖朱元璋寻求治国之法，最后采纳了宋儒学者的教化治国方针，在全国乡村社会推行德治教化，这一举措奠定了明代乡约的社会基础。与此同时，王阳明在江西推行《南赣乡约》，取得了一定的教化效果，进而明成祖将《吕氏乡约》颁布天下，在全国范围内正式推动了乡约。嘉靖年间，地方官员介入乡约的产生与运行，乡约民间自发、社会教化等特点日益改变，在朝廷的引导下，和保甲、书院、社学、社仓、家庙等相结合，逐渐发展为封建政府管理和控制乡村社会的工具。特别是明嘉

---

① （清）吴宗焯：《兵防》，《光绪嘉应州志》卷十五，光绪二十四年刻本。
② 叶汉明：《明代中后期岭南的地方社会与家族文化》，《历史研究》，2000年第3期。

靖八年（1529 年），乡约成为一种国家制度在全国范围推行，所有乡村社会都有各种各样的乡约制度产生。这样一来，国家赋予了地方乡约合法性地位，在约正、约副等人的领导下，维护着乡约的运行，承担着社会治安、国家赋税等朝廷应承担的社会功能，从此朝廷将国家的力量延伸到乡村，实现了全国范围的行政控制。

地方各级官员采取朝廷的思想，逐级控制，他们利用滞留于乡村社会的士绅，积极建立乡约和监督乡约的运行，并为乡约提供制度性保障，使得岭南地区很快建立了乡约系统。如明万历年间，知县潘应龙在揭阳县城宣化街创建乡约所①，承担公务接待、事务处理等功能。万历三十年（1602 年）知县汪起凤"朔望讲明圣谕"②，宣讲朝廷的基本思想。琼州府琼山县乡绅吴伟效（1464—1527 年）面对"乡人嚣讼不向学"的社会现状，"取朱文公《增损蓝田乡约》行之。创精舍为堂，曰嘉会堂，东曰丽泽轩，业进士者居之；西曰养正轩，童蒙居之"，此学堂即为民间学堂，东厢居住教师，西厢居住学生。"后为崇本祠，祀文公及蓝田吕氏，月朔如约申戒谕，违者直月纠约举之，都约、约正、约副同治之。悼四礼久废，演国说以便省劝，阛阓周服其化者数百家，里无哗讼。"③ 吴伟效从个人自发组织儒教开始，逐步扩大影响力，最后得到官方和百姓的认可，创造了和平的乡村环境。诸如此类，乡村社会的乡约由有识之士提出，有的将世族大家的家训直接颁布通行，有的几村合撰乡约，以资共同遵守。

与此同时，朝廷赋予乡约法律地位，保证乡约的顺利实施。如康熙以前，梅州大埔县双坑百姓多以耕种为业，民风淳朴。光绪以来，村中外出经商、为政的人不断增多，把赌博的恶习带到了双坑村，本来质朴无华的社会风俗逐渐崇尚奢华，不良风气由此而生。为了禁止赌博恶习，族中老人动员全乡各家族族长或掌握话语之人，集体起草乡约，上报到县，经大埔县令同意，刻立石碑于村中，一再重申禁令。乾隆二十一年（1756），全乡性的《合乡禁赌议规》立石碑于村中。碑文开头苦口婆心地讲述了赌博的危害，"始而卖田、卖屋，继而卖妻、卖子，甚而挖祖父之骸骨，卖祖父之地坟，典尽当尽，身无分文。强者流为盗贼，穿墙挖壁，弱者流为乞丐，偷鸡毒狗，侮辱祖先，祸及宗党，此赌博之害也"，接着对赌博之行为进行了严厉的惩罚："各族有不肖子弟，敢在乡村赌博，或有开场窝

---

① 揭阳县地方志编纂委员会：《揭阳县志》，广东人民出版社，1993 年，第 215 页。

② 揭阳县地方志编纂委员会：《揭阳县志》，广东人民出版社，1993 年，第 387 页。

③ （明）钟芳：《赠户部江西司主事吴公墓志铭》，《筼溪文集》卷十七，四库存目集部第六十四册，第 G62 页。

赌、抽油火、放小头者，查实，合乡齐至，捆缚其人，剥光惨打，赶逐他乡，拆去其房屋，毋令滋蔓，至成一乡皆盗贼。倘其父兄执法，则情犹可宽恕；若父兄庇护，又敢恃强逞赤，通乡签名，呈官究治。"[1] 对于违反乡约赌博者，若家人严明执法则用乡约所规进行处置，若家人徇私舞弊，则全乡联名，送到地方官府，用法律处置，法律成为乡约的坚强后盾。

地方政府和官员参与乡约教化，使得乡约的奖惩力度更加合法化、权威化。对于违反乡约的行为，若在乡村社会无法进行处置，将呈报上级有司，会得到地方政府更为严厉的惩罚。如黄佐的《泰泉乡礼》专门设置了"扬善簿"，对于乡民积善好施、乐于助人之行为，由教读记录在扬善簿，向有司呈报后，由朝廷进行褒奖，从而起到扬善惩恶之功效。具体做法是："汝四民如有能从教化，朴实尚义，好诗好礼，善处彝伦，能和乡里，笃教子孙，足为一乡敬信者，许里中老而有德者告于社学之师，访问得实，书于扬善簿内，以待上司查考，以礼褒劝""民间有义举助丧及周恤患难孤幼者，里人当报于社学师，书于簿内，待上司查赏褒劝。"在岭南一些社会风气亟待改善的地区，乡约奖赏和惩罚的力度也会相应加强。

二、乡绅主导

在我国古代乡村社会，"绅权是一种地方权威，所谓地方权威是对于一个地方社区人民的领导权力"[2]。这种领导权力主要来源于士人家庭的经济能力、家族势力和个人德行。在乡绅和地方官员的互动配合中，乡绅往往会凭借家族在地方社会已拥有的文化资本，获得地方社会的话语权和主导权，成为推行乡约的核心力量。同时，乡绅利用家族资本，无偿为乡村公益事务作出贡献，获得人们的尊敬并潜移默化地引导人们认同他们建构的社会规范。

随着乡约在岭南乡村社会的推广，乡绅很快成为地方政府官员的代言人，成为辅助地方官员推行乡约的有效力量。这种现象的产生，主要原因有三个方面。一是由于财力和物力限制，地方官员有意把权力下放给乡村乡绅，乡村乡绅凭借对乡村事务的熟悉和自身的威望，在解决乡村社会问题或家族内部矛盾时，特别是词讼等问题上有更好的效果。二是停留在乡村的乡绅需要实现"以家达乡"的人生理想，在地方官员无法推动乡约开展之时，乡绅阶层意识到自我实践的机会到来了，于是积极响应政府，成为直接动力。乡约从有一定地位和乡村权威的家族做起，发挥示范效应，

---

[1]　顾作义主编：《岭南乡规》，南方日报出版社，2017年，第40页。
[2]　吴晗、费孝通等：《皇权与绅权》，上海书店，1949年版影印本，第119页。

进而扩大到整个乡村。三是地方官员的任期都比较短，在一个地方持续工作的时间只有短短几年，而乡约制度在短期内不会随意改变，这就需要长期居住在乡村的乡绅们积极主动参与进来，以维持乡约制度的正常运转。

在大家公认的乡约指导下，地方乡绅主要通过"奖赏"和"惩罚"两种方式来开展工作，其根本目标是强化乡民对制度的自觉遵守，达到社会的和谐发展。乡约主要体现了"惩"的一面，地方乡绅根据乡约条规，发现村民赌博、偷盗、欺凌等不符合"儒礼"的日常行为，即对其强制禁止，从而增强了儒家倡导的忠孝、和顺等价值规范在百姓生活中的影响。而"奖"的方面主要体现在对于村民积善行德的行为，从精神层面乡绅可以呈报官府，颁发嘉奖，也可以从物质层面进行奖励——从社仓中用谷物进行奖励，从而引导乡民将乡约中倡导的社会价值内化，并以此作为自己的行为准则和评判标准。

以邱浚为例，邱浚回乡居家期间目睹家乡与京城的文化差异，于是撰写了《家礼仪节》，实施乡村教化；由于家贫无书，邱浚花费自己所有积蓄，新建藏书石屋，购买数千卷书置于其中供人阅读，并撰写了《藏书石屋记》，回忆自己求学读书经历，鼓励家族子弟及琼州青年才俊。

在"济天下"的理想中，邱浚一直坚持"礼治天下"的原则，他认为"礼"是人与兽、国与国之根本区别："礼之在天下，不可一日无也，中国之所以异于殊方，人类之所以异于禽兽，以其有礼也。"成化六年（1470），邱母去世后，邱浚回琼山守孝三年。守制期间，亲睹琼县乡村不良民俗，礼崩乐坏，"成周以礼持世，上至王朝以至于士庶人之家，莫不有礼，秦火之厄，所余无几，汉魏以来，王朝郡国之礼，虽或有所施行，而民庶之家，则荡然无余矣……"于是，为敦教化、以正礼俗纲，他"窃以《家礼》一书，诚辟邪说，正人心之本也，使天下之人诵此书，家行此礼，慎终追远有仪，儒道岂有不振哉"。但由于《家礼》年代较远，文字深奥，有些礼节已无法实行，于是博采众长，编成《家礼仪节》。

对于成书的过程，邱浚自己这样陈述道："自少有志于礼学，意谓海内文献所在，其于是礼必能家行而人习之也。出而北仕于中朝，然后知世之行是礼者，盖亦鲜焉。询其所以不行之故，咸曰：'礼文深奥而其事未易以行也。'是以不揆愚陋，窃取文公家礼本注，约为仪节而易以浅近之言，使人易晓而可行。"于是引用了《仪礼》《仪礼注疏》《仪礼经传通解》《礼记》《礼记注疏》《礼记大全》《礼记慕言》《周礼》《春秋左氏公羊传》《白虎通》《汉书》《郭氏葬经》《五礼》《古今家祭礼》《温公书仪》《韩魏公古今祭式》《三家礼》《吕汲公家祭仪》《宋朝文鉴》《程氏遗书》《晁氏客语》《李鹿诗友谈记》《高氏厚经礼》等 28 本书，著作《家礼仪节》。

从"范世"的创作角度出发，《家礼仪节》对后世的影响比一般家训要大得多，明代莫如忠指出："邱文庄《家礼仪节》一编，士大夫家多有之。"① 从此之后，琼州的风气发生了巨变，对于此种情况，邱浚在《琼山县学记》中进行了这样的描述："皇朝洪武中，姚江赵谦古则来典教事，一时士类翕然从之，文风用是丕变，至今琼人家尚文公礼，而人读孔子书，洗千古介鳞之陋。"② 在稍后的《南溟奇甸赋》中，邱浚记录了人才培养的效果："今则礼义之俗日新矣，弦诵之声相闻矣，衣冠礼乐彬彬然盛矣，北仕于中国，而与四方髦士相后先矣。"③《家礼仪节》在全国其他区域也传播广泛，清人黄虞稷评价说："本之考亭，参以明制，世多遵行之。"④ 明代中山黄佐《泰泉乡礼》的体例及内容，直接受到此作的影响。

三、信仰辅助

岭南民间信仰大约可以分为三个阶段。先秦两汉时期，岭南社会还处于蒙昧状态，此期百越之民俗信鬼重巫。两晋至隋唐时期，道教在中国大地开始传播，岭南人热爱尊神拜仙。唐宋以后，随着中原文化的融合，岭南社会出现了多神崇拜、官民共祀现象。比如在佛山祖庙，从北宋年间开始一直供奉真武玄天上帝，佛山历来许多大事件都与祖庙相关联，真武玄天上帝成为佛山人民心中最高的神灵。因此，佛山乡约的推行借助了人民对真武玄天上帝信仰的力量，利用真武玄天上帝对百姓的震慑力来增加乡约的权威性。同时，佛山地区村社的祭祀、演戏等仪式在祖庙举行，乡约所也设置在祖庙里，在祖庙之中进行乡约的宣讲和皇帝的圣谕，奖惩村民的善行恶行等。这样，在人们频繁地参与乡约活动后，就自觉地把乡约和真武玄天上帝联系在一起，乡约得到真武玄天上帝的护持，便得以更顺利地推广。

比如，万历二十八年（1600），村社首领张国裕、许元、黄广等在普宁市真君古庙立禁约碑，内容为："真君积年全金；一禁鸭只竹篁；一禁牛只盗揪稻谷；一禁罾网粮租塘堀；上元水陆工钱无偿。"庙中奉祀有真君保生大帝许逊、木坑圣介子推、神农氏、注生娘、大王爷、指挥使等诸

---

① （明）莫如忠：《大明集礼·祠堂制度》，《崇兰馆集》，四库全书存目丛书本。

② （明）邱浚：《琼山县学记》，《琼台诗文会稿重编》卷十六，琼山丘尔毅刊本。

③ （明）邱浚：《南溟奇甸赋》，《琼台诗文会稿重编》卷二十二，琼山丘尔毅刊本。

④ （明）黄虞稷：《千顷堂书目》卷二，文渊阁四库全书本。

神，此神庙是乡民除日常农耕生产之外主要的活动场所，在举行乡约时祭拜各路神灵，把乡约与神灵联系在一起，增强了人们对乡约的认同和敬畏。这方石碑有两条乡规、三条禁约。所谓"真君积年全金"，指的是真君古庙历年积累所存香油钱或其他香客捐献等，均用于诸神的重妆金身，这是乡规之一。三条禁约中，前两条是不准偷盗与破坏每家每户的家畜、农作物，属于警戒小偷小摸一类，第三条则是不准偷盗公家产业即祠庙所属的鱼塘。最后一条也是乡规，讲的是全乡性的两个民俗活动，即上元灯会与中元七月半的施孤水陆法会进行时，协助活动的乡民均视为义工，照规没有工钱补贴，此二俗至今未变。

第四节　乡约里甲制范本：《泰泉乡礼》

香山（今广东省中山市，中山、珠海、澳门的前身）黄氏，是岭南地区历史上著名的文化世家大族。黄佐在追溯家族历史中作了这样的记载："吾宗之所自出，相传为蜀汉将军忠之裔，唐末有鸷者隐居，有奇操，石晋征拜谏议大夫，值乱，乃徙筠州。"[1] 可见黄氏最早源于"三国五虎将"之一的黄忠，唐末因战争迁入江西筠州（今高安县），元代黄宪昭因上疏直谏，被贬岭南，定居于粤，黄从简、黄教、黄温德、黄洙四世皆任职军官，黄氏可谓军户世家。从六世祖大儒黄瑜开始，黄氏家族开始向诗书家族转变，五百年来，世代书香，名流辈出。

一、中山黄氏：世代书香

在黄氏家族发展史上，先后出现了几位关键人物，引导着家族的发展。

黄瑜是黄氏从军户家族向诗书世家转变的第一人。黄氏入粤六世祖黄瑜，学者称"双槐先生"，生于明宣宗宣德元年（1426），自幼聪明好学，五岁即到塾念书，学习《孝经》《论语》。景泰七年（1456），黄瑜参加乡试中式。成化五年（1469），黄瑜出任长乐知县，清正严明，深得民心，因痛恨官场的黑暗腐败，辞职告归。辞官归来的黄瑜，将全家迁徙到香山，开始隐居乡村，读书写作，潜心教育儿孙。他在院子里栽了两棵槐树，自称"双槐老人"，常说："如果子孙有人能再多种一棵。我的愿望就

---

① （清）黄培芳等纂修：《黄氏家乘》，北京图书馆出版社，2000年，第330页。

实现了。"他的做法饱含了对子孙后代的殷切期望。过去有个"三槐王氏"的传说，即宋代王祐在其庭院亲手种下三棵槐树，说："我的后人，一定会有位居三公的。"后来其子王且果然位至宰相。黄瑜只植双槐，可见其对后辈的期冀。

黄瑜之子黄畿，生于成化元年（1465），生而聪慧，身处书香之家，深受祖父及父母的熏陶，七岁即善对对，又会弹琴，人称"玉童子"。八岁时，随双槐公居省城里第，十六岁进入广州府学，精通《诗经》《春秋》，又博览群书，兼采百家精华，为文取法庄子、屈原。督学愈宪张习惊叹他的文章："汉魏乃有此作！"三十三岁时，双槐公逝世。黄畿安葬父亲后，绝意仕途，隐居罗浮山，潜心钻研邵雍《皇极经世》及《易》《中庸》等，写成《皇极经世书传》《易说》《皇极管窥》等书。

黄畿虽放弃举业，但对儿子黄佐的管教非常严格，希望他能入仕飞黄腾达，圆了双槐公的遗愿。据黄佐回忆，他的学识有不少是父亲亲自传授的，可见黄畿教导之勤。后来黄佐乡试中式，本应赴京应礼部试，父亲觉得儿子年纪尚轻，便劝止说："夫幼学壮行，学而未优，行斯踬（跌）矣！"三年之后，黄畿才亲自送儿子赴京应考，但不幸在途中染病去世。黄畿逝世后，家人整理其著作，有《三五元书》二十五卷、《皇极管窥》、《易说》、《皇极经世书传》八卷、《粤洲集》四卷。御史周煦读后慨叹："此真隐居求志之儒也。"于是下令在洲草堂旁边建"逸士亭"，以为表彰。屈大均亦称赞说："粤人著书之精奥者，以畿为最。"① 这充分说明了黄畿著作水平之高。

黄畿夫人陈氏，是番禺东井陈政（官至按察司副使，著有《东井集》）的小女儿，从小跟姐姐学习《孝经》《论语》，生性严谨，寡言少笑。婚后全力教子，毫不懈怠。黄畿去世，黄佐悲痛欲绝，万念俱灰，立意归隐山林。陈氏多次督劝，鼓励儿子振作起来，实现祖辈期望。后来黄佐忤逆权要，被调离翰林院，派往广西任按察佥事兼督学，陈氏鼓励说："此汝外祖之旧职也，……惟求无愧于师道足矣。"以情动人，鼓励黄佐做好本职工作。

黄佐，生于弘治三年（1490），"幼颖悟，一览成诵"②，自幼秉承家学，"四岁受《孝经》"，"五岁观周程六君子遗像，自誓必如此而后为人"，③ 精通诗词、天文以及历算之书。十二岁乡试第一，一生仕途顺利，

①　陈泽泓：《广东历史名人传略》，广东人民出版社，1998年，第150页。
②　（清）阮元：《广东通志》，上海商务印书馆，1934年影印本，第213页。
③　（明）郭棐：《粤大记》，中山大学出版社，1998年，第458页。

两榜进士。历任江西司佥事、广西提督学政、修撰兼司谏、南京国子祭酒、右谕德、少詹事兼翰林院侍读学士。黄佐"著述至二百六十余卷，在明人之中，学问最有根柢"①，与大学士丘濬、理学家陈献章合称"明代广东三大学者"②，在经学、史学、文学、地方文献学等方面都有重要贡献。黄佐一生留下了许多著作，仅《明史》所载就有三百六十多卷。经学方面有《诗经通解》二十五卷、《礼典》四十卷、《乐典》三十六卷、《乐记解》十一卷、《通历》三十六卷、《革除遗事》十六卷、《小学古训》、《理学本原》、《庸言》十二卷、《泰泉乡礼》等。三个儿子在中、在素、在宏都是生员，其中次子乡试中式，任漳州通判，曾参修《广东通志》。黄佐是黄氏家族发展的关键人物，是香山黄氏五百多年来影响最大、建树最丰的人物。

到了清代，黄氏书香礼义世代递延，仍保持家风不坠。黄佐五世孙逵卿，是在朝代更替的乱世中维系家族文化传承的关键人物。黄逵卿，少善读书，识大义，年十八补博士弟子员。明亡兵乱，逵卿兄弟二人与后来成为"岭南三大家"之一的陈恭尹同入西樵山避难，躬耕自给，不仕清朝。农耕岁人之余，"刻其祖双槐、粤洲、泰泉三世遗集十余种"，后来又设法修复在省城的黄氏祠堂及旧居。据阮元《广东通志·艺文略》统计，黄佐著作存者凡十五种，三百二十六卷，亡佚者则为九种一百三十二卷，其中《广州府志》《理学本原》《漱芳录》等不知卷数还未统计。尽管亡佚者不少，但流传者大多由于逵卿的努力得以保存。黄佐七、八世孙绍统、培芳父子，都是清中叶岭南著名学者、教育家；十一世孙佛颐，是清末民初广东有贡献的地方文献学者。

二、黄佐与《泰泉乡礼》

明世宗嘉靖二年（1523），黄佐因同霍韬、方献夫等南海人一起卷入"大礼议"事件，以终养老亲为由，辞归故里佛山。从京城返家途中，慕名前往绍兴拜访心学大师王阳明，二人论及"良知说""与论知行合一之旨，数相辩难"。③ 黄佐深得王阳明赞许，担任江西提学事，再改广西学督。黄佐在桂林任提督广西学政时，修建湘山书院，培育朝廷实用人才，辑集《理学本源》诸书颁行。同时，又出令严格要求士人学业、禁毁淫邪，推行武学射礼，倡导民众节孝，并多处设立乡社，从当地人中选择优

① （清）永瑢、纪昀编：《四库全书总目提要》，第2318页。
② 黄伟宗、司徒尚纪主编：《中国珠江文化史》，广东教育出版社，2010年，第1406页。
③ （清）张廷玉等：《黄佐传》，《明史》卷二百八十七，中华书局，2000年，第7365页。

秀的人入学，以《小学古训》为教学内容，安抚瑶黎，以儒家礼仪道德思想教化百姓，广西地方风气为之改变。

嘉靖九年（1530），黄佐以提督广西学政乞休家居，亲眼看见家乡民俗恶习，于是撰写《泰泉乡礼》，该书博采众长，不但直接采用了《吕氏乡约》《朱子家礼》《陆氏家训》《吕氏宗法》《郑氏家范》等中的条款，而且参照朱熹创设的社仓制度、明代开创的里社祭祀和社学制度、王阳明的保甲制度，并结合丘濬《家礼仪节》，构造出一个新的集"乡约、保甲、社学、社仓、乡社"为一体的礼仪系统，目的是将士大夫的家族伦理向庶民世界推广，用礼乐来"约其情而治之，使乡之人习而行焉"①。这是"明中叶广东士大夫以家族伦理教化乡里使地方社会儒化的文化建构蓝图"②，在岭南社会中产生了深刻影响。

《泰泉乡礼》全书共六卷，首先列举乡礼的纲领，以"立教、明伦、敬身"为主旨，以"冠、婚、丧、祭"四礼为基本内容，融入"乡约、保甲、社学、社仓、乡社"之中，以乡缙士大夫为主体，教化老百姓，以达到地方社会儒化的最终目的，实现统治者的权力控制到每一个乡村角落。后人称赞其曰："大抵皆简明切要，可见施行，在明人著述中，犹为有用之书。"③ 在卷一《乡礼纲领》中，黄佐开宗明义地指出："凡乡礼纲领，在士大夫，表率宗族乡人，申明四礼而力行之，以赞成有司教化。"④ 这份纲领性的文件直接表明，士大夫有义务和责任以"四礼"为内容，为乡村老百姓作表率，协作有司进行地方儒学教化。实际上，明代中叶以后，由于朝廷能容纳科举入仕的人数有限，大批举子不得不滞留在家乡，因此"以家达乡"亦成为士绅们实现自我价值的途径之一，他们是儒家在乡村的宣传者和实践者，所要做的就是通过社会教化，配合有司共同治理乡村，以确立以德礼为中心的乡村社会秩序。

当然，各地乡绅在乡村社会开展儒学教化工作，也需要得到当地有司的拥护和支持，否则也难以长期开展工作。基于这一事实，黄佐提出了解决方法，即各乡校教读应由有司聘任，这既保证了教读的权威和地位，又易于乡村教化工作的实施；并且对于在"行四礼、举五事"等工作中取得突出成绩的约正、约副，教读按照一定的程度上报有司，进行备案。有司核实之后采取奖励措施，一是赐座啜茶，二是免其杂泛差役。同时，对于

215

---

① （明）黄佐：《泰泉乡礼·原序》，《钦定四库全书》，经部，1776年，第1页。

② 叶汉明：《明代中后期岭南的地方社会与家族文化》，《历史研究》，2000年第3期。

③ （清）纪昀等：《钦定四库全书总目》卷二十二，中华书局，1997年，第284页。

④ （明）黄佐：《泰泉乡礼》卷一，《钦定四库全书》，经部，1776年，第1页。

那些"好为异论、鼓众非毁礼义、不率教"而未取得实质成绩的约正、约副，教读也需要上报有司，有司根据事先约定的条例，进行相应处罚。这种奖惩结合的措施，将有司和乡绅联系在一起，共同构筑了一个"官绅共治"的地方乡村治理体系。在这个体系中，真正站在乡村一线发挥主导作用的是无数乡绅，而有司作为乡绅的坚强后盾，站在幕后利用朝廷赋予的权力进行操控，因而顺利实现了"既行四礼，有司乃酌五事，以综各乡之政、化、教、养及祀与戎，而遥制之"的管理方式。黄佐相信，在官绅的共同努力下，教化和管理乡村社区的目的一定可以实现。他表示，"乡士大夫既能倡之，而有司又能自尽如此，而四礼不行、乡约以下五事不举者，未之有也。愿相与勖焉"①，这是黄佐撰写《泰泉乡约》的根本目的，也为岭南乡村社会描绘了一幅美好蓝图。

三、五位一体的礼仪体系

黄佐怀着"济天下"的夙愿，希望能改变家乡的面貌，于是他以《朱子小学》《吕氏宗法》和《陆氏家训》为蓝本，以"立教、明伦、敬身"为主题，进行乡村教化。对于这三个教化主题，黄佐进行了清晰的界定，并构成了一个完整的体系，即将三个主题教化设计为从家庭至乡里的教育，分别定为：小学教育、大学教育和乡里教育，对应的教育对象为儿童、青少年和普通民众。在每一阶段的教育中，黄佐也进行了明确的区分，即立教的内容是家庭成员个人修身行为，只有个体修身成功了，才可以实现明伦的内容，教化即从亲人扩展至乡村民众，包括崇孝敬、存忠爱、广亲睦、正内则、笃交谊等内容。当实现了立教与明伦之后，要求个体及民众进行敬身，敬身的主要内容包括笃敬以操行、忠信以慎言、节俭以利用、宁静以安身。在三个主题的实施过程中，黄佐一直依据《文公家礼》确定冠婚丧祭之礼，他认为《朱子家礼》毕竟年代久远，显得非常繁复，于是结合岭南社会的实际，将冠礼定为 4 条、婚礼定为 14 条、丧礼定为 9 条、祭礼定为 4 条，而这些内容的删减，主要以近世白沙陈氏、宁都丁氏、义门郑氏家范为参考蓝本。可以看出，《泰泉乡礼》的教化对象是普通民众。在《泰泉乡礼》的理论体系中，乡约、社学、社仓、乡社、保甲构成了"五位一体"的乡村运行机制。

在《乡礼纲领》中，黄佐开门见山，说明了乡村教化的基本内容，即"一曰乡约，以司乡之政事；二曰乡校，以司乡之教事；三曰社仓，以司

---

① （明）黄佐：《泰泉乡礼》卷一，《钦定四库全书》，经部，1776 年，第 201 页。

乡之养事；四曰乡社，以司乡之祀事；五曰保甲，以司乡之戎事"。① 这实际上是"五位一体"体系模式的雏形，从乡约、社学、社仓、乡社、保甲等五方面进行了全面考虑。

乡约方面。黄佐参照朱熹改编过的《吕氏乡约》和琼山邱浚的《家礼仪节》，实现"以通于今"的目标。在《泰泉乡礼》中，黄佐建议，在乡约执行过程中，根据民众和有司的意见，选举德高望重者担任约正，推举有学行的村民二人担任约副，每月由一人担任管理者，轮流更换。黄佐规定了每个角色的主要职能：约正主要负责集会、告谕，约副主要负责礼仪，并协助约正处理相关事宜，直月的职责是掌管走报等事宜。乡约中按照惯例设置三籍，即愿入约者书于一籍，德业可劝者书于一籍，过失可规者书于一籍。这些记录由直月掌管，在每个月月末，向约正报告基本情况，并且将记录本转交次月的直月。从内容上看，《泰泉乡礼》依照《吕氏乡约》，制定"德业相劝、过失相规、礼俗相交、患难相恤"四条，但根据实际情况，黄佐进行了适时修改，比如将"德"界定为"孝于父母，友于兄弟，肃于闺门，和于亲党，言必忠信，行必笃敬，见善必行，闻过必改之类"，"业"界定为"读书治田，营家济物，兴利除害，居官举职，凡明伦敬身者皆是。如礼乐射御书数之类，皆可为之。非此之类，皆为无益"。② 这些内容对传统"德业"进行了扩充。

社学方面。黄佐将社学分为大馆、小馆两类，大馆设在城市的四周，小馆设在乡里。设立乡校需要具备两个条件，一是乡村居民聚集的地方，二是有宽敞高大的建筑。"凡在城坊厢、在乡屯堡，每一社立一社学。"③乡校之后，立为社仓，其左为乡社。社学的社师也称"教读"，其选任条件较高。在城里的大馆，以"致仕教官及监生、生员学行尤著者以为教读"④；在乡里的小馆，则"俱用儒士，不许罢闲吏役及非儒流出身之官或丁忧生员及因行止有亏黜退者"。乡里的教读是由有司聘任的，具体的遴选办法是乡里人"共择推学行兼备而端重有威者，送有司考选，以为教读"。教读的生活来源主要来自"束脩"，"大馆"教读的收入由官方提供，"小馆"教读的束脩则由在馆学生的家庭供给。"其束脩务从俗加厚。在城大馆官给银二十两，有司以礼待送。在乡则约正等率各父兄出谷及菜钱。"

217

---

① （明）黄佐：《泰泉乡礼》卷一，《钦定四库全书》，经部，1776 年，第 15 页。
② （明）黄佐：《泰泉乡礼》卷一，《钦定四库全书》，经部，1776 年，第 16 页。
③ （明）黄佐：《泰泉乡礼》卷一，《钦定四库全书》，经部，1776 年，第 2 页。
④ （明）黄佐：《泰泉乡礼》卷一，《钦定四库全书》，经部，1776 年，第 9 页。

社仓方面。黄佐认为，社仓应由乡老与约正、约副、教读、甲总、社祝等共同管理，有司不得出面干预。社仓的总管为乡老，其薪酬为每月饭谷一石。乡老与约正、教读等共同出纳，粮谷进出仓需由他们共同签字画押才有效。社仓的主要职责在保甲，保甲须"四时巡察，谨慎盗贼水火"①。从社仓的"移票""回票"格式中都写有"为乡约事"来看，社仓的管理已然被纳入了乡约的职责范围。仓谷的来源有三：公借、义劝和罚人。公借，即由官府出借谷本，"或一千石，或二千石以上，随宜定数"。②春天借冬天还，每借出一石收取利息一斗，以便积出本谷还官。如果遇到旱涝灾害等歉收之年，便将此谷赈贷，等到丰收之年再偿还。义劝，即由富裕人家义捐，或一石或十石，不拘多少。以后捐谷之人如果有什么过失，可按照捐谷数额相应地减免罪责，以一次为限。义捐在 50 石以上者，可依所捐数额相应地获得奖赏。此外，每年收成季节，除无田者外，不拘大小户，须捐谷一斗，此为"沿门谷"。拒捐者，直月以过错记入簿籍。罚人，即由有过失者交纳罚谷。《泰泉乡礼》规定："凡乡约中犯义之过，罚谷五石，轻者或损至四石、三石。不修之过，罚谷一石，重者或增至二石、三石。直月于过籍内注销。"③此外，社学生如果逃学三次，罚谷一石。在乡老"听讼"的民事纠纷中，自认理亏的一方，也可以用交纳罚谷的方式解决事端。

乡社方面。黄佐明确表示，设立乡社是为了进行社会教化，除了实施儒教外，还会利用神明来进行社会教化。他说："乡社之设，正以明则礼乐、幽则鬼神，警动愚俗，使兴起于为善也。"④乡社之设，遵《洪武礼制》，凡城郭坊厢及乡村，每百家立一社，筑土为坛，以祀五土五谷之神，设社祝一人掌之。乡社的社祭分春祈、秋报两种，分别于农历二月、八月的社日举行。

保甲方面。黄佐参照王阳明在南赣地区实行的"十家牌法"，主张"凡一社之内，一家为一牌，十牌为一甲，甲有总。十甲为一保，保有长"⑤。保长由才行得到众人认可之人担任，如果没有合适的人选，就以约正代之。

---

① （明）黄佐：《泰泉乡礼》卷四，《钦定四库全书》，经部，1776 年，第 1 页。
② （明）黄佐：《泰泉乡礼》卷四，《钦定四库全书》，经部，1776 年，第 1 页。
③ （明）黄佐：《泰泉乡礼》卷四，《钦定四库全书》，经部，1776 年，第 4 页。
④ （明）黄佐：《泰泉乡礼》卷四，《钦定四库全书》，经部，1776 年，第 14 页。
⑤ （明）黄佐：《泰泉乡礼》卷六，《钦定四库全书》，经部，1776 年，第 1 页。

四、《泰泉乡礼》之影响

在岭南乡村教化中，《泰泉乡礼》是明代中后期士大夫阶层在乡村推行教化的一份纲领性文件。[①] 特别是在远离政治中心的岭南地区，除了世族大家之外，明代之前的乡村基本上没有广泛的、自成体系的儒家教化，佛教、道教和巫术深耕民众心中，在乡村社会生活中有广泛而深刻的影响。黄佐的《泰泉乡礼》和霍韬的《霍渭厓家训》是岭南有识之士对社会弊端的典型反应，两部家训在岭南士大夫于民间推行儒家礼仪，同时在打击僧、道和巫术的过程中，产生了重要影响。[②]

黄佐撰写《泰泉乡礼》的目的是将士大夫的家族伦理向庶民世界推广，用礼乐来"约其情而治之，使乡之人习而行焉"。《泰泉乡礼》成书后，人们称其为"医世良药"，尤为岭南所重，许多世族大家遵照此书，为所在乡村制定乡规民约。岭南左布政使徐乾得到《泰泉乡礼》后，命令工人锓梓成帙，又要求岭南有名书坊刻印通行，准备在岭南大力推广。遗憾的是，未及广泛普及，徐乾便调升离任。后来，番禺、南海、新会等县冠带耆民欧全、余昌、温宗良等以"乡礼兴而盗贼息，教化行风俗厚"为由，集体向有司提出申请，要求准行《泰泉乡礼》，设立乡约、乡校、社仓等，并且每家每户置取《泰泉乡礼》一部，以达到"俾其讲读，民皆知教，悉依礼式躬行，则风俗有转移之机，共享雍熙悠久之治"的治理之效。嘉靖十四年（1535），岭南右布政使李中"举行四礼，札对府州县严立乡约。乡校、乡社、社仓、保伍，各具约长、约副姓名以闻"[③]，并将《泰泉乡礼》依式翻刊印刷数部，遍发所属州县，每里各发一部，使之家喻户晓。官员推崇《泰泉乡礼》，主要是因为此作参照了《朱子家礼》《陆氏家训》《吕氏宗法》等多种范本编成，提出的"立教、明伦、敬身之理"得到官府的推崇，有利于把儒家家族伦理的观念和文化推广到每家每户，并在民间深深地扎下根来。当时，肇庆地区的乡野村民受到了《泰泉乡礼》的深刻洗礼，面貌焕然一新。

219

---

① 刘晓东：《明代的"社师"与基层社会——以黄佐〈泰泉乡礼〉为中心》，《东北师大学报》，2004 年第 5 期。

② ［英］科大卫、刘志伟：《宗族与地方社会的国家认同——明代华南地区宗族发展的意识形态基础》，《历史研究》，2000 年第 3 期。

③ 黄佑：《广东通志》卷四十《礼平志五·年礼》，香港大东图书公司，1997 年。

第七章 结 语

　　岭南家训是岭南家庭教育的缩影，也是岭南思想文化的重要组成部分，是古代岭南人留给现代人的宝贵精神财富。本书以政治、经济、文化三个维度为着眼点，按照"个体培养、家庭管理、家族发展、乡村治理"的思路，从小到大，结合影响深远的典型家训作品，系统地梳理了岭南家训文献，论述了明清时期岭南家训与社会发展的互动融合关系。

　　纵观岭南家训的发展轨迹，岭南家训是在岭南自然环境、经济、政治及文化等多因素共同影响下发展而成的。岭南家训的发展相对中原较晚，由于受五岭阻碍，交通不便，岭南本地人与中原人无法交流互动，先进的中原文化无法融合百越土著文化，因此虽然汉唐时期中原家训经历了繁荣，但岭南家训还是一片文化沙漠。秦汉以降，进入岭南腹地最便利的方式为水路，即由长安出汉中，沿汉水而下，过长江经洞庭湖，溯湘江而转，达苍梧顺西江而至肇庆封开，封开（所属肇庆）为岭南学术发源地，也是唐代以前岭南地区的文化中心。汉代在这里先后崛起了以家族为标志、享誉全国的文化巨匠群体——"三陈六士"，唐代在这里产生了"岭南第一状元"莫宣卿，成为历代岭南学子的典范，现有《莫宣卿家训》传世，成为岭南家训的鼻祖。唐代以来，随着张九龄对梅关的开拓，中原进入岭南的陆路开始便利，即由河南洛阳南下，辗转鄱阳湖，溯赣江而至赣南，跨越南雄梅关，再由水路汇入北江而至广州，此期岭南文化中心由粤西转往粤北，韶关成为岭南文化中心，代表人物有张九龄、刘瞻、刘轲、余靖等，他们的家训在唐宋时期的韶关影响深远，快速带来了中原家训在韶州府的普及。宋代以后，珠江三角洲和韩江三角洲成为岭南人才和学风重心，并取代北江和西江的中心地位。明清时期，由于经济的发展，岭南文化发展重心已由粤西、粤北转移到珠江三角洲，其中以佛山为代表。如新会陈献章和增城湛若水，他们师徒创立了白沙学说，其弟子唐伯元、薛献夫、杨起元、陈建、黄佐以及丘濬等，皆能师授相承，完成了理学和心学的开拓，在宗族建设和家训作品等方面独树一帜。此期影响岭南地方社会的家训之作，如《陈白沙家训》《庞氏家训》《霍渭厓家训》《泰泉乡礼》等井喷式出现。与此同时，以广州府为中心，潮州府、雷州府、琼州府等地经济和文化得到迅速发展，《唐伯元家训》《邱浚家训》等家训力作在潮州府、琼州府也应运而生。明中期"大礼议"事件后，在霍韬、庞尚鹏等带领下，岭南宗族建设得到广泛开展，族规、乡规、乡约大量出现。岭南家训是在中原文化注入、学校教育成熟、朝廷重视家训等文化背景下合力而成的，特别是秦汉时期留驻岭南的中原军人、因战争或其他原因迁徙岭南的中原移民、往来贸易的商人、赴中原应考和为官的岭南士子、自中原贬谪和流寓岭南的朝廷官员都是中原文化融入岭南文化的有力推手。

岭南家训在形态、思想、内容等方面表现出自己的特性。岭南独特的地理环境和文化氛围诸因素深深地影响着岭南家训的内容和形式。通过岭南家训的分析，可以折射出岭南家训产生的文化背景、时代特色、地理环境、人情风俗等。在形态上，岭南家训以"总提分应"的体制谋篇布局、以工整对仗的诗歌语句言情述理，这既可以让人精准把握重点，又朗朗上口，便于理解和记忆。当然，岭南家训最为独特的载体是楹联，之所以产生了大量的楹联家训，大致原因有：一是岭南地区属于亚热带气候，天气潮湿，临海沿河地区则出现了大量木结构的房屋；二是中原人士进入岭南后，出于自我防御、就地取材等因素建筑了大批土楼和"围龙屋"；三是为了敬宗收族之需要，不论宗族大小和地位高低，朝廷准许平民百姓修建祠堂。而这三类建筑的共同特点是栏杆众多，为楹联家训提供了载体，这些家训具有强烈的视觉冲击力，易背易记，受众面广，具有纸质族规祖训所无法起到的潜移默化之教化功效，千百年来在岭南始终流传不绝。在内容上，岭南家训以"修齐治平"的儒家理想为指导，教育子孙。修身方面，要求个体把"仁、义、礼、智、信"作为立身之本，把"经商、为政、养生、处世"作为生存之道，立志成才，勤奋读书，为实现"修齐治平"理想准备前提条件。在治家上，要求家族成员形成"父慈子孝、兄友弟恭、和睦怡情、其乐融融"的状态，长幼有序，内外各尽其分，以"四民皆本"为指导，根据个体的兴趣和能力进行多元化择业，务必做到勤劳节俭、睦邻济贫，做到"积善之家，必有余庆"。在家族发展上，要求成员依据家族起源及优势，依靠独有的家风与门风，形成诗书之家、仕宦之家和商贾之家，从而保证家族延绵不息。无论是哪种类型的家族，其最终目的都在于希望子孙学为圣贤，并通过血缘亲情关系，加强家族内部的亲和力和凝聚力，进而促进家族睦和与社会稳定，从而实现"治国平天下"之夙愿。作为岭南文化的重要组成部分，岭南家训体现了岭南思想文化的

理想追求和现实追求，凸显了岭南文化最重要的特质，那就是务实性、兼容性与自由性。

作为儒家思想通往民间的桥梁，岭南家训以儒家思想为指导，在人才培养、家庭治理、家族发展和乡村治理中发挥了重要功能。从先秦到明清，岭南官方教育一直很不健全，也由于官方教育时兴时废及受教育人数有限，家庭成为人才培养的主要场所，一直承担着社会育人功能，作为"社会中最活跃的因素"的人在家庭中得到培育。岭南家训以儒家"五常"思想为中心，塑造家庭成员高尚人格，以"四民皆本"为指导，锻炼家庭成员从商、为政、处世、养生等生存技巧，为岭南社会输送了一批批优秀人才，也十分重视对女性的培养。从岭南走出的仕人，虽然受命于朝廷，但总会抓住时机为岭南社会创造机遇，即使是滞留于乡村的士绅，也会致力于乡村社会的多种公共事务，从而实现"以家达乡"的理想。

一般来说，"整齐门内，提撕子孙"是每位训主写作家训的根本目的，岭南家训实现了家庭成员培养后，开始着手"孝、悌、和、勤、俭"家风的沉淀和传承，从直接目标来看就是实现家庭的和睦兴旺，而从间接目标来看，每个家庭的和睦兴旺又会实现国家的长治久安。在"修齐治平"的模式中，"齐家"是承前启后之环节，是个人与家族、个人与社会、个人与国家的重要连接点，即"家齐而后国治"。因此，经过几代人的共同努力，随着"士农工商"的职业分化，诗书世家、官宦世家、商贾世家等世家大族也便应运而生，岭南士大夫在敬宗收族、推行地方教化的同时，撰写了大批家训、宗规、宗约、乡约和乡规。特别是明清时期，岭南经济得到迅速发展，社会中嫖娼、赌博、奢侈等不良现象层出不穷，家训在家庭文明建设和社会风气净化方面发挥了重要作用。

从家训对家族内部同期群成员或超家族的同期群成员的影响来看，宗族内子孙受到家训的影响越大，其产生学识渊博影响后代深远的学者大家的概率越大。一个家族如果有家训，相对那些没有家训的家族更容易出现有志之才。在明清岭南家训中，治人和治事是齐家的主要内容。治人主要是家庭成员培养、人际关系的处理，治事主要是家庭成员职业选择、账务管理、家庭关系的处理。如果一个家庭保持了和谐及兴旺发达，就会逐渐发展成当地望族，并形成特色鲜明的家风门风，在地方社会赢得乡亲的认可，并成为学习的榜样，这样一来，一个家族的家风门风就会横向扩大到乡里社会，由一村一乡慢慢扩大至全国，就达到了"家齐而后国治"的效果。

明清时期，在朝廷的倡导和支持下，岭南有影响力的家训家范走出

"私人话语"空间，不再作用于一个"小家庭"，而成为"社会话语"作用于更多人群，突破了世族家庭的范围，走向了社会，并成为"一村一乡"的社会成员修身、齐家的范本。朝廷通过"圣谕"和"表彰"等多种方式在岭南树立了"义门"和"榜样"，让家训的作用得到进一步强化和推广，并且家训与法律互补，实现官绅共管、礼法并治，共同推动着岭南社会的发展和繁荣昌盛。

中华文明历时五千年而连绵不绝，并在不同的时期焕发新的活力，其中一个重要原因，就是中华民族素来倚重家训。家训伴随着家庭的出现而产生，家训的成败直接关系子孙贤良与否，子孙贤良与否又直接关系着家族的兴衰成败，家族的兴衰成败又直接影响社会的长治久安，家族将家训视为家族文化的内核，"家规是家族一切行为的宪章"，维护着家族内外事务的正常运行，在育人、保家、安国方面有着重要作用。我们研究明清岭南家训，丰富了岭南思想文化宝库和中华家训内容，主要目的是古为今用，汲取岭南家训合理的精神内核，为当今社会人才培养、家庭治理、美丽乡村建设、社会文明建设、中华文化复兴等作出贡献。在法律日益完善和家族观念逐渐淡泊的今天，家训在家族发展和乡村治理中的功能也逐渐淡化，而"修身、齐家"的初始功能还非常重要。

当然，随着科学技术发展及家庭成员关系的松散化，实现传统家训的"修身、齐家"功能，还需要做到以下两点。一是实现家训、校训、企训三者的互动融通。家训、校训和企训共同关注人才的"德与能"，为建立"家—校—企"三位一体的育人机制提供了可能，但长期以来三者发生在不同的场所，并未将家训、校训和企训进行连续开展。因此，以"家训"为起点，以"德能兼备"为共同人才评价标准进行育人，将家训文化延伸至校训再扩展到企业，保证了教育理念的延续性和一致性。家训的根本目的是培养"德才兼备"的家庭成员，学校的人才培养目标是塑造"德能兼备"的人才，为企业输送"德能兼备"优秀员工。因此，将家训和校训的"德能"进一步社会化，正符合社会对人才的需求。这需要深入研究家庭、学校、企业或社会对人才的培养要求和评价标准，提取有价值的、可实现的"德、能"要素，在家庭、学校、企业中共同培养既具有诚信、友爱、勤奋、俭朴、守法等优秀品德，又具备良好的一般能力、专业技能和创新能力的德能兼备之人。二是加强家训传承和创新机制建设。在科学技术和互联网发达的今天，可以利用大数据技术建立"人才成长在线平台"，以实现家训文化全程育人大数据管理。先对个体成员品德修养及职业素养进行分解和设计，从个体出生到学校再到企业，对人才培养教育活动进行过

223

程全跟踪、结果全记录、成绩全评价、数据全分析，形成基于大数据分析的品德修养和职业素养教育动态体系。个体在电脑或移动终端进行活动的发布、报名、记录和评价，实时查看自己的培养记录，通过教育主客体间互动的自主发展，可以达到精准育人的目的。当然，实施大数据背景下的育人和管理，还要建立"家—校—企"多元协同平台保障制度，进行"家—校"和"校—企"协同推进；建立家庭、学校、企业"德、能"传递的载体及机制；建立家庭、学校、企业"德能"培养的方法及评价体系。

参考文献

一、家训类著作

[1]（明）丘濬：《家礼仪节》。

[2]（明）黄佐：《泰泉乡礼》。

[3]（明）王演畴：《讲宗约会规》。

[4]（明）何士晋：《宗规》。

[5]（明）番禺潭山：《许氏族谱》，清嘉庆抄本，1987年。

[6]（明）湛若水：《泉翁大全集》卷五十九。

[7]（明）袁衷：《庭帏杂录》，《丛书集成初编》，中华书局，1985年。

[8]（明）程敏政：《新安文献志》卷七十六，黄山书社，2004年。

[9]（明）黄佐：《陶延传》，《广东通志》卷五十四。

[10]（明）戴璟修、张岳、黄佐等纂修：《嘉靖广东通志初稿·琼州府》。

[11]（明）霍韬：《渭厓文集》，《四库全书存目丛书》集部第六十九册。

[12]（明）庞尚鹏：《庞氏家训》，《丛书集成初编》，商务印书馆，1939年。

[13]（明）霍韬：《霍渭厓家训》，（清）孙毓修编《涵芬楼秘笈》，汲古阁精钞本。

[14]（明）唐胄：《琼台志》卷三十六，正德本。

[15]（明）朱为潮、徐淦：《琼山县志》，民国本。

[16]（明）戴熺：《人物志·乡贤》，万历《琼州府志》，卷十。

[17]（清）陈宏谋：《养正遗规》二卷补编一卷，《教女遗规》三卷，《陈宏谋家书》一卷。

[18]（清）桂士杞：《有山诫子录》一卷。

[19]（清）赵润生：《庭训录》一卷。

[20]（清）邓淳：《家范辑要》二十卷。

［21］（道光二十七年）广东香山《黄氏家谱》。

［22］（道光二十八年）广东《南海廖维则堂家谱》。

［23］（光绪三年）广东古冈《宋氏族谱》。

［24］（光绪十四年）广西《西林岑氏族谱》。

［25］（光绪三十年）广东高要《高明罗氏族谱》。

［26］（光绪三十三年）广东香山《何环堂重修族谱》。

［27］（万历三十八年）广东五华《缪氏宗谱》。

［28］（清）广州：《杨氏支谱》，清抄本。

［29］（清）陆丰：《余姓世系谱系》，1967 年抄本。

［30］（清）田百畴修：《雁门堂田氏族谱》，1979 年抄本。

［31］（清）冯铭源修：《冯氏族谱》，1922 年冯文轩抄存本。

［32］（清）刘钊修：《刘氏家传》一卷，1909 年广州超华斋刻本。

［33］（清）麦舜成修：《麦氏族谱》，1770 年稿本。

［34］（清）杜汝濂修：《重修杜氏家谱》，1895 年稿本。

［35］（清）苏延鉴修：《苏氏族谱》十卷，1900 年德有邻堂刻本。

［36］（清）劳鸿勋重修：《劳氏族谱》四卷，1868 年孝思堂刻本。

［37］（清）严宝燊修：《富春郡严氏家谱》十二卷，1890 年广州富文斋刻本。

［38］（清）吴海智修：《吴氏族谱》，1899 年刻本。

［39］（清）岑炳昌修：《诒燕堂岑氏族谱》，2004 年电脑打印本。

［40］（清）利锦英修：《利氏族谱》，1974 刻本。

［41］（清）陈道铭修：《陈氏族谱》，1914 年手抄本。

［42］（清）罗启贤修：《罗氏族谱》，1882 年刻本。

［43］（清）郑观应：《香山郑慎余堂待鹤老人嘱书》，华东师范大学出版社，1994 年。

［44］（清）邓蓉镜：《邓蓉镜家规》，东莞市图书馆藏复制本。

［45］（清）左宗棠：《左宗棠全集·家书》，岳麓书社，1996 年。

［46］（清）曾国藩：《家书》，北岳文艺出版社，1994 年。

［47］（清）《太原霍氏崇本堂族谱》卷三，康熙六十一年（1722）木活字印本。

［48］（清）王植：《崇德堂稿》卷六，《家训》，乾隆二十一年（1757）刻本。

［49］（清）胡方：《遗嘱》，陈建华、曹淳亮主编：《广州大典·鸿桷堂文钞》，广州出版社，2015 年。

［50］（民国）李求思修：《李氏家谱》，1936 年刻本。

［51］（民国）何琼林修：《何氏族谱》一卷，1942 年庐江堂铅印本。

［52］（民国）余祖辉修：《余氏族谱》二卷，1931 年手抄重印本。

［53］（民国）张伯桢修：《张氏族谱》，1911 年铅印本。

［54］丘乾昌修：《丘氏族谱》，1966 年抄本。

［55］朱文载修：《朱氏族谱》，1998 年油印本。

［56］《肇庆刘氏族谱》，广东省立中山图书馆 1931 年刊本。

［57］揭西钱坑乡亲会：《揭西钱坑林氏族谱》，1998 年。

［58］蔡氏族谱编委会：《蔡氏族谱》，1992 年，铅印本。

［59］《霍氏族谱》卷二，清道光二十八年（1848）世睦堂刻本。

［60］黄氏周山修谱委员会：《潮汕黄氏族谱》，1997 年。

［61］同治《川姚氏宗谱》卷三，《家训》，手写本。

［62］肇庆高要莲塘《赵氏族谱》，手写本。

［63］《南海佛山霍氏族谱》，清道光二十八年（1848）世睦堂刻本。

［64］肇庆封开莲都华兰村《龙氏族谱》，手抄本。

［65］肇庆高新区《范氏族谱》，手抄本。

227

［66］肇庆高要白诸自沙村《麦氏族谱》，手抄本。

［67］《南海芦排梁氏家谱》卷三《家传》，清宣统金壁斋刻本。

［68］陈氏有庆堂族谱理事会编：《陈氏有庆堂族谱》，2006 年。

［69］肇庆高要《黎氏族谱》，手写本。

［70］四会威整镇甜竹坑村《罗氏家谱·家训》，手写本。

［71］德庆回龙镇大塘村《戴氏家训》，手写本。

［72］封开三礼永安村《宾氏族谱》，手写本。

［73］肇庆高要《邓氏族谱》，手写本。

［74］《香山翠微韦氏族谱》卷十二，（宣统刻本）。

［75］《南雄黄氏族谱》。

［76］《南海烟桥何氏家谱》，《家谱传》。

［77］《南海罗格孔氏家谱》卷十一。

［78］《石头霍氏族谱》，卷一，《原序》，广西师范大学出版社，2015 年。

［79］《兴宁县志》，广东人民出版社，1992 年。

［80］陈伯陶等：《民国东莞县志》卷五十九，《人物略》。

［81］莲塘林氏族谱编委会：《莲塘林氏族谱》，2008 年。

［82］刘伯忠：《刘氏族谱》，1999 年。

［83］仙都乡老人公会编：《潮安仙都乡（林氏）族谱》，2001 年。

［84］《风教·讲约一》，《清会典事例》卷三百九十七，中华书局，1991 年。

［85］成晓军、李茂旭主编：《帝王家训》，湖北人民出版社，1994 年。

［86］郭齐家、李茂旭主编：《中国传世家训经典》第四卷，人民日报出版社，2009 年。

［87］广东省人民政府地方志办公室编：《广东家训选编》，广东人民出版社。

［88］道光《南海县志》卷二十，中华书局，2000 年。

［89］王利器：《颜氏家训集解》，中华书局，2014 年。

［90］李茂旭：《中华传世家训》，人民日报出版社，1998 年。

［91］谢宝耿：《中国家训精华》，上海社会科学院出版社，1997 年。

［92］翟博：《中华家训经典》，海南出版社，2002 年。

［93］费孝通：《乡土中国》，江苏文艺出版社，2007 年。

［94］宋涛主编：《中华传世家训》，北京燕山出版社，2008 年。

［95］郑宏峰主编：《中华家训》，线装书局，2008 年。

［96］徐梓：《家范志》，上海人民出版社，1988 年。

［97］金开诚：《中国古代家庭教育》，吉林文史出版社，2011 年。

［98］李楠：《中国古代家训》，中国商业出版社，2015 年。

［99］李远主编：《花都名人家风家训》，湖南师范大学出版社，2018 年。

［100］苗仪、黄玉美编著：《韶关族谱家训家规集萃》，暨南大学出版社，2018 年。

［101］陈万里：《佛山家风家教研究》，南方日报出版社，2017 年。

［102］汪宗惟、冼宝干：《佛山忠义乡志》，1926 年刻本。

［103］梅县《桑氏族谱》，1998 年。

［104］温氏良善园理事会：《康熙温氏族谱》。

［105］顺治《政事五·乡约保甲》，《潞安府志》卷九，中华书局，2002 年。

二、非家训类著作

［1］（汉）郑玄注：《礼记正义》，上海古籍出版社，1990 年。

［2］（汉）司马迁：《淮南王列传》，《史记》卷一百一十八，中华书

局，1982 年。

　　［3］（唐）魏徵：《隋书·经籍三》，《二十四史》卷三十四，中华书局，1997 年。

　　［4］（宋）欧阳修等：《新唐书》，中华书局，1975 年。

　　［5］（宋）朱熹：《四书章书集注》，浙江古籍出版社，2014 年。

　　［6］（宋）朱熹集注：《诗集传》卷一，上海古籍出版社，1980 年。

　　［7］（宋）司马光：《资治通鉴》卷十一，中华书局，1956 年。

　　［8］（明）唐胄：《正德琼台志》卷十五，海南出版社，2006 年。

　　［9］（明）明谊：《琼州府志》卷三十三。

　　［10］（明）方孝孺：《逊志斋集》卷一，宁波出版社，2000 年。

　　［11］（明）何乔新：《太学士丘文庄公墓志铭》，《何文肃公集》卷三。

　　［12］（明）雷礼：《国朝列卿纪》卷十一，明刊本。

　　［13］（明）黄瑜：《双槐岁抄》，《四斋友丛说》卷七。

　　［14］钱穆：《国史大纲》，商务印书馆，1996 年。

　　［15］（清）夏燮：《明通鉴》卷三十六。

　　［16］（清）屈大均：《广东新语》，中华书局，1985。

　　［17］（清）董诰：《全唐文》，中华书局，1983 年。

　　［18］（清）夏燮：《明通鉴》卷一，中华书局，1959 年。

　　［19］（清）王夫之：张舜微著，《姜斋文集补遗》卷一，2004 年。

　　［20］（清）云茂琦：《寄胞六叔父榕庄公书》，《闸堂道遗稿》卷十，海南出版社，2004 年。

　　［21］（明）宋濂：《宋濂全集》，《文宪集》，人民文学出版社，2014 年。

　　［22］（明）邱濬：《邱濬集》，海南出版社，2003 年。

　　［23］（明）黄虞稷：《千顷堂书目》卷二，文渊阁四库全书本。

　　［24］（明）严从简：《殊域周咨录》卷九，台湾华文书局，1968 年。

　　［25］（明）愈大猷：《正气堂集》卷七，清道光木刻本。

　　［26］（明）归有光：《震川先生集》，上海古籍出版社，1981 年。

　　［27］（明）陈子龙等：《明经世文编》，中华书局，1962 年。

　　［28］（清）李调元：《南越笔记》卷十六，函海本。

　　［29］（清）郝玉麟：《广东通志·谪宦录》，四库本。

　　［30］（清）张廷玉：《明史·邱濬传》，中华书局，2000 年。

　　［31］（清）焦映汉：《邱文庄公传》，《明史》卷一百八十一。

［32］钱穆：《钱穆先生全集》，九州出版社，2011 年。

［33］陈泽汉：《丘濬研究文集》，南海出版公司，2010 年。

［34］陈捷先：《清代族谱家训与儒家伦理》，台湾联经出版社，1985 年。

［35］陈寅恪：《金明馆丛稿初编》，上海古籍出版社，1980 年。

［36］陈支平：《近五百年来福建的家族社会与文化》，中国人民大学出版社，2011 年。

［37］陈翰笙：《广东农村生产关系与生产力》，广东人民出版社，1983 年。

［38］陈永正：《岭南文学史》，广东高等教育出版社，1993 年。

［39］陈永正：《岭南历代诗选》，广东人民出版社，1985 年。

［40］陈荣平：《图说南粤文脉》，广东省地图出版社，2015 年。

［41］常建华：《明代宗族研究》，上海人民出版社，2005 年。

［42］邓碧泉编选：《陈瑸诗文集》，人民日报出版社，2004 年。

［43］董建辉：《明清乡约：理论演进与实践发展》，厦门大学出版社，2008 年。

［44］范瑞昂：《粤中见闻》，广东高等教育出版社，1988 年。

［45］范文澜：《中国通史简编》第二编，华东师范大学出版社，2014 年。

［46］冯尔康等：《中国宗族史》，上海人民出版社，2009 年。

［47］段建宏：《明清晋东南基层社会组织与社会控制》，中国社会科学出版社，2016 年。

［48］方继浩选编：《佛山历史人物录》，广东人民出版社，2016 年。

［49］冯建民：《清代科举与经学关系研究》，华中师范大学出版社，2016 年。

［50］冯玉荣：《明末清初松江士人与地方社会》，中国社会科学出版社，2011 年。

［51］谷更有：《唐宋国家与社会》，中国社会科学出版社，2006 年。

［52］顾作义主编：《岭南家书》，南方日报出版社，2017 年。

［53］郭杰、左鹏军：《岭南文化研究》，清华大学出版社，2015 年。

［54］广东省地方史志编纂委员会：《广东省志》，广东人民出版社，2002 年。

［55］葛兆光：《中国思想史》第二卷，复旦大学出版社，2010 年。

［56］胡青：《书院的社会功能及其文化特色》，湖北教育出版社，

1996 年。

[57] 黄尊生：《岭南民性与岭南文化》，民族文化出版社，1941 年。

[58] 黄淑聘：《广东族群与区域文化研究》，广东高等教育出版社，1999 年。

[59] 何朝晖：《明代县政研究》，北京大学出版社，2006 年。

[60] 黄宗智：《清代以来的民事法律的表达与实践：历史、理论与现实》，法律出版社，2013 年。

[61] 黄宽重：《宋代的家族与社会》，国家图书馆出版社，2009 年。

[62] 简又文：《广东文化之研究》，《广东文物》，广东人民出版社，1937 年。

[63] 科大卫著，永坚译：《皇帝和祖宗：华南的国家与宗族》，江苏人民出版社，2010 年。

[64] 刘琴想、徐光华编：《潮汕家族文化丛谈》，潮汕历史文化中心揭阳研究会，2001 年。

[65] 黎业明：《陈献章年谱》，上海古籍出版社，2015 年。

[66] 李学勤主编：《十三经注疏》，北京大学出版社，1999 年。

[67] 刘伯骥：《广东书院制度沿革》，商务印书馆，1938 年。

[68] 梁漱溟：《梁漱溟全集》第二卷，山东人民出版社，1989 年。

[69] 岭南文库编辑委员会：《岭南文库》，广东人民出版社，1991 年。

[70] 李吉远：《岭南武术文化研究》，中国社会科学出版社，2015 年。

[71] 李权时主编：《岭南文化》，广东人民出版社，1993 年。

[72] 林亚杰：《广东文史资料》，广东人民出版社，1988 年。

[73] 李锦全：《岭南思想史》，广东人民出版社，1993 年。

[74] 梁渭雄主编：《南粤学术百家·学术动态选编》，广东人民出版社，1990 年。

[75] 刘孟宇、张琰明主编：《南粤百镇丛书·三角卷》，暨南大学出版社，1993 年。

[76] 刘孟宇等主编：《南粤百镇·大沥卷》，中山大学出版社，1993 年。

[77] 李雪梅：《法制"镂之金石"传统与明清碑禁体系》，中华书局，2015 年。

[78] 刘笃才、祖伟：《民间规约与中国古代法律秩序》，社会科学文献出版社，2014 年。

［79］梁启超：《梁启超全集》，北京出版社，1999 年。

［80］李勤德、刘汉东：《岭南文化论》，天津古籍出版社，1996 年。

［81］林语堂著，郝赤东、沈益洪译：《中国人》，学林出版社，2007 年。

［82］（明）徐纮：《明名臣录》，浙江孙仰曾家藏本。

［83］茅海建：《天朝的崩溃：鸦片战争再研究》，生活·读书·新知三联书店，1997 年。

［84］宁可主编：《岭南文化志》，上海人民出版社，1998 年。

［85］牛铭实：《中国历代乡约民约》，中国社会出版社，2014 年。

［86］乔好勤：《岭南文献史》，华中科技大学出版社，2011 年。

［87］仇江等编：《岭南状元传及诗文选注》，中山大学出版社，2004 年。

［88］容庚：《颂斋吉图录》，台联国风出版社，1978 年。

［89］荣芳、黄淼章：《南越国史》，广东人民出版社，1995 年。

［90］孙培青：《中国教育史》，华东师范大学出版社，2013 年。

［91］司徒尚纪主编：《广东历史地图集》，广东地图出版社，1995 年。

［92］武增干：《中国国际贸易史》，湖南教育出版社，2010 年。

［93］汪宗淮、冼宝干：《人物八》，民国《佛山忠义乡志》卷十四。

［94］王炳照主编：《中国古代私学与近代私立学校研究》，山东教育出版社，1997 年。

［95］吴晗、费孝通等：《皇权与绅权》，上海书店，1949 年影印本。

［96］王长金：《传统家训思想通论》，吉林人民出版社，2006 年。

［97］吴善平：《客家古邑家训》，华南理工大学出版社，2014 年。

［98］吴雁南等：《中国经学史》，人民出版社，2010 年。

［99］王星华：《回首南粤》，南粤历史研究会，1995 年。

［100］王志强著：《清代国家法；多元差异与集权统》，社会科学文献出版，2017 年。

［101］冼玉清：《广东女子艺文考》，商务印书馆，1984 年。

［102］徐斌：《明清鄂东宗族与地方社会》，武汉大学出版社，2010 年。

［103］徐梓：《元代书院研究》，社会科学文献出版社，2000 年。

［104］徐少锦、陈延斌：《中国家训史》，陕西人民出版社，2011 年。

［105］徐晓光、谢晖：《"约法"社会——清代民国清水江流域契约社

会环境中的民族法秩序》，中国社会科学出版社，2018 年。

［106］萧公权：《中国政治思想史》，商务印书馆，2011 年。

［107］杨丽苗等主编：《岭南文化知识书系》，广东人民出版社，2013 年。

［108］杨茂义：《中国古代家庭教育简论》，北京理工大学出版社，2009 年。

［109］杨一凡：《重新认识中国法制史》，社会科学文献出版社，2013 年。

［110］杨一凡：《明代立法研究》，中国社会科学出版社，2013 年。

［111］张海鹏、王廷元编：《明清徽商资料选编》，黄山书社，1985 年。

［112］张瑃：《琼台先生诗话序》，许自昌明万历二十六年（1598）刻本。

［113］瞿同祖：《中国法律与中国社会》，中华书局，2003 年。

［114］张文德：《江南第一家》，浙江古籍出版社，1996 年。

［115］朱学勤：《大清帝王康熙》，远方出版社，2004 年。

［116］左鹏军等主编：《岭南学丛书》，中山大学出版社，2007 年。

［117］曾国富：《广东地方史》，广东高等教育出版社，2013 年。

［118］赵振：《中国历代家训文献叙录》，齐鲁书社，2014 年。

［119］周顺彬、董玉祥主编：《图说南粤地理》，广东省地图出版社，2015 年。

［120］张岗编：《南粤张氏通考》，民族出版社，2008 年。

［121］张静：《基层政权：乡村制度诸问题》，上海人民出版社，2006 年。

［122］赵春晨：《岭南近代史事与文化》，中国社会科学出版社，2003 年。

［123］郑红峰：《中国哲学史》，北京燕山出版社，2011 年。

［124］赵文林、谢淑君：《中国人口史》，人民出版社，1988 年。

［125］曾大兴：《岭南文化的真相：岭南文化与文学地理之考察》，社会科学文献出版社，2016 年。

三、期刊论文

［1］王力：《南粤祠堂建筑特色分析——以广东省中山市祠堂为例》，《艺术评论》，2010 年第 5 期。

［2］黄崇岳：《南粤客家围与中原文化》，《中原文物》，2003 年第 3 期。

［3］谢韵明：《宋代南粤西村窑之研究》，《苏州工艺美术职业技术学院学报》，2014 年第 1 期。

［4］陈寿灿、于希勇：《浙江家风家训的历史传承与时代价值》，《道德与文明》，2015 年第 4 期。

［5］刘颖：《传统家训对领导干部家风建设的启示》，《领导科学论坛（理论）》，2014 年第 1 期。

［6］上海市浦东新区文明办：《传承优秀文化 培育家风家训》，《党政论坛》，2014 年第 9 期。

［7］上海市奉贤区文明委：《培育好家训好家风的探索和实践》，《党政论坛》，2014 年第 8 期。

［8］冯沪祥：《中华文化与家风家训》，《博览群书》，2016 年第 5 期。

［9］陶晓瑜：《试论优秀家训、家风对公民道德建设的促进作用》，《新西部（理论版）》，2016 年第 13 期。

［10］焦科慧：《家风、家训和家规内涵探析》，《新西部（理论版）》，2016 年第 24 期。

［11］钟发霞：《家训家风的弘扬与文明乡风的培育》，《酒城教育》，2016 年第 3 期。

［12］郭君铭：《中国古代先贤名臣的家训家风》，《领导之友》，2017 年第 6 期。

［13］吴国钦：《岭南文化特色管窥》，《华南师范大学学报（社会科学版）》，2008 年第 4 期。

［14］陈建森：《关于区域文化研究视域和价值取向的思考——以岭南文化为例》，《华南师范大学学报（社会科学版）》，2008 年第 4 期。

［15］马伟明：《岭南文化形成与发展的历史地理基础浅论》，《长沙大学学报》，2010 年第 1 期。

［16］程潮：《论岭南文化评价标准的历史演变》，《现代哲学》，2010 年第 6 期。

［17］郭杰：《地域特征 民族本质 世界背景——岭南文化研究的三个维度》，《华南师范大学学报（社会科学版）》，2010 年第 6 期。

［18］唐孝祥：《试论近代岭南文化的基本精神》，《华南理工大学学报（社会科学版）》，2003 年第 1 期。

［19］黄明同：《岭南文化的三次大兼容与三个发展高峰》，《学术研

究》，2000 年第 9 期。

［20］程时用：《泰泉乡礼思想研究》，《西南科技大学学报（哲学社会科学版)》，2015 年第 3 期。

［21］罗康宁：《粤语与岭南文化的形成》，《学术研究》，2006 年第 2 期。

［22］昌庆志：《柳宗元与唐代岭南文化》，《广州大学学报（社会科学版)》，2006 年第 6 期。

［23］覃辉银，符妹：《岭南文化多元融合的特点探析》，《华南理工大学学报（社会科学版)》，2015 年第 1 期。

［24］冼剑民，关汉华：《试论屈大均对岭南文化的杰出贡献》，《暨南学报（哲学社会科学)》，1996 年第 4 期。

［25］刘益：《岭南文化的特点及其形成的地理因素》，《人文地理杂志》，1997 年第 1 期。

［26］李绪柏：《两汉时期的巴蜀文化与岭南文化》，《学术研究》，1997 年第 3 期。

［27］蒋述卓：《岭南文化的当代价值》，《华南师范大学学报（社会科学版)》，2009 年第 4 期。

［28］汪松涛：《试论岭南文化特质》，《学术研究》，1994 年第 3 期。

［29］昌庆志：《苏轼贬谪生涯与北宋岭南文化》，《广州大学学报（社会科学版)》，2011 年第 1 期。

［30］胡庆亮：《岭南文化海外传播的优势与路径》，《五邑大学学报（社会科学版)》，2011 年第 4 期。

［31］张春雷：《论中原移民对岭南文化的影响》，《中州学刊》，2013 年第 8 期。

［32］左鹏军：《岭南文化研究的立场与方法》，《华南师范大学学报（社会科学版)》，2007 年第 5 期。

［33］李杨：《岭南文化的特征及其作用》，《汕头大学学报》，1988 第 Z1 期。

［34］徐映奇：《试论岭南文化的历史地位》，《广东省社会主义学院学报》，2002 年第 3 期。

［35］胡巧利：《广东方志与岭南文化》，《广东史志》，1999 年第 3 期。

［36］王宇：《略论岭南文化的传承与创新》，《文教资料》，2011 年第 32 期。

［37］李扬：《卫所、藩王与明清时期的宗族建构——以韶山毛氏为中心的考察》，《中国社会历史评论》，2016 年第 17 卷。

［38］陈瑞：《明清时期徽州保甲组织的职能发挥及其影响因素》，《中国社会历史评论》，2013 第 14 卷。

［39］常建华：《从佛教看明代社会——陈玉女著〈明代的佛教与社会〉读后》，《中国社会历史评论》，2012 年第 13 卷。

［40］王霞蔚：《明清时期的山西代州冯氏——以〈代州冯氏族谱〉为中心》，《中国社会历史评论》，2009 年第 10 卷。

［41］仓桥圭子：《科举世家的再生产——以明清时期常州科举世家为例》，《中国社会历史评论》，2008 年第 9 卷。

［42］申红星：《明清时期的北方宗族与地方社会——以河南新乡张氏宗族为中心》，《中国社会历史评论》，2008 年第 9 卷。

［43］徐斌：《由涣散到整合：国家、地方及宗族之内——以黄冈市郭氏宗族的形成与发展为例》，《中国社会历史评论》，2006 年第 7 卷。

［44］段自成：《清代北方官办乡约组织形式述论》，《中国社会历史评论》，2006 年第 7 卷。

［45］余新忠：《明清时期孝行的文本解读——以江南方志记载为中心》，《中国社会历史评论》，2006 年第 7 卷。

［46］程时用：《岭南时期佛山地区家训与社会发展互动研究》，学术论文联合对比库。

［47］邹建辉：《客家古邑家训文化视角下大学生社会主义核心价值观培养研究》，《江西电力职业技术学院学报》，2021 年第 2 期。

［48］楚亚萍：《明清家训德育思想的现代性启示》，《皖西学院学报》，2020 年第 6 期。

［49］李锦伟：《清代梵净山民族地区族规家训碑刻中的生态教育思想》，《和田师范专科学校学报》，2020 年第 6 期。

［50］何小霞，林元昌：《家庭秩序与社会和谐探析——〈朱子家训〉中的家国思想内涵》，《朱子文化》，2020 年第 6 期。

［51］黄庆林：《传统家训与地区人文精神的关系研究——以广府地区为例》，《五邑大学学报（社会科学版）》，2020 年第 4 期。

［52］邹晓霞：《儒学民间化视阈下岭南家训的教化思想探讨》，《清远职业技术学院学报》，2020 年第 5 期。

［53］隗宁：《贤母家训中的家庭德育思想及当代价值研究》，《湖北开放职业学院学报》，2020 年第 16 期。

［54］陈雪明：《明清徽州族规家训中的"好人教育"理念及其当代启示》，《地方文化研究》，2020 年第 4 期。

四、学位论文

［1］郭同轩：《明代仕宦家训思想研究》，山西师范大学硕士学位论文，2016 年。

［2］胡琳玉：《畲族家风的传承及其现实意义》，浙江财经大学硕士学位论文，2016 年。

［3］罗世琴：《傅氏家风及傅玄傅咸个案研究》，西北师范大学硕士学位论文，2002 年。

［4］吴小英：《宋代家训研究》，福建师范大学硕士学位论文，2009 年。

［5］张慧：《刘宋谢氏家风与家学及文学创作活动》，延边大学硕士学位论文，2011 年。

［6］卢婉婷：《家风家教：培育和践行社会主义核心价值观的基础研究》，天津大学硕士学位论文，2015 年。

［7］周伟伟：《优良家风培育研究》，河北大学硕士学位论文，2016 年。

［8］樊虹：《我国传统家训蕴意及其现代文化价值》，河北经贸大学硕士学位论文，2015 年。

［9］刘鹏：《传统家训对初中生家庭教育的价值研究》，山东师范大学硕士学位论文，2015 年。

［10］郝嘉乐：《东汉家训研究》，安徽大学硕士学位论文，2015 年。

［11］万瑞：《家风家教的价值面向及其时代转换》，安徽大学硕士学位论文，2015 年。

［12］李莹：《中国古代家训的现代德育功能研究》，景德镇陶瓷学院硕士学位论文，2013 年。

［13］张洁：《明清家训研究》，陕西师范大学硕士学位论文，2013 年。

［14］申改敏：《中日两国古代家训的比较研究》，陕西师范大学硕士学位论文，2013 年。

［15］张静：《先秦两汉家训研究》，郑州大学硕士学位论文，2013 年。

［16］张玉清：《我国古代家训与现代启示》，华中师范大学硕士学位

论文，2006 年。

[17] 程时用：《〈颜氏家训〉研究》，暨南大学硕士学位论文，2006 年。

[18] 陈黎明．《论宋朝家训及其教化特色》，华中师范大学硕士学位论文，2007 年。

[19] 谢金颖：《明清家训及其价值取向研究》，东北师范大学硕士学位论文，2007 年。

[20] 符方婉：《明代中叶岭南诗人黄衷研究》，云南师范大学硕士学位论文，2020 年。

[21] 王胜兰：《李德裕贬谪岭南文学创作研究》，海南大学硕士学位论文，2020 年。

[22] 严萍：《宋代旅粤士人与岭南饮食文化的传播》，华南理工大学硕士学位论文，2020 年。

[23] 张妍：《明清家训的现代家庭教育价值研究》，沈阳师范大学硕士学位论文，2019 年。

[24] 陈玉莎：《张九龄及其诗歌创作对中国古代岭南文化的影响研究》，江西师范大学硕士学位论文，2019 年。

[25] 刘静：《唐代家训诗的教育价值取向研究》，东北师范大学硕士学位论文，2019 年。

[26] 甘希：《〈钱氏家训〉的思想精华及其对当代家风建设的启示》，海南大学硕士学位论文，2019 年。

[27] 李田宇：《传统家训的社会功能及其当代应用探析》，山东理工大学硕士学位论文，2019 年。

[28] 胡继鹏：《家风家训融入社会主义核心价值观培育研究》，山西师范大学硕士学位论文，2018 年。

[29] 冯剑辉：《清代岭南庄学儒化倾向研究》，华东师范大学硕士学位论文，2017 年。

[30] 杜致礼：《中国传统家训的道德修养观研究》，江苏师范大学硕士学位论文，2018 年。

[31] 陈卓：《中华优良传统家训对和谐家庭建设的影响研究》，吉林建筑大学硕士学位论文，2018 年。

[32] 魏雪源：《清代家训中的伦理教育思想研究》，山东师范大学硕士学位论文，2018 年。

[33] 王海利：《传统家训中的美育思想研究》，云南师范大学硕士学

238

位论文，2018年。

［34］杨琦琛：《中国传统家训文化及当代价值》，沈阳师范大学硕士学位论文，2018年。

［35］鱼洋：《中国传统家训的传承与转化》，淮北师范大学硕士学位论文，2018年。

［36］吴晓曼：《明清家训中优秀德育思想的当代价值及转化路径探析》，安徽农业大学硕士学位论文，2017年。

［37］杨凡：《从冯氏家族的兴衰看岭南汉族社会的嬗变》，云南大学硕士学位论文，2010年。

［38］牛七虎：《明清时期浙东家谱文献中家训族规内容研究》，东北师范大学硕士学位论文，2019年。

［39］高攀：《清代家训中的德育思想对当代家庭教育的启示》，西华师范大学硕士学位论文，2019年。

［40］郝佳婧：《曾国藩家训德育思想研究》，东北林业大学硕士学位论文，2019年。

［41］吴婷：《论宋代家训家规中的性别教育思想》，苏州大学硕士学位论文，2019年。

［42］李淑敏：《中华优秀传统家训文化传承发展研究》，吉林大学博士学位论文，2020年。

［43］刘宇：《明代家训德育思想的当代价值研究》，哈尔滨工程大学博士学位论文，2018年。

［44］陈义：《优秀传统家训涵养当代大学生价值观研究》，福建师范大学博士学位论文，2017年。

［45］雷传平：《〈颜氏家训〉研究》，曲阜师范大学博士学位论文，2016年。

［46］张丽萍：《先秦至南北朝家训研究》，西北大学博士学位论文，2016年。

［47］陆睿：《明清家训文献考论》，浙江大学博士学位论文，2016年。

［48］田雪：《〈颜氏家训〉中的士族文化研究》，河北师范大学博士学位论文，2013年。

［49］尚爻：《日本企业经营理念的历史考察》，南开大学博士学位论文，2012年。

［50］闫续瑞：《汉唐之际帝王、士大夫家训研究》，南京师范大学博士学位论文，2004年。

［51］陈志勇：《唐代家训研究》，福建师范大学博士学位论文，2007 年。

［52］朱明勋：《中国传统家训研究》，四川大学博士学位论文，2004 年。

［53］王瑜：《明清士绅家训研究（1368—1840）》，华中师范大学博士学位论文，2007 年。

［54］刘欣：《宋代家训研究》，云南大学博士学位论文，2010 年。

［55］陈晨：《岭南黄大仙信仰研究》，中央民族大学博士学位论文，2010 年。

［56］朱现省：《家规家训：传统时期内生性规则与乡村秩序》，华中师范大学硕士学位论文，2020 年。

［57］李淑敏：《中华优秀传统家训文化传承发展研究》，吉林大学硕士学位论文，2020 年。

［58］杨淑俐：《〈颜氏家训〉礼仪教育思想及其现代价值研究》，上海师范大学硕士学位论文，2020 年。

［59］朱续荣：《传统家训文化中的德育思想研究》，西北师范大学硕士学位论文，2020 年。

［60］李腾：《〈颜氏家训〉家庭道德教育思想及当代价值研究》，山东师范大学硕士学位论文，2020 年。

后　记

本书是在我的博士论文基础上修改而成的。

桂子山的这段求学经历，既是圆梦，也是逐梦。1995年高考那年，与华中师范大学失之交臂。2012年春，教育部"中青班"在华师举办，我有幸在桂子山生活了三个月，校园的一草一木，由此熟稔于心。2014年秋，偶然在广州天河购书中心拜读了恩师董恩林教授的《文献论理与考实》，书中严谨的逻辑、详尽的考据、活泼的风格令我顿生敬意。于是，冒昧致电华师历史文化学院，几经周折，有幸于2015年9月成为董门弟子。

论文的选题、研究及写作都是在董老师的悉心指导和敦促下进行的。选题之初，本人抱着急功近利的态度，希望在2006年硕士论文《〈颜氏家训〉研究》的基础上进行扩充，以求早日完成博士论文的写作。2016年底，董老师要求我"做出一点有分量的东西来"，我只好重新立意，将研究对象转至"岭南家训"。作为一名"新岭南人"，开展岭南家训研究是颇有难度的，一是对岭南历史和文化不熟悉，二是岭南家训史料分散，幸得恩师悉心指导和鼓励，董老师始终以其严谨治学的态度、宽厚仁慈的胸怀激励着我。五年多来，虽疲于应付学校、家庭、公司之间的多重角色转换，但始终将学业系于心头，我辗转深入岭南家训文化代表性的城镇、乡村，收集一手文献资料，"岭南家训"也成为我作为一名专业技术人员开展科学研究的"关键词"。最近两个月的夙兴夜寐，攻苦食淡，终成此篇。回首求索途中的困惑与艰辛，几载的成长与进步仅凭一己之力是无法实现的，感恩感激之情不禁油然而生。

感谢恩师董恩林教授，他才高知深，风趣幽默。学习上，董老师对我严爱有加，虽然未能经常去华师当面受教，但一段段微信文字总让我深受教诲；生活上，董老师如兄长，经常关心我的身体，多次劝诫我不要透支；处世上，董老师温文儒雅，举手投足间尽是我难以企及的高度，这一切都将汇集成我生命中宝贵的财富。在此，还要衷心感谢张固也、周国林、刘韶军等几位教授在学业上的指导和帮助，开题报告时张固也教授那句"跨度太大"的提示我当时并未在意，直到写作中碰到重重困难，我才

明白导师们金口玉言的分量。

感谢笔者所在学校与广东省相关单位，使我有机会以"岭南家训"为主题主持了系列课题的研究，2017 年至今先后有：校级社科重点课题"德孝并重，勤俭持家——岭南家风家训研究"、广东省团委、广东省财政厅课题"中国传统优秀家训在高职院校的传承与创新"和重大课题"广府家训与社会主义核心价值观建设"、广东省社会科学规划课题"岭南家训与社会主义核心价值观构建"、佛山市社会科学规划课题"佛山家训与社会发展研究"、广州番禺社区学院横项项目"传统优秀文化进社区优秀成果培育"、广州西麦科技股份有限公司课题"传统优秀文化与现代企业的融合——家训、校训、企训的互动"、广东省十三五德育专项课题"德才兼备人才：家训、校训、企训的融通"等课题，其中，"传承优秀传统文化，铸就职业英才"获校级教学成果二等奖、全国文化素质类教学指导委员会优秀成果奖，"家校企多元协同，育德能兼备之才：家训文化"获全国职业院校校园文化"一校一品"示范基地建设成果奖。这些课题的完成，为本书的写作提供了有力的支撑。

感谢华中师范大学研究生院，允许我在中山大学完成英语、政治等公开课程的学习并置换学分，免去了我在广州和武汉两座城市间来回奔波的艰辛。感谢我的家人，是你们的默默付出让我能安心开展研究工作，特别是孪生女儿双双考入 985 大学，你们一路优异的表现，是我一直进行家训研究的骄傲和动力。感谢师兄吴柱博士和师姐刘娟博士的理论指导，感谢同学汤军博士和王飞博士的学习支持，感谢师弟施德顺和师妹杨利勤、孙娟的后勤支持。感谢暨南大学出版社杜小陆先生和广东轻工职业技术学院图书馆赵苹、李霜梅、方文琛老师，无私提供了研究资料，感谢朱雪梅博士对课程作业的指导，感谢李越恒博士对本书观点提出的意见和帮助。

由于"明清岭南家训与社会"这一课题时间跨度较大、史料繁多，限于本人能力水平，书中难免存在诸多错误和不足，许多话题也浅尝辄止，恳请批评、指正。写作过程中借鉴了学者们的许多研究成果，在此一并感谢。

程时用

2022 年 5 月 10 日于翡翠绿洲湖绣苑

242